计算机仿真技术及应用

主　编◎叶满园　李　宋
副主编◎姜　浩　徐　征

西南交通大学出版社
·成　都·

图书在版编目（ＣＩＰ）数据

计算机仿真技术及应用 / 叶满园，李宋主编. 一成都：西南交通大学出版社，2018.8
ISBN 978-7-5643-6369-7

Ⅰ. ①计… Ⅱ. ①叶… ②李… Ⅲ. ①计算机仿真 – 高等学校 – 教材 Ⅳ. ①TP391.9

中国版本图书馆 CIP 数据核字（2018）第 195576 号

计算机仿真技术及应用

主编	叶满园　李　宋

责任编辑	黄庆斌
特邀编辑	刘姗姗
封面设计	何东琳设计工作室

出版发行	西南交通大学出版社
	（四川省成都市二环路北一段 111 号
	西南交通大学创新大厦 21 楼）
邮政编码	610031
发行部电话	028-87600564　028-87600533
官网	http://www.xnjdcbs.com
印刷	四川森林印务有限责任公司

成品尺寸	185 mm×260 mm
印张	19.75
字数	495 千
版次	2018 年 8 月第 1 版
印次	2018 年 8 月第 1 次
定价	48.00 元
书号	ISBN 978-7-5643-6369-7

前　言

随着我国高等教育事业的发展，目前已由原来的多个本科专业合并而成自动化、电气工程及其自动化、机械设计制造及其自动化等本科专业。同时，由于高等院校本科生的培养目标已向着厚基础、宽口径、重能力方向发展，仿真技术类课程的内容也逐步从原理、软件学习拓展到工程案例教学方向上来。因此作为涉及自动控制原理、数值分析、控制系统设计等内容的计算机仿真技术及应用课程，也需要与时俱进。

计算机仿真技术在近 50 年的发展历史中，推动了几乎所有设计领域的革命，被誉为 20 世纪下半叶十大工程技术成就之一。如今，计算机仿真技术已成为现代各行业工程师应该掌握的基本技能之一。

作为联系自动控制系统设计、电气工程系统设计、课程设计和毕业设计等教学环节的计算机仿真技术及应用课程，不仅可以使学生加强对所学课程的学习效果，而且还可以为学生在毕业设计中提供一个强有力的工具，有效地加强教学中的实践教学环节，提高学生的独立工作能力和创造性思维能力。

作为建立在若干先修课程之上的应用型专业课，计算机仿真技术及应用课程应该传授给学生些什么？笔者认为：把仿真技术这一"利器"传授给学生，使学生掌握其中的基本概念、基本原理和基本方法是本门课程最低要求。如何充分利用仿真工具，使学生加深理解所学的课程与知识内容，培养学生独立分析问题与解决问题的能力，激发学生的创造意识，训练学生的思维方法，这才是计算机仿真技术及应用课程教学所面临的深层次问题。

作为一门时代特色鲜明，培养学生综合运用所学知识、勤于思考、勇于探索的课程，笔者认为：能力比知识更重要，新技术的不断涌现会使得知识变得陈旧，而能力是永恒的；过程比结果更重要随着问题与条件的改变，结果将会不同，而通过提出问题、分析问题、解决问题和归纳总结这样一个过程的训练，将会有效地塑造学生们科学的思维方式与工作习惯，而这将会使他们终身受益。因此，本书的主要目的在于：

（1）随着新技术的不断发展，将会不断地产生更有效、更实用的"仿真工具"，通过传授仿真技术，使读者不断学习，与时俱进。

（2）为读者讲明"计算机仿真技术"中所涉及的基本原理、基本概念与基本方法，以便更有效地运用仿真工具。

（3）给读者提出一些生动有趣、启迪思想的工程问题，创造一个自由畅想、激发创造空间，使读者从中体会到"仿真技术"是我们学习和科研中不可缺少的工具。

本书分为三大部分：第一、二、四、五章介绍了控制系统的基础知识及仿真技术；第三、六章介绍了 MATLAB、Simulink 及 SimPowerSystems 的基本使用方法；第七、八、九、十章分别从 AC-DC、DC-AC、DC-DC、AC-AC 四个方面介绍了相关的基础理论及仿真方法。本书力求浅显易懂，通过实例介绍仿真软件的使用方法，引导读者灵活应用书中所学知识，从而进一步实现自己的应用目标。

本书体现了如下特点：

（1）内容新颖。结合目前新版的 MATLAB 进行介绍。

（2）编排合理。简单介绍了控制系统及电力电子应用技术的基础理论，并在此基础上详细描述了仿真模型的建立、设置、运行及分析过程。

（3）通过大量实例，读者易于掌握仿真软件的使用方法。

本书可作为普通高等学校和成人高等学校电气工程及其自动化、自动化等强电类专业"计算机仿真技术及应用"等课程的教材或参考书，也可供有关工程技术人员参考。

编写分工：本书由叶满园、陈乐、吴韩、章俊飞编写第 1 章~第 4 章，李宋、康力璇、聂宇编写第 5 章和第 6 章，江西中医药大学附属医院信息科姜浩、潘涛、肖云煌、邹文骏、何煜祺编写第 7 章和第 8 章，徐征、崔浩杰、韩祥鹏编写第 9 章和第 10 章。本书在编写过程中得到了许多老师的大力支持和帮助，在此一并表示诚挚感谢！

在编写过程中，本书参阅了许多国内外论文、论著，主要的都已列举于参考文献部分，在此向所有作者表示深深的谢意！

由于本书涉及范围广，作者学识有限，加之时间仓促，难免会有疏漏或不当之处，恳请读者批评指正。

编　者

2017 年 11 月于华东交通大学

目　录

第1章 绪 论

1.1 控制系统的实验方法

在工程设计与理论学习过程中，我们会遇到许多控制系统的分析、综合与设计问题，需要对相应的系统进行实验研究，概括起来有解析法、实验法与仿真实验法三种实验方法。

1.1.1 解析法

所谓解析法，就是运用已掌握的理论知识对控制系统进行理论分析、计算。它是一种纯理论意义上的实验分析方法，在对系统的认识过程中具有普遍意义。

例如，在研究汽车轮子悬挂系统的减振器性能及其弹簧参数变化对汽车运动性能的影响时，可从动力学角度分析，将系统等效为如图 1.1 所示的模型形式，进而得出描述该系统动态过程的二阶常微分方程：

$$a\frac{\mathrm{d}^2x}{\mathrm{d}t^2} + b\frac{\mathrm{d}x}{\mathrm{d}t} + cx = F(t) \qquad (1\text{-}1)$$

对于式（1-1）的分析求解显然就是一个纯数学解析问题。但是，在许多工程实际问题中，由于受到理论的不完善性以及对事物认识的不全面性等因素影响（例如"黑箱"问题、"灰箱"问题等），所以解析法往往有很大的局限性。

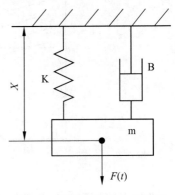

图 1.1 悬挂系统动力学模型

1.1.2 实验法

对于已经建立的（或已存在的）实际系统，利用各种仪器仪表与装置，对系统施加一定类型符号的信号（或利用系统中正常的工作信号），通过测取系统响应来确定系统性能的方法称之为实验法。它具有简明、直观与真实的特点，在一般的系统分析与测试中经常采用。

带传动试验机转速控制系统如图 1.2 所示，其动态性能 $n(t)$ 及静态性能 $n(I_\mathrm{d})$ 均可通过实验的方法测得。静特性的测量结果如图 1.3 所示。

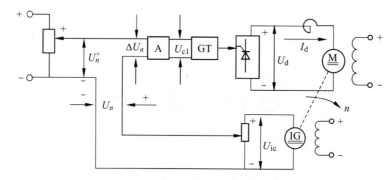

图 1.2 带传动试验机转速控制系统

但是，由于种种原因，这种实验方法在实际中常常难以实现，原因如下：

（1）对于控制系统的设计问题，由于实际系统还没有真正的建立起来，所以不可能在实际的系统上进行实验研究。

（2）实际系统上不允许进行实验研究。比如在化工控制系统中，随意改变系统运行的参数，往往会导致最终成品的报废，造成巨额损失，类似的问题还有许多。

（3）费用过高，具有危险性，周期较长。比如大型加热炉、飞行器及原子能利用等问题的实验研究。

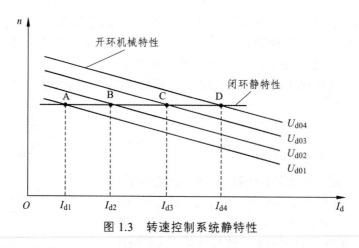

图 1.3 转速控制系统静特性

鉴于上述原因，在模型上进行的仿真实验研究方法逐渐成为对控制系统进行分析、设计与研究的十分有效的方法。

1.1.3 仿真实验法

仿真实验法就是在物理或数学模型上进行的系统性能分析与研究的实验方法，它所遵循的基本原则是相似原理。

系统模型可分为两类：一类是物理模型，另一类是数学模型。例如，在飞行器的研制中，将其放置在"风洞"之中进行实验研究，就是模拟空中情况的物理模型的仿真实验研究，其满足"环境相似"的基本原则。又如，在船舶设计制造中，常常按一定的比例尺缩小建造一个船舶模型，然后将其放置在水池中进行各种动态性能的实验研究，其满足"几何相似"的基本原则，是模拟水中情况的物理模型的仿真实验研究。

在物理模型上所做的仿真实验研究具有效果逼真、精度高等优点，但是，其造价高昂或耗时过长，不宜为广大的研究人员所接受，大多是在一些特殊场合下（如导弹或卫星一类飞行器的动态仿真，发电站综合调度仿真与培训系统等）采用。

随着计算机与微电子技术的飞速发展，人们越来越多地采用数学模型在数字或模拟计算机上进行仿真实验研究。在数学模型上进行的仿真实验是建立在"性能相似"的基本原则之上的。因此，通过适当的手段与方法建立高精度的数学模型是其前提条件。

1.2 仿真实验的分类与性能比较

由于仿真实验是利用物理或数学模型来进行系统动态性能研究的实验，其中绝大多数都要应用模拟或数学计算机，因此其分类方式以及相应的名称均有所不同。下面仅就常用的几种情况进行说明。

1.2.1 按模型分类

当仿真实验所采用的模型是物理模型时，称之为物理仿真；是数学模型时，称之为数学仿真。

事实上，人们经常根据仿真实验中有无实物介入以及与时间的对应关系将模型分类进一步细化，归纳为如图 1.4 所示的情况。由图可见，物理仿真总是有实物介入的，具有实时性和在线的特点。因此，仿真系统具有构成复杂、造价较高等特点。

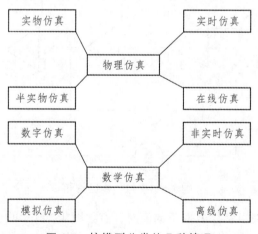

图 1.4 按模型分类的几种情况

1.2.2 按计算机类型分类

由于数学仿真是在计算机上进行的，所以视计算机的类型以及仿真系统的组成不同可有多种形式。

1. 模拟仿真

采用数学模型在模拟计算机上进行的实验研究称之为模拟仿真。模拟计算机的组成如图 1.5 所示，其中"运算部分"是核心，它是由熟知的"模拟运算放大器"为主要部件所构成的，能够进行各种线性与非线性函数运算的模拟单元。下面的例子说明了模拟仿真实验的实现过程。

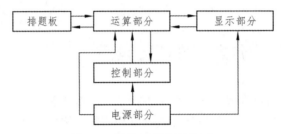

图 1.5 模拟计算机的组成

例 1.1 在如图 1.1 所示的系统中，若初始条件为 $\dot{X}(t)|_{t=0} = \dot{X}(0) = \alpha$, $\dot{X}(t)|_{t=0} = X(0) = \beta$, 试分析参数 B 对系统振动特性的影响。

解： 对于式（1-1），不难确定 $a = m, b = B, c = K$, 则有

$$\ddot{X}(t) = -\frac{B}{m}\dot{X}(t) - \frac{K}{m}X(t) + \frac{1}{m}F(t) \qquad （1-2）$$

据式（1-2）有如图 1.6 所示的模拟仿真结构图，依据它在模拟计算机上进行排版及仿真实验。

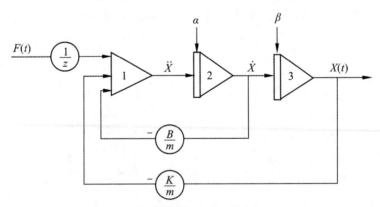

图 1.6 模拟仿真结构图

若 $F(t) = 1(t)$, 则当参数 B 取不同值时，有如图 1.7 所示的仿真结果。从中可见，适当选择 B 值可以使系统减小或消除振动，提高乘坐汽车的舒适性。这一结果与解析法分析结果是一致的。阻尼系数 B 值过小时系统易产生振动。

模拟仿真具有如下优缺点：

（1）描述连续的物理系统的动态过程比较自然逼真。

（2）仿真速度极快，失真小，结果可信度高。

（3）受元器件性能的影响，仿真精度较低。

（4）对计算机控制系统（采样控制系统）的仿真较困难。

（5）仿真实验过程的自动化程度较低。

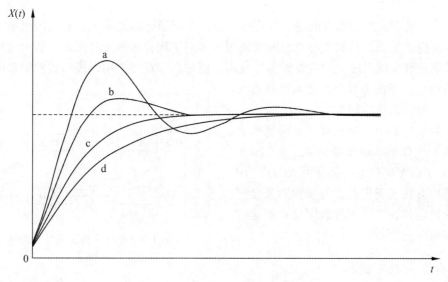

图 1.7 动态仿真结果

2. 数字仿真

采用数学模型，在数字计算机上借助数值计算的方法所进行的仿真实验称之为数字仿真。数字仿真具有简便、快捷、成本低的特点，同时还具有如下优缺点：

（1）计算与仿真的精度较高。由于计算机的字长可以根据精度要求来"随意"设计，因此从理论上讲系统数字仿真的精度可以是无限的。但是，由于受到误差积累、仿真时间等因素的影响，其精度不宜定得过高。

（2）对计算机控制系统的仿真比较方便。

（3）仿真实验的自动化程度较高，可方便地实现显示、打印等功能。

（4）计算速度比较低，在一定程度上影响到仿真结果的可信度。因此，其对一些"频响"较高的控制系统进行仿真时具有一定的困难。

随着计算机技术的发展，"速度问题"会在不同程度上予以改进与提高，因此可以说数字仿真技术有着极强的生命力。

3. 混合仿真

由以上介绍可知，模拟仿真与数字仿真各有优缺点，同时其优缺点可以互补，由此就产生了将这两种方法结合起来的混合仿真实验系统，简称混合仿真。其主要应用于下述情况：

（1）要求对控制系统进行反复迭代计算时，如参数寻优、统计分析等。

（2）要求与实物链接进行实时仿真，同时又有一些复杂函数的计算问题。

（3）对于一些计算机控制系统的仿真问题，此时，数字计算机用于模拟系统中的控制器，而模拟计算机用于模拟被控对象。

混合仿真集中了模拟仿真与数字仿真的优点，其缺点是系统构成复杂、造价偏高。

4. 全数字仿真

对计算机控制系统的仿真问题，在实际应用中为了简化系统构成，对象的模拟可以用一台数字计算机来实现，对象各种机理的模拟用软件来实现，如图 1.8 所示。从中可见，控制计算机系统是真实的系统，今后要被实际应用；而仿真计算机是用来模拟被控对象的，可用软件灵活构成，因此全数字仿真系统具有灵活、多变、构成简单的特点。

在全数字仿真中，若想进一步降低仿真系统成本，或仅用其做理论研究，则图 1.8 中的 A/D 与 D/A 接口电路部分可以去掉，用网络通信的方法实现控制器与模拟对象之间的信息交换，其在复杂系统数字仿真加速方法上具有独到之处。

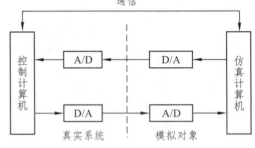

图 1.8　全数字仿真系统原理图

5. 分布式数字仿真

对于算法复杂的大型数字仿真问题，单一地或仅用两台计算机进行数字仿真往往受到速度与精度这一对矛盾因素的影响，尽管数字计算机单机的运行速度在不断提升，但这一矛盾始终困扰数字仿真技术的推广及深入应用。大型（或巨型）计算机虽然具有卓越的性能，但是价格限制了其市场范围。

如何用普通 PC 来解决数字仿真中的加速与精度的提高问题呢？现代计算机网络技术为其开辟了新途径，如图 1.9 所示给出了基于网络技术实现的分布式数字仿真系统。从中可见，数字仿真系统将所研究的问题分布成若干个子系统，分别在主站和各分站的计算机上同时运行，其有用数据通过网络与主站进行信息互换，在网络通信速度足够快的条件下，分布式数字仿真系统具有近似的多 CPU 并行计算机的性能，使仿真速度与精度均有所保证，但成本相对低很多，这是一种简便有效地解决复杂系统数字仿真的方法。

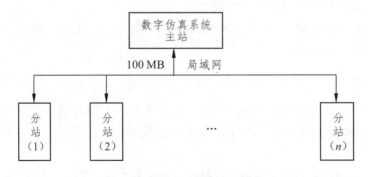

图 1.9　分布式数字仿真系统

1.3　系统、模型与数字仿真

在进行数字仿真实验时，对实际系统的认识，对系统模型的理解以及在计算机上的实现是一个有机的整体，每个环节都不同程度地对最终结果有所影响。因此，我们有必要对它们深入了解与掌握。

1.3.1　系统的组成与分类

系统是由一些具有特定的功能、相互间以一定规律联系着的物体（又称子系统）所构成的有机整体。

1．组成系统的三要素——实体、属性和活动

（1）实体就是存在于系统中的具有确定意义的物体。比如，电力拖动系统中的执行电机、热力系统中的控制阀等。

（2）属性即实体所具有的任何有效特征。比如，温度、控制阀的开度及传动系统的速度等。

（3）活动系统内部发生的任何变化过程称为内部活动，而系统外部发生的对系统产生影响的任何变化过程称为外部活动。比如，控制阀的开启为热力系统内部活动，电网电压的波动为电力拖动系统的外部活动（即外部扰动）。

2．系统具有的三种特性——整体性、相关性和隶属性

（1）整体性。即系统中的各部分（子系统）不能随意分割。比如，任何一个闭环系统的组成中，对象、传感器及控制器缺一不可。因此，系统的整体性是一个重要特性，直接影响系统功能与作用。

（2）相关性。即系统中的各部分（子系统）以一定的规律和方式相联系，由此决定了其特有的功能。比如，电动机调速系统是由电动机、测速机、PI 调节器及功率放大器等组成，并形成了电动机能够调速的特定性能。

（3）隶属性。一般情况下，有些系统并不像控制系统（由人工制成的）可明确地分为系统的"内部"和"外部"，它们常常要根据所研究的问题来确定哪些属于系统的内部因素，哪些属于系统的外界环境，其界限也常常随不同的研究目的而变化，这一特性称之为隶属性。分清系统的隶属界限是十分重要的，它往往可使系统仿真问题得以简化，有效地提高仿真工作的效率。

3．系统的分类

系统的分类可以有多种形式，下面是以"时间"为依据的分类情况。

$$
系统
\begin{cases}
连续系统 \\
离散系统
\begin{cases}
离散时间系统 \\
离散事件系统
\end{cases} \\
混合系统
\end{cases}
$$

（1）连续系统。系统中的状态变量随时间连续变化的系统为连续系统。如电动机速度控制系统、锅炉温度调节系统等。

（2）离散时间系统。系统中状态变量的变化仅发生在一组离散时刻上的系统为离散时间系统。如计算机系统。

（3）离散事件系统。系统中状态变量的改变是由离散时刻上所发生的事件驱动的系统为离散事件系统。如大型仓储系统中的"库存"问题，其"库存量"是受"入库""出库"事件的随机变化的影响的。

离散事件系统的仿真问题本书未涉及，有兴趣的读者可参阅有关文献。

（4）连续离散混合系统。若系统中一部分是连续系统，而另一部分是离散系统，其间有连接环节将两者联系起来，则称之为连续离散混合系统。如计算机控制系统，通常情况下其对象为连续系统，而控制器为离散时间系统。

本书所述的"离散系统"均指离散时间系统。

1.3.2　模型的建立及其重要性

1.　模　型

系统模型是对系统的特征和变化规律的一种定量抽象，是人们用以认识事物的一种手段（或工具），一般有以下几种：

$$\text{模型}\begin{cases}\text{物理模型}\\\text{数学模型}\\\text{描述模型}\end{cases}$$

对于物理模型与数学模型读者已有所了解，故将着重讲解"描述模型"。

"描述模型"是一种抽象的（无实体的），不能或很难用数学方法来描述的，而只能用语言（自然语言或程序语言）描述的系统模型。

随着科学技术的发展，在许多系统中都存在着"精确"与"实现"之间的矛盾问题，即若过分追求模型的精确（即严格的数学模型），则实际中往往很难实现。因此，为了有效地对一类复杂系统实现控制，人们已不再单纯地追求"数学模型"，而是建立起基于"经验"或"知识"的描述模型。例如，在模糊（Fuzzy）控制系统中，人们对控制对象的描述就是一组基于"经验"的 If-then-else 语句的描述。

描述模型是系统模型由"粗"向"精"转换过程中的一个中间模型。随着人们对系统行为的深入认识，其最终将被精确的数学模型所取代。

2.　模型的建立

建立系统模型就是（以一定的理论为依据）把系统的行为概括为数学的函数关系。其包括以下内容：

（1）确定模型的结构，建立系统的约束条件，确定系统的实体、属性与活动。

（2）测取有关的模型数据。

（3）运用适当理论建立系统的数学描述，即数学模型。

（4）检验所建立的数学模型的准确性。

3．系统模型的重要性

由于控制系统的数字仿真是以其"数学模型"为前提的，所以对于仿真结果的"可靠性"来讲，系统建模至关重要，它在很大程度上决定了数学仿真实验的"成败"。

长期以来，由于人们对系统建模重视不够，使得数字仿真技术的应用仅限于"理论上的探讨"，缺乏对实际工作的指导与帮助，因而在一部分人的思想观念中产生了"仿真结果不可信"或"仿真用处不大"的错误认识。

现代的数字仿真技术已日趋完善，并向人们提供强有力的仿真软件工具，故对"系统建模"的要求越来越高，因此应予以充分的重视并熟练掌握。

1.3.3　数字仿真的基本内容

通常情况下，数字仿真实验包括三个基本要素，即实际系统、数学模型与计算机。联系这三个要素有三个基本活动，即模型的建立、仿真实验与结果分析。以上所述三要素及三个基本活动的关系如图1.10所示。由图可见，将实际系统抽象为数学模型，为一次模型化，它还涉及系统辨识技术问题，统称为建模问题；将数学模型转换为可在计算机上运行的仿真模型，为二次模型化，这涉及仿真技术问题，统称为仿真实验。

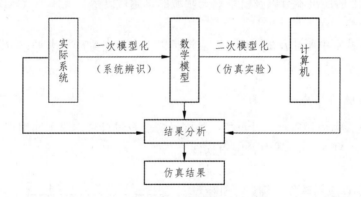

图 1.10　数字仿真的基本内容

长期以来，仿真领域的研究重点一直放在仿真模型的建立这一活动上（即二次模型化问题），并因此产生了各种仿真算法及工具软件，而对于模型建立与仿真结果的分析问题重视不够，因此使得当一个问题提出后，需要较长的时间用于建模。同时仿真结果的分析常常需要一定的经验，这对于仿真实验的工程技术人员是有困难的，将造成仿真结果不真实、可信度低等问题，这些问题有碍于数字仿真技术的推广应用。

综上所述，仿真实验是建立在模型这一基础之上的。对于数字仿真要完善建模、仿真实验及结果分析体系，以使仿真技术成为控制系统分析、设计与研究的有效工具。

1.4 控制系统 CAD 与数字仿真软件

计算机辅助设计（Computer Aided Design，CAD）技术，是随着计算机技术的发展应运而生的一门应用型技术，至今已有近 40 年的历史。1989 年，美国评出了科技领域近 25 年间最杰出的十项工程技术成就，将 CAD/CAM 技术列为第四项，称之为"推动了几乎所有设计领域的革命"。

孟子曰："工欲善其事，必先利其器。"CAD 技术已成为当今推动技术进步与产品更新换代不可缺少的有力工具。

1.4.1 CAD 技术的一般概念

1. 什么是 CAD 技术

CAD 技术就是将计算机高速而精确的计算能力、大容量存储和处理数据的能力与设计者的综合分析、逻辑判断以及创造性思维结合起来，用以加快设计进程、缩短设计周期、提高设计质量的技术。

CAD 不是简单地使用计算机代替人工计算、制图等"传统的设计方法"，而是通过 CAD 系统与设计者之间强有力的"信息交互"作用，从本质上增强设计人员的想象力与创造力，从而有效地提高设计者的能力与设计结果的水平。在近 20 年的发展史中，汽车制造业的推陈出新、服装加工业的层出不穷以及航空航天领域的卓越成就等，无不与 CAD 技术发展有着密切的联系。

因此，CAD 技术中所涉及的"设计"应该是以提高社会生产力水平，加快社会进步为目的的创造性的劳动。

2. CAD 系统的组成

CAD 系统通常由应用软件、计算机、外围设备以及设计者本身（即用户）组成的，它们之间的关系如图 1.11 所示。其中，应用软件是 CAD 系统的"核心内容"，在不同的设计领域有相应的 CAD 应用软件。例如，机械设计中有 Auto CAD 软件，控制系统设计中有 MATLAB 软件（及相应工具箱）；计算机是 CAD 技术的"基础"，随着单机性能的不断提高，CAD 技术将更广泛地应用于各行业；外围设备是人机信息交互的手段。显示技术与绘图打印技术的不断发展为 CAD 技术提供了丰富多彩的表现形式，在提高设计者的想象力、创造力以及最终结果的展现等方面具有重要意义。

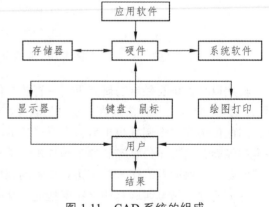

图 1.11 CAD 系统的组成

3. 怎样面对 CAD 技术

由于 CAD 技术涉及数字仿真、计算方法、显示与绘图以及计算机等诸多内容,作为 CAD 技术的使用者,应注意以下几方面的问题:

(1)注重对所涉及内容基本概念的理解与掌握,这是进行创造性思维与逻辑推理的理论基础。

(2)选择数值可靠、性能优越的应用软件作为 CAD 系统的"核心",以使设计结果具有实际意义。

(3)将理论清晰、概念明确但分析计算复杂的工作交给计算机完成,作为设计者应主要从事具有创造性的设计工作。

控制系统 CAD 作为 CAD 技术在自动控制理论以及自动控制系统分析与设计方面的应用分支,是本课程的另一个重要内容。

1.4.2 控制系统 CAD 的主要内容

CAD 技术为控制系统的分析与设计开辟了广阔天地,它使得原来被人们认为难以应用的设计方法成为可能。一般认为,控制系统分析与设计方法有两类:频域法(又称变换法)和时域法(又称状态空间法)。

1. 频域法

频域法属于经典控制理论范畴,主要适用于单输入单输出系统。频域法借助于传递函数、劳斯判据、Bode 图、Nyquist 图及根轨迹等概念与方法来分析系统动态特性与稳态性能,设计系统校正装置的结构,确定最优的装置参数。

2. 时域法

时域法为现代控制理论,适用于多变量系统的分析与设计。其主要内容有:线性二次型最优控制规律与卡尔曼滤波器的设计;闭环系统的极点配置;状态反馈与状态观测器的设计;系统的稳定性、能控性、能观性及灵敏度分析等。

此外,自适应控制、自校正控制以及最优控制等现代控制策略都可利用 CAD 技术来实现有效的分析与设计。

1.4.3 数字仿真软件

作为控制系统 CAD 技术的"核心"内容——应用软件,数字仿真软件始终为该领域研发的热点,人们总是以最大的限度满足使用者(特别是工程技术人员)方便、快捷、精确的需求为目的,不断地使数字仿真软件推陈出新。

1. 数字仿真软件的发展

随着计算机与数字仿真技术的发展,数字仿真软件经历了以下四个阶段:

（1）程序编制阶段。在人们利用数字计算机进行仿真实验的初级阶段时，所有问题（如微分方程求解、矩阵运算、绘图等）都是仿真实验者用高级算法语言（如 BASIC、FORTRAN、C 等）来编写。往往几百条语句的编制仅仅解决了一个"矩阵求逆"一类的基础问题，人们大量的精力不是放在研究"系统问题"上，而是过多地研究软件如何编制、其数值稳定性如何等旁支问题，这使得仿真工作的效率较低，数字仿真技术难以为众人广泛应用。

（2）程序软件包阶段。针对"程序编制阶段"所存在的问题，许多系统仿真技术的研究人员将他们编制的数值计算与分析程序以"子程序"的形式集中起来形成了"应用子程序库"（又称为"应用软件包"），以便仿真实验者在程序编制时调用。这一阶段中的许多成果为数字仿真技术的应用奠定了基础，但还是存在着使用不便、调用烦琐、专业性要求过高、可信度低等问题，人们已经开始认识到，建立具有专业化与规格化的高效率的"仿真语句"是十分必要的，以使数字仿真技术真正成为一种实用化的工具。

（3）交互式语言阶段。从人-机之间信息交换便利的角度出发，将数字仿真涉及的问题上升到"语言"的高度所进行的软件集成，其结果就是产生了交互式的"仿真语言"。仿真语言与普通高级算法语言（如 C、FORTRAN 等）的关系就如同 C 语言与汇编语言的关系一样，人们在用 C 语言进行乘（或除）法运算时不必去深入考虑乘法是如何实现的（已有专业人员周密处理）；同样，仿真语句可用一条指令实现"系统特征值的求取"，而不必考虑用什么算法以及如何实现等低级问题。

当今具有代表性的语言有瑞典 Lund 工学院的 SIMNON 仿真语言、IBM 公司的 CSMP 仿真语言以及 ACSL、TSIM、ESL 等。20 世纪 80 年代初，由美国学者 Cleve Moler 等人推出的交互式 MATLAB 语言以它独特的构思与卓越的性能为控制理论界所重视，现已成为控制系统 CAD 领域最为普及与流行的应用软件。

（4）模型化图形组态阶段。尽管仿真语言将人-机界面提高到"语言"的高度，但是对于从事控制系统专业设计的人员来讲还是有许多不便，他们似乎对基于模型的图形化（如框图）描述方法更亲切。随着"视窗"（Windows）软件环境的普及，基于模型化图形组态的控制系统数字仿真软件应运而生，它使控制系统 CAD 进入到一个崭新的阶段。目前，最具有代表性的模型化图形组态软件当数美国的 Math Works 软件公司 1992 年推出的 Simulink，它与该公司著名的 MATLAB 软件集成在一起，成为当今最具有影响力的控制系统 CAD 软件。

2. MATLAB

MATLAB 是美国 Math Works 公司的软件产品。20 世纪 80 年代初期，美国的 Cleve Moler 博士（数值分析与数值线性代数领域著名学者）在教学与研究工作中充分认识到当时的科学分析与数值计算机软件编制工作的困难所在，便构思开发了名为 MATrix LABoratory（矩阵实验）的集命令翻译、科学计算于一体的交互式系统，其有效地提高了科学计算软件编制工作的效率，迅速成为人们广泛应用的软件工具。MATLAB 作为原名的缩写成为后来由 Cleve Moler 博士及一批优秀数学家与软件专家组成的 MAth Works 公司软件产品的品牌。

尽管 MATLAB 一开始并不是为控制系统的设计者们设计的，但是其一出现便以它"语言"化的数值计算、较强的绘图功能、灵活的可扩充性和产业化的开发思路很快就为自动控制理论界研究人员所瞩目。目前，在自动控制、图像处理、语言处理、信号分析、振动理论、优化设计、时序分析与统计学、系统建模等领域，由著名专家与学者以 MATLAB 为基础开发的使用工具箱也极大地丰富了 MATLAB 的内容，使之成为国际上最为流行的软件品牌之一。

应该指出的是，尽管 MATLAB 在功能上已经完全具备了计算机语言的结构与性能，人们将其简称为"MATLAB 语言"，但是由于其编写出来的程序并不能脱离 MATLAB 环境而独立运行，所以严格讲，MATLAB 并不是一种计算机语言，而是一种高级的科学分析与计算软件。

3．Simulink

Simulink 是美国 Math Works 软件公司为其 MATLAB 提供的基于模型化图形组态的控制系统仿真软件，其命名直观地表明了该软件所具有的 SIMU（仿真）与 LINK（连接）两大功能，它使得一个复杂的控制系统的数字仿真问题变得十分直观而且相当简单。例如，对于如图 1.12 所示的高阶 PID 控制系统，采用 Simulink 实现的仿真界面如图 1.13 所示。

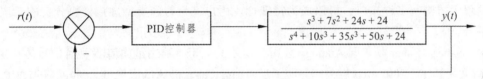

图 1.12　PID 控制系统结构图

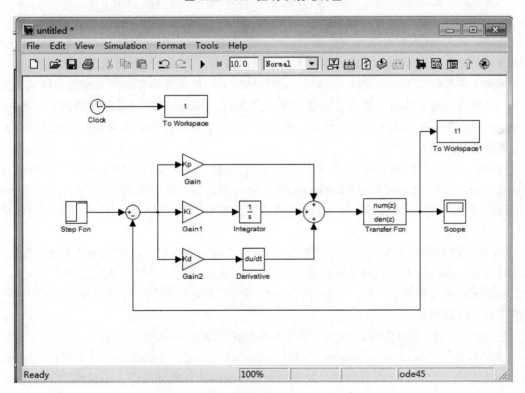

图 1.13　PID 控制系统的 Simulink 实现

值得一提的是，图 1.12 的仿真实现过程全部是在鼠标与键盘下完成的，从模型生成、参数设定到仿真结果的产生不过几分钟的时间，即使再复杂一些的仿真问题所需的时间也不会太多。Simulink 使控制系统数字仿真与 CAD 技术进入到一个崭新阶段。

4. 几种常用的仿真工具软件

目前，在自动化领域内应用较多仿真软件，除了前面介绍的 MATLAB 软件以外，还有如下几种常用的仿真工具软件。

（1）ADAMS。机械系统动力学自动分析软件（Automatic Dynamic Analysis of Mechanical Systems，ADAMS），是美国 MDI 公司（Mechanical Dynamics Inc.）开发的著名"虚拟样机分析软件"（其后来被美国著名仿真分析软件公司 MSC 收购）。

目前，ADAMS 已经被全世界各行业的数百家主要制造商采用。根据 1999 年机械系统动态仿真分析软件国际市场份额的统计资料，ADAMS 软件占据了销售总额近 8 千万美元中 51%。

ADAMS 一方面是虚拟样机分析的应用软件，用户可以运用该软件非常方便地对虚拟机械系统进行静力学、运动学和动力学分析；另一方面，它又是虚拟样机分析开发工具，其开放性的程序结构和多种接口，可以成为特殊行业用户进行特殊类型虚拟样机分析的二次开发工具平台。

（2）Saber。Saber 是美国 Analogy 公司开发并于 1987 年推出的模拟及混合信号仿真软件。Saber 曾几易其主，2002 年新思公司并购了当时拥有 Saber 的 Avant! 公司，将其收入囊中。

作为一种系统级仿真软件，Saber 拥有先进的原理图输入、数据可视化工具、大型混合信号、混合技术模型库以及强大的建模语言和工具组合功能，可以满足用户多种复杂的仿真需求。

此外，Saber 拥有大型的电气、混合信号、混合技术模型库，这能够满足机电一体化和电源设计的需求。该模型库向用户提供不同层次的模型，支持自上而下的系统仿真方法。

与传统仿真软件不同，Saber 在结构上采用 MAST 硬件描述语言和单内核混合仿真方案，并对仿真算法进行了改进，使仿真速度更快、更有效。Saber 可以同时对模拟信号、事件驱动模拟信号、数字信号以及模数混合信号设备进行仿真。还可以对于包含有 Verilog 或 VHDL 编写的模型进行仿真设计。

Saber 能够与通用的数字仿真器相连接，包括 Cadence 的 Verilog-XL、Model Technology 的 ModelSim 和 ModelSim Plus、Innoveda 的 Fusion 仿真器。由于 MATLAB 软件的仿真工具 Simulink 在软件算法上有优势，而 Saber 在硬件方面表现出色，将两者集成为 Saber-Simulink，进行协同仿真。

Saber 可以分析从 SOC 到大型系统之间的设计，包括模拟电路、数字电路及混合电路。它通过直观的图形化用户界面全面控制仿真过程，并通过稳态、时域、频域、统计、可靠性及控制等方面来检验系统性能。Saber 产品被广泛应用于航空/航天、船舶、电气/电力电子、汽车等设计制造领域。

在电源和机电一体化方面，Saber 是主流的系统级仿真工具。

（3）PSPICE（Simulation Program with Integrated Circuit Emphasis）。用于模拟电路仿真的 SPICE 软件于 1972 年由美国加州大学伯克利分校的计算机辅助设计小组利用 FORTRAN 语言开发而成，主要用于大规模集成电路的计算机辅助设计。

SPICE 的正式实用版 SPICE 2G 在 1975 年正式推出，但是该程序的运行环境至少为小型机。1985 年，加州大学伯克利分校用 C 语言对 SPICE 软件进行了改写，1988 年 SPICE 被确定为美国国家工业标准。与此同时，各种以 SPICE 为核心的商用模拟电路仿真软件，在 SPICE

的基础上做了大量实用化工作,从而使 SPICE 成为流行的电子电路仿真软件。

PSPICE 则是由美国 Microsim 公司在 SPICE 2G 版本的基础上升级并用于 PC 上的 SPICE 版本,其采用自由格式语言的 5.0 版本自 20 世纪 80 年代以来在我国得到广泛应用,并且从 6.0 版本开始引入图形界面。1998 年著名的 EDA 商业软件开发商 OrCAD 公司与 Microsim 公司正式合并,自此 Microsim 公司的 PSPICE 产品正式并入 OrCAD 公司的商业 EDA 系统中。目前,OrCAD 公司已正式推出了 OrCAD PSPICE Release 9.0。

与传统的 SPICE 软件相比,PSPICE 9.0 在三个方面实现了重大变革:

① 在对模拟电路进行直流、交流和瞬态等基本电路特性分析的基础上,实现了蒙特卡罗分析、最坏情况分析以及优化设计等较为复杂的电路特性分析;

② 不但能够对模拟电路进行仿真,而且能够对数字电路、数/模混合电路进行仿真;

③ 集成度大大提高,电路图绘制完成后可直接进行仿真,并且可以随时分析观察仿真结果。

虽然 PSPICE 的应用越来越广泛,但是也存在着明显的缺点。由于 SPICE 软件原先主要是针对信息电子电路设计而开发的,因此器件的模型都是针对小功率电子器件的,而对于电力电子电路中所采用的大功率器件存在的高电压、大注入现象不尽适用,有时甚至可能导致错误结果。PSPICE 采用变步长算法,对于以周期性的开关状态变化的电力电子电路而言,大量的时间将耗费在寻求合适的步长上,从而延长计算时间,有时甚至不收敛。另外,在磁性元件的模型方面 PSPICE 也有待加强。

(4)ANSYS。ANSYS 是融结构、热、流体、电磁和声学于一体的大型通用有限元分析软件,对于求解热-结构耦合、磁-结构耦合以及电-磁-流体-热耦合等多物理场耦合问题具有其他软件不可比的优势。该软件可用于固体力学、流体力学、传热分析以及工程力学和精密机械设计等多学科的计算。ANSYS 软件主要包括三部分:前处理模块、分析计算模块和后处理模块。

前处理模块提供了一个强大的实体建模及网络划分工具,用户可以方便地构造有限元模型;分析计算模块包括结构分析(线性分析、非线性分析和高度非线性分析)、流体动力学分析、电磁场分析、声场分析、压电分析以及多物理场的耦合分析,可模拟多种物理介质的相互作用,具有灵敏度分析及优化分析能力;后处理模块可将计算结果以彩色等值线显示、梯度显示、矢量显示、粒子流迹显示、立体切片显示、透明及半透明显示(可看到结构内部)等图形方式显示出来,也可将计算结果以图表、曲线形式显示或输出。

软件提供了 100 种以上的单元类型,用来模拟工程中的各种结构和材料。该软件有多种不同版本,可以运行在从个人机到大型机的多种计算机设备上,如 PC、SGI、HP、SUN、DEC、IBM、CRAY 等。

(5)MSC.Nastran。MSC.Software 公司自 1963 年开始从事计算机辅助工程领域 CAE 产品的开发和研究。在 1966 年,美国国家航空航天局(NASA)为了满足当时航空航天工业对结构分析的迫切需求,招标开发大型有限元应用程序,MSC.Software 一举中标,负责了整个 Nastran 的开发过程。经过 40 多年的发展,MSC.Nastran 已成为 MSC 倡导的虚拟产品开发(VPD)整体环境最主要的核心产品,MSC.Nastran 与 MSC 的全系列 CAE 软件进行了有机集成,为用户提供功能全面、多学科集成的 VPD 解决方案。

MSC.Nastran 是 MSC.Software 公司的旗舰产品,经过 40 余年的发展,用户从最初的航空航天领域,逐步发展到国防、汽车、造船、机械制造、兵器、铁道、电子、石化、能源、材料工程、科研教育等各个领域,成为用户群最多、应用最广泛的有限元分析软件。

MSC.Nastran 的开发环境通过了 ISO 9001：2000 的论证，并作为了美国联邦航空管理局（FAA）飞行器适航证领取的唯一验证软件。在中国，MSC 的 MCAE 产品作为与钢制压力容器分析设计标准 JB 4732—1995 相适应的设计分析软件，全面通过了全国压力容器标准化技术委员会的严格考核认证。

MSC.Nastran 也是功能强大、应用最为广泛、最为通用的结构有限元分析软件，可以进行结构强度、刚度、动力、随机振动、频谱响应、热传导、非线性、转自动力学、参数及拓扑优化、气动弹性等全面的仿真分析，是公认的业界标准。

（6）MSC.PATRAN。MSC.PATRAN 最早是由美国国家航空航天局（NASA）倡导开发的，是工业领域最著名的并行框架式有限元前后处理及分析系统，其开放式、多功能的体系结构可将工程设计、工程分析、结果评估、用户化身和交互图形界面集于一身，构成一个完整的 CAE 集成环境。

并行 CAE 工程的设计思想使 MSC.PATRAN 从另一个角度上打破了传统有限元分析的前后处理模式，其独有的几何模型直接访问技术（Direct Geometry Access，DGA）为基础的 CAD/CAM 软件系统间的几何模型沟通及各类分析模型无缝连接提供了完美的集成环境。使用 DGA 技术，应用工程师可直接在 MSC.PATRAN 框架内访问现有 CAD/CAM 系统数据库，读取、转换、修改和操作正在设计的几何模型无需复制。MSC.PATRAN 支持不同的几何传输标准，包括 Parasolid、ACIS、STEP、IGES 等格式。

有限元分析模型可从 CAD 几何模型上快速直接生成，用精确表现真实产品设计以取代以往的近似描述，进而省去了在分析软件系统中重新构造几何模型的传统过程。MSC.PATRAN 所生成的分析模型（包含直接分配到 CAD 几何上的载荷、边界条件、材料和单元特性）将驻留 PATRAN 的数据库中，而 CAD 几何模型将继续保存在原有的 CAD/CAM 系统中，当相关的设计模型存储在 MSC.PATRAN 中并生成有限元网格时，原有的设计模型将被"标记"。设计与分析之间的相关性可使用户在 MSC.PATRAN 中迅速获知几何模型的任何改变，并能重新观察新的几何模型以确保分析的精度。

（7）MSC.Marc。MSC.Marc 是 MSC.Software 公司于 1999 年收购的 MARC 公司的产品。MARC 公司始创于 1967 年，是全球首家非线性有限元软件公司。经过 30 余年的不懈努力，Marc 软件得到学术界和工业界的大力推崇和广泛应用，建立了它在全球非线性有限元软件行业的领导者地位。

随着 Marc 软件功能的不断扩展，其应用领域也从开发初期的核电行业迅速扩展到航空、航天、汽车、造船、铁道、石油化工、能源、电子元件、机械制造、材料工程、土木建筑、医疗器材、冶金工艺和家用电器等，成为许多知名公司和研究机构研发新产品和新技术的必备工具。

Marc 软件通过了 ISO 9001 质量认证。在中国，Marc 通过了全国压力容器标准化技术委员会的严格考核和认证，成为与钢制压力容器分析设计标准 JB 4732—1995 相适应的有限元分析软件。

MSC.Marc 软件是功能齐全的高级非线性分析软件，具有极强的结构分析能力，可以处理各种复杂的非线性问题——几何非线性（大变形和大应变）、材料非线性和接触非线性，其高效的并行计算能力能够实现超大模型的非线性计算。

1.5 仿真技术的应用与发展

现代仿真技术经过近 50 年的发展与完善，已经在各行业做出卓越贡献，同时也充分体现出它在科技发展与社会进步中的重要作用。

1.5.1 仿真技术在工程中的应用

1. 航空航天业

对于航空航天工业的产品来说，系统的庞杂，造价的高昂等因素促成了其必须建立起完备的仿真实验体系。在美国，1958 年所进行的四次发射全部失败了，1959 年的发射成功率也不过 57%。通过对实际经验的不断总结，美国国家航空航天局逐步建立了一整套仿真实验体系，到了 20 世纪 60 年代成功率达到了 79%，在 70 年代已达到 91%。近年来，其空间发射计划已经很少有不成功的情况了。

英法两国合作生产的"协和式"飞机，由于采用了仿真技术，使研制周期缩短了 1/8 ~ 1/6，节省经费 15% ~ 25%。

目前，我国及世界各主要发达国家的航空航天工业相继建立了大型仿真实验体系，如图 1.14 所示，以保证飞行器从设计到定型生产过程的经济性与安全性。

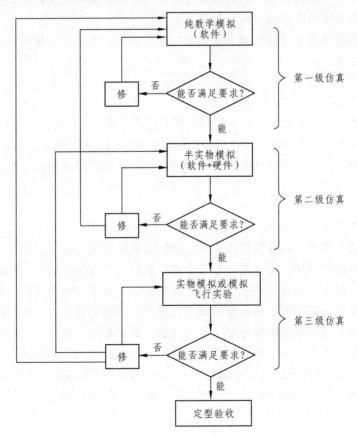

图 1.14 飞行器设计的三级仿真体系

此外，近年来在飞行员及宇航员训练用飞行仿真模拟器方面研制出了多种产品，主要包括：计算机系统、六自由度运动系统、视景系统（计算机成像）等设备，受到了方便、经济、安全的效果。

2. 电力行业

电力系统是最早采用仿真技术的领域之一。在电力系统负荷分配、瞬态稳定性以及最优潮流计算等方面，国内较早地采用了数字仿真技术，取得了显著的经济效益。在三峡水利工程的子项目——大坝排沙系统工程设计中，设计人员也采用了物理仿真的方法，取得了较完善的研究成果。

近年来，国内在电站操作人员培训模拟系统的研制上，达到国际先进水平，为仿真技术的应用开辟了广阔前景。

3. 原子能工业

由于能源的日趋紧张，原子能和平利用在世界范围内引起人们广泛重视。随着核反应堆的尺寸与功率的不断增加，使得整个原子能电站运行的稳定性、安全性与可靠性等问题成为必须要解决的首要问题。因此，几乎大部分核电站都建有相应的仿真系统。许多仿真器是全尺寸的，即仿真系统与真实系统是完全一致的，只是对象部分，如反应堆、涡轮发电机及有关的动力装置则是用计算机模拟的。核电站仿真器用来训练操作人员以及研发异常故障的排除处理，对于保证系统的安全运行是十分重要的。

目前，我国及世界各主要核技术先进国家在这方面均建立了相当规模的仿真实验体系，并取得了可观的成果。

4. 石油、化工及冶金工业

石油、化工生产过程中有一个显著的特点就是过程缓慢，而且往往过程控制、生产管理、生产计划、经济核算等搅在一起，综合效益指标难于预测与控制。因此，仿真实验成为石油、化工及冶金系统设计与分析研究的基本手段，仿真技术对这些领域的技术进步也不同程度地起到了促进作用。

5. 非工程领域

（1）医学。仿真技术在病变模型的建立、治疗方案的寻优、化疗与电疗强度的选择以及最佳照射条件等方面的应用，可为患者节省不必要的损失，为医生提供参考依据。

（2）社会学。在人口增长、环境污染、能源消耗以及病情防疫等方面，仿真技术可有效解决预测与控制问题。如我国人口模型的建立与研究，预测了未来 100 年我国人口发展的趋势，从而为计划生育控制策略的提出以及相关问题的解决起到了重要作用。此外，工业化、人口、环境这三个人类发展不容回避的问题日益引起人们的关注，如何建立相互制约的关系体制，走出一条可持续发展的良性循环道路是近年来人们应用仿真技术进行研究的热点之一。

（3）宏观经济与商业策略的研究　随着人类经济发展的多元化与商业贸易的复杂化，在金融、证券、期货以及国家宏观经济调整等方面，数字仿真技术已成为不可缺少的有力工具。

1.5.2 应用仿真技术的重要意义

仿真技术具有经济、安全、快捷的优点以及其特殊的用途，在工程设计、理论研究、产品开发等方面具有重要意义。

1. 仿真技术的特点

（1）经济。对于大型复杂系统，直接实验的费用往往是十分昂贵的，如空间飞行器一次飞行实验的成本大约为 10^8 美元，而采用仿真实验方法仅需要成本的 $1/10 \sim 1/5$。而且设备可以重复使用。这类例子很多，读者不妨自己想一想。

（2）安全。对于某些系统（如载人飞行器、核电装置等），直接实验往往存在很大危险，甚至是不允许的。而采用仿真实验可以有效降低危险程度，对系统的研究起到保障作用。

（3）快捷。在系统分析与设计、产品前期开发以及新理论的检验等方面，采用仿真技术（或 CAD 技术），科室工作进度大大加快，在科技飞速发展与市场竞争日趋激烈的今天，这一点是非常重要的。例如，现代服饰设计采用仿真与 CAD 技术，使得设计师能够在多媒体计算机上实现不同身材、不同光照、不同色彩以及不同风向条件下所设计时装各种情况下的展示，极大地促进了时装业的创新，有利于企业能够在激烈的市场竞争中处于不败之地。

2. 仿真技术的特殊功能

应用仿真技术可实现"预测""优化"等特殊功能。

（1）优化设计。在真实系统上进行结构与参数的优化设计是非常困难的，有时甚至是不可能的。在仿真技术中应用各种最优化原理与方法实现系统的优化设计，可使最终结果达到"最佳"，这对于大型复杂系统问题的研究具有重要意义。

（2）预测。对于一类非工程系统（如社会、经济、管理等系统），由于其规模及复杂程度巨大，直接进行某种实验几乎是不可能的。为减少错误的方针策略在以后的实践中带来的不必要的损失，可以应用仿真实技术对所研究的特性及其对外界环境的影响等进行"预测"，从而取得"超前"的认识，对所研究的系统实施有效控制。

仿真与 CAD 技术对科技进步与产业发展有着不可估量的作用和意义，我们对它应予以足够重视。

1.5.3 仿真技术的发展趋势

（1）在硬件方面，基于多 CPU 并行处理技术的全数字仿真系统将有效提高仿真系统的速度，从而使仿真系统的"实时性"得以进一步加强。

（2）随着网络技术的不断完善与提高，分布式数字仿真系统将被人们广泛采用，从而达到"投资少、效果好"的目的。

（3）在应用软件方面，直接面向用户的高效能的数字仿真软件将不断推陈出新，各种专家系统与智能化技术将更深入地应用于仿真软件开发中，使得在人-机界面、结果输出、综合评判等方面达到更理想的境界。

（4）随着虚拟现实技术的不断完善，它将为控制系统数字仿真与 CAD 开辟一个新时代。

例如，在飞行器驾驶人员培训模拟仿真系统中，可采用虚拟现实技术，使被培训人员置身于模拟系统中，就犹如身在真实环境里一样，使得培训效果达到最佳。

虚拟现实技术是一种综合了计算机图形技术、多媒体技术、传感器技术、显示技术以及仿真技术等多种学科而发展起来的高新技术。

（5）随着 FMS 与 CIMS 技术的应用与发展，"离散事件系统"越来越多的为仿真领域所重视，离散事件仿真从理论到实现给我们带来了许多新的问题。随着管理科学、柔性制造系统、计算机集成制造系统的不断发展，"离散事件系统仿真"问题将越来越显示出它的重要性。

习 题

1-1 什么是仿真？它所遵循的基本原则是什么？

1-2 在系统分析与设计中，仿真法与解析法有何区别？各有什么特点？

1-3 数字仿真包括哪几个要素？其关系如何？

1-4 为什么说模拟数字仿真精度低？其优点如何？

1-5 什么是 CAD 技术？控制系统 CAD 可解决哪些问题？

1-6 什么是虚拟现实技术？它与仿真技术的关系如何？

1-7 什么是离散系统？什么是离散事件系统？如何用数学的方法描述它们？

第 2 章　控制系统的数学描述

控制系统计算机仿真是建立在控制系统数学模型基础之上的一门技术。自动控制系统的种类繁多，为了通过仿真手段进行分析和设计，首先需要用数学形式描述各类系统的运动规律，即建立它们的数学模型。模型确立之后，还必须寻求合理的求解数学模型的方法，即数值算法，才能得到正确的仿真结果。本章将从常见的控制系统数学模型的建立和模型之间的相互转换入手，引出计算机仿真的实现问题（二次模型化）和控制系统仿真常用的几种数值算法，并对数值求解常微分方程中应注意的重要概念，如误差与精度、计算步距、计算时间以及数值稳定性、病态问题等予以简明扼要的讨论和阐述。

2.1　控制系统的数学模型

工业生产中的实际系统绝大多数是物理系统，系统中的变量都是一些具体的物理量，如电压、电流，压力、温度、速度、位移等，这些物理量是随时间连续变化的，称之为连续系统；若系统中的物理量是随时间断续变化的，如计算机控制、数字控制、采样控制等，则称为离散（或采样）系统。采用计算机仿真来分析和设计控制系统，首要问题是建立合理地描述系统中各物理量变化的动力学方程，并根据仿真需要，抽象为不同表达形式的系统数学模型。

2.1.1　控制系统数学模型的表示形式

根据系统数学描述方法的不同，可建立不同形式的系统数学模型。经典控制理论中，常用系统输入—输出的微分方程或传递函数表示各物理量之间的相互制约关系，被称为系统的外部描述或输入—输出描述；现代控制理论中，通过设定系统的内部状态变量，建立状态方程来表示各物理量之间的相互制约关系，这称为对系统的内部描述或状态描述。连续系统的数学模型通常可由高阶微分方程或一阶微分方程组的形式表示，而离散系统的数学模型是由高阶差分方程或一阶差分方程组的形式表示。如所建立的微分或差分方程为线性的，且各系数均为常数，则称之为线性定常系统的数学模型；如果方程中存在非线性变量，或方程中存在随时间变化的系数，则称之为非线性系统或时变系统数学模型。

本节主要讨论线性定常连续系统数学模型的几种表示形式。线性定常离散系统的数学模型将在后面章节中讨论。

1. 微分方程形式

设线性定常系统输入、输出量是单变量，分别为 $u(t)$、$y(t)$，则两者间的关系总可以描述为线性常系数高阶微分方程形式：

$$a_0 y^{(n)} + a_1 y^{(n-1)} + ... + a_{n-1} y' + a_n y = b_0 u^{(m)} + ... + b_m u \qquad (2\text{-}1)$$

式中，$y^{(j)}$ 为 $y(t)$ 的 j 阶导数，$y^{(j)} = \dfrac{\mathrm{d}^j y(t)}{\mathrm{d}t^j}$，$j = 0,1,\cdots,n$；$u^{(i)}$ 为 $u(t)$ 的 i 阶导数，$u^{(i)} = \dfrac{\mathrm{d}^i u(t)}{\mathrm{d}t^i}$，$i = 0,1,\cdots,m$；$a_j$ 为 $y(t)$ 及其各阶导数的系数，$j = 0,1,\cdots,n$；b_i 为 $u(t)$ 及其各阶导数的系数，$i = 0,1,\cdots,m$；n 为系统输出变量导数的最高阶次；m 为系统输入变量导数的最高阶次，通常总有 $m \leqslant n$。

对式（2-1）的数学模型，可以用以下模型参数形式表征：

输出系数向量 $\boldsymbol{A} = [a_0, a_1, \cdots, a_n]$，$n+1$ 维

输入系数向量 $\boldsymbol{B} = [b_0, b_1, \cdots, b_m]$，$m+1$ 维

输出变量导数阶次，n

输入变量导数阶次，m

有了这样一组模型参数，就可以简便地表达出一个连续系统的微分方程形式。

微分方程模型是连续控制系统其他数学模型表达形式的基础，以下所要讨论的模型表达形式都是以此为基础发展而来的。

2. 状态方程形式

当控制系统输入、输出为多变量时，可用向量分别表示为 $U(t)$、$Y(t)$，由现代控制理论可知，总可以通过系统内部变量之间的转换设立状态向量 $X(t)$，将系统表达为状态方程形式：

$$\begin{cases} \dot{\boldsymbol{X}}(t) = A\boldsymbol{X}(t) + B\boldsymbol{U}(t) \\ \boldsymbol{Y}(t) = C\boldsymbol{X}(t) + D\boldsymbol{U}(t) \end{cases} \qquad (2\text{-}2)$$

$\boldsymbol{X}(t_0) = \boldsymbol{X}_0$ 为状态初始值。

已知，$\boldsymbol{U}(t)$ 为输入向量（m 维）；$\boldsymbol{Y}(t)$ 为输出向量（r 维）；$\boldsymbol{X}(t)$ 为状态向量（n 维）。因此，对式（2-2）的数学模型，则用以下模型参数来表示系统：

系统系数矩阵 $\boldsymbol{A}$（$n \times n$ 维）

系统输入矩阵 $\boldsymbol{B}$（$n \times m$ 维）

系统输出矩阵 $\boldsymbol{C}$（$r \times n$ 维）

直接传输矩阵 $\boldsymbol{D}$（$r \times m$ 维）

状态初始向量 $\boldsymbol{X}_0$（n 维）

简记为（$\boldsymbol{A}$，$\boldsymbol{B}$，$\boldsymbol{C}$，$\boldsymbol{D}$）形式。

应当指出，控制系统状态方程的表达形式不是唯一的。通常可根据不同的仿真分析要求而建立不同形式的状态方程，如能控标准型、能观标准型、约当型等。

3. 传递函数形式

将式（2-1）在零初始条件下，两边同时进行拉普拉斯变换，则有

$$(a_0 s^n + a_1 s^{n-1} + \cdots + a_{n-1}s + a_n)Y(S) = (b_0 s^m + \cdots b_m)U(s) \qquad (2\text{-}3)$$

输出拉普拉斯变换与输入拉普拉斯变换之比

$$G(s) = \frac{Y(s)}{U(s)} = \frac{b_0 s^m + \cdots + b_{m-1}s + b_m}{a_0 s^n + \cdots + a_{n-1}s + a_n} \qquad (2\text{-}4)$$

即为单输入-单输出系统的传递函数，其模型参数可表示为：

传递函数分母系数向量 $A = [a_0, a_1, \cdots, a_n]$，$n+1$ 维

传递函数分子系数向量 $B = [b_0, b_1, \cdots, b_m]$，$m+1$ 维

分母多项式阶次 n

分子多项式阶次 m

用 $num = B$，$den = A$ 分别表示分子、分母参数向量，则可简练地表示为（num，den）形式，称为传递函数二对组模型参数。

式（2-4）中，当 $a_0 = 1$ 时，分子多项式

$$s^n + a_1 s^{n-1} + \cdots + a_{n-1}s + a_n \qquad (2\text{-}5)$$

称为系统的首一特征多项式，是控制系统常用的标准表达形式。相应的模型参数中，分母系数向量只用 n 维分量即可表示出，即

$$A = [a_1, a_2, \cdots, a_n]，\quad n \text{ 维}$$

4. 零极点增益形式

如果将式（2-4）中分子、分母有理多项式分解为因式连乘形式，则有

$$G(S) = k\frac{\prod_{i=1}^{m}(s - z_i)}{\prod_{j=1}^{n}(s - p_j)} = k\frac{(s - z_1)(s - z_2)\cdots(s - z_m)}{(s - p_1)(s - p_2)\cdots(s - p_n)} \qquad (2\text{-}6)$$

式中，k 为系统的零极点增益；$z_i(i = 1, 2, \cdots, m)$ 称为系统的零点；$p_j(j = 1, 2, \cdots, n)$ 称为系统的极点（z_i, p_j 可以是实数，也可以是复数）。

称式（2-6）为单输入-单输出系统传递函数的零极点表达形式，其模型参数：

系统零点向量：$Z = [z_1, z_2, \cdots, z_m]$，$m$ 维

系统极点向量：$P = [p_1, p_2, \cdots, p_n]$，$n$ 维

系统零极点增益：k，标量

简记为（Z，P，k）形式，称为零极点增益三对组模型参数。

5. 部分分式形式

传递函数也可以表示成为部分分式或留数形式：

$$G(s) = \sum_{i=1}^{n} \frac{r_i}{s - p_i} + h(s) \qquad （2-7）$$

式中，$p_i(i = 1, 2, \cdots, n)$ 为该系统的 n 个极点，与零极点形式的 n 个极点是一致的。$r_i(i = 1, 2, \cdots, n)$ 是对应各极点的留数。$h(s)$ 则表示传递函数分子多项式除以分母多项式的余式，若分子多项式阶次与分母多项式相等，h 为标量；若分子多项式阶次小于分母多项式阶次，则该项不存在。

模型参数表示为：

极点留数向量：$\boldsymbol{R} = [r_1, r_2, \cdots, r_n]$，$n$ 维

系统极点向量：$\boldsymbol{P} = [p_1, p_2, \cdots, p_n]$，$n$ 维

余式系数向量：$\boldsymbol{H} = [h_0, h_1, \cdots, h_l]$，$l + 1$ 维（$l = m - n$，原函数中分子大于分母阶次的余式系数；$l < 0$ 时，该向量不存在）

简记为（$\boldsymbol{R}$，$\boldsymbol{P}$，$\boldsymbol{H}$）形式，称为极点留数模型参数。

2.1.2　数学模型的转换

以上所述的几种数学模型可以相互转换，以适应不同的仿真分析要求。

1. 微分方程与传递函数形式

微分方程的模型参数向量与传递函数的模型参数向量完全一样，所以微分方程模型在仿真中总是用其对应的传递函数模型来描述。

2. 传递函数与零极点增益形式

传递函数转化为零极点增益表示形式的关键，实际上取决于如何求取传递函数分子、分母多项式的根。令

$$b_0 s^m + b_1 s^{m-1} + \cdots + b_{m-1} s + b_m = 0 \qquad （2-8）$$

$$a_0 s^n + a_1 s^{n-1} + \cdots + a_{n-1} s + a_n = 0 \qquad （2-9）$$

则两式分别有 m 个和 n 个相应的根 $z_i(i = 1, 2, \cdots, m)$ 和 $p_j(j = 1, 2, \cdots, n)$，此即为系统的 m 个零点和 n 个极点。求根过程可通过高级语言编程实现，但编程较烦琐。直接采用功能强大的 MATLAB 语言，可使模型转换过程变得十分方便。

MATLAB 语言的控制系统工具箱中提供了大量的实用函数，关于模型转换函数有好几种，其中 tf2zp（　）和 zp2tf（　）就是用来进行传递函数形式与零极点增益形式之间的相互转换的。

如语句：[Z, P, K] = tf2zp（num，den）

表示将分子、分母多项式系数向量为 num，den 的传递函数模型参数经运算返回左端式中的相应变量单元，形成零、极点表示形式的模型参数向量 Z, P, K。

同理，语句：[num, den] = zp2tf（Z, P, K）

也可方便地将零、极点增益形式表示为传递函数有理多项式形式。

3．状态方程与传递函数或零极点增益形式

对于单变量系统，状态方程为

$$\begin{cases} \dot{X} = AX + BU \\ Y = CX + DU \end{cases} \tag{2-10}$$

可得

$$G(s) = \frac{Y(s)}{U(s)} = C(sI - A)^{-1}B + D \tag{2-11}$$

关键在于 $(sI - A)^{-1}$ 求取。

利用 Fadeev-Fadeeva 法可以由已知的 A 矩阵求得 $(sI - A)^{-1}$，并采用计算机高级语言（如 C 或 FORTRAN 等）编程实现。同样，通过使用 MATLAB 语言控制系统工具箱中提供的有关状态方程与传递函数的相互转换函数 ss2tf（　）和 tf2ss（　），可使转换过程大为简化。

如语句：[num，den]=ss2tf（A，B，C，D）
表示把描述为（A，B，C，D）的系统状态方程模型参数各矩阵转换为传递函数模型参数各向量。左式中的变量单元 num 即为转换函数返回的分子多项式参数向量；den 即为转换函数返回的分母多项式参数向量。于是

$$\text{num} = [b_0, b_1, \cdots, b_m]$$

$$\text{den} = [a_0, a_1, \cdots, a_n]$$

而语句[A，B，C，D]=tf2ss（num，den）是上述过程的逆过程，由已知的（num，den）经模型转换返回状态方程各参数矩阵（A，B，C，D）。

需要说明的是，由于同一传递函数的状态方程实现不唯一，故上面所述的转换函数只能实现可控标准型状态方程。

转换函数 ss2zp（　）和 zp2ss（　）则是用以完成状态方程和零极点增益模型相互转换的功能函数。语句格式为

$$[Z，P，K]=\text{ss2zp}（A，B，C，D）$$

$$[A，B，C，D]=\text{zp2ss}（Z，P，K）$$

4．部分分式与传递函数或零极点增益形式

传递函数转化为部分分式的表示形式，关键在于求取各分式的分子待定系数，即下式中的 $r_i(i = 1, 2, \cdots, n)$。

$$G(s) = \frac{r_1}{s - p_1} + \frac{r_2}{s - p_2} + \cdots + \frac{r_n}{s - p_n} + h(s) \tag{2-12}$$

单极点情况下，该待定系数可用以下极点留数的求取公式得到：

$$r_i = G(s)(s - p_i)|s = p_i \tag{2-13}$$

具有多重极点时，也有相应极点留数的求取公式可选用，此处不做详细讨论。但无论如何，这些公式的应用或是根据公式算法编制程序的过程都相当麻烦。

MATLAB 语言中有专门解决极点留数求取的功能函数 residue（ ），可以非常方便地得到用户所需的结果。

语句 [R, P, H]=residue（num，den）

[num，den]=residue（R, P, H）

就是用来将传递函数形式与部分分式形式的数学模型相互转换的函数。

由上可知，数学模型可根据仿真分析需要建立为不同的形式，并利用 MATLAB 语言能够非常容易地相互转换，以适应仿真过程中的一些特殊要求。

2.1.3 线性时不变系统的对象数据类型描述

在新版的 MATLAB 语言（MATLAB5.X）以上版本中，增添了"对象数据类型"。相应地，在控制系统工具箱中也定义一些线性时不变（Linear Time Invariant）模型对象，即 LTI 对象。这种对象数据类型的引入，使得控制系统各种数学模型的描述和相互转换更为方便和简洁。

已知一个系统的模型参数，采用 LTI 对象数据形式建立系统模型有以下几种语句函数：

G =tf（num，den） 利用传递函数二对组生成 LTI 对象模型

G =zpk（Z，P，K ） 利用零极点增益三对组生成 LTI 对象模型

G =ss（A，B，C，D ） 利用状态方程四对组生成 LTI 对象模型

LTI 对象模型 G 一旦生成，就可以用单一的变量名 G 描述系统的数学模型，非常便于将系统模型作为一个整体进行各种形式的转换和处理，而不必每次调用系统模型都需输入模型参数组各向量或矩阵数据。

调用以下功能函数语句，可方便地实现 LTI 对象数据类型下不同数学模型的转换：

G1 =tf（G） 将 LTI 对象转换为传递函数模型

G2 =zpk（G） 将 LTI 对象转换为零极点增益模型

G3 =ss（G） 将 LTI 对象转换为状态方程模型

也可通过调用以下函数获得不同要求下的模型参数组向量或矩阵数据：

[num，den] =tfdata（G） 从 LTI 对象获取传递函数二对组模型参数

[Z，P，K] =zpkdata（G） 从 LTI 对象获取零极点增益三对组模型参数

[A，B，C，D] =ssdata（G） 从 LTI 对象获取状态方程四对组模型参数

利用"LTI 对象模型"可直接进行各种系统分析，控制系统工具箱中有许多功能函数均能照常调用，使得对系统的仿真、分析效率大大提高。有关对象数据类型更为深入的应用和详细内容、方法等，读者可参阅相关文献资料，受本书篇幅所限，这里只能对后续章节的相关的内容予以简介。

2.1.4 控制系统建模的基本方法

控制系统数学模型的建立是否得当，将直接影响以此为依据的仿真分析与设计的准确性、可靠性，因此必须予以充分重视，以采用合理的方式方法。

1. 机理模型法

所谓机理模型法，实际上就是采用由一般到特殊的推理演绎方法，对已知结构、参数的物理系统运用相应的物理定律或定理，经过合理分析简化而建立起来的描述系统各物理量动、静态变化性能的数学模型。

因此，机理模型法主要是通过理论分析推导方法建立系统模型。根据确定元件或系统行为所遵循的自然机理，如常用的物质不灭定律（用于液位、压力调节等）、能量守恒定律（用于温度调节等）、牛顿第二定律（用于速度、加速度调节等）、基尔霍夫定律（用于电气网络）等，对系统各种运动规律的本质进行描述，包括质量、能量的变化和传递等过程，从而建立起变量间相互制约又相互依存的精确的数学关系。通常情况下，是给出微分方程形式或其派生形式——状态方程、传递函数等。

建模过程中，必须对控制系统进行深入分析研究，善于提取本质、主流方面的因素，忽略一些非本质、次要的因素，合理确定对系统模型准确度有决定性影响的物理变量及其相互作用关系，适合舍弃对系统性能影响微弱的物理变量和相互作用关系，避免出现冗长、复杂、烦琐的公式方程堆砌。最终目的是要建造出既简单清晰，又具有相当精度，能够反映实际物理量变化的控制系统数学模型。

建立机理模型还应注意所研究系统模型的线性化问题。大多数情况下，实际控制系统由于种种因素的影响，都存在非线性现象，如机械传动中的死区间隙、电气系统中磁路饱和等，严格地说都属于非线性系统，只是其非线性程度有所不同。在一定条件下，可以通过合理的简化、近似，用线性系统模型近似描述非线性系统。其优点在于可利用线性系统的许多成熟的计算分析方法和特性，使控制系统的分析、设计更为简单方便，易于实用。但也应指出，线性化处理方法并非对所有控制系统都适用，对于包含本质非线性环节的系统需要采用特殊的研究方法。

2. 统计模型法

所谓统计模型法，就是采用由特殊到一般的逻辑、归纳方法。根据一定数量的在系统运用过程中实测、观察的物理量数据，运用统计规律、系统辨识等理论合理估计出反映系统各物理量相互制约关系的数学模型。其主要依据是来自系统的大量实测数据，因此又称之为实验测定法。

当对所研究系统的内部结构和特性尚不清楚甚至无法了解时，系统内部的机理变化规律就不能确定，通常称之为"黑箱"或"灰箱"问题，因此机理模型法也就无法应用。而根据所测到的系统输入、输出数据，采用一定方法进行分析及处理来获得数学模型的统计模型法正好适应这种情况。通过对系统施加激励，观察和测取其响应，了解其内部变量的特性，并建立能近似反映同样变化的模拟系统的数学模型，就相当于建立起实际系统的数学描述（方程、曲线或图表等）。

频率特性法是研究控制系统的一种应用广泛的工程实用方法。其特点在于通过建立系统频率响应与正弦输入信号之间的稳态特性关系，不仅可以反映系统的稳态性能，而且可以用来研究系统的稳态性和暂态性能；可以根据系统的开环频率特性，判别系统闭环后的各种性能；可以较方便地分析系统参数对动态性能的影响，并能大致指出改善系统性能的途径。

频率特性物理意义十分明确。对稳定的系统或元件、部件都可以用实验方法确定其频率特性，尤其对一些难以列写动态方程、建立机理模型的系统，它有特别重要的意义。

系统辨识法是现代控制理论中常用的技术方法，它也是依据观察到的输入与输出数据来估价动态系统的数学模型，但输出响应不局限于频率响应，阶跃响应或脉冲响应等时间响应都可以作为反映系统模型动态特性的重要信息，且确定模型的过程更依赖于各种高效率的最优算法以及如何保证所测取数据的可靠性等理论问题。因其在实践中能得到很好的运用，故已被广泛接受，并逐渐发展成为较成熟的且日臻完善的一门学科。

应当注意，由于对系统了解得不是很清楚，主要靠实验测取数据确定数学模型的方法受数据量不充分、数据精度不一致以及数据处理方法不完善等局限性影响，所得的数学模型的准确度只能满足一般的工程需要，难以达到更高精度的要求。

3. 混合模型法

除以上两种方法外，控制系统还有这样一类问题，即对其内部结构和特性有部分了解，但又难以完全用机理模型方法表述出来，这时需要结合一定的实验方法确定另外一部分不甚了解的结构特性，或是通过实际测定来求取模型参数。这种方法是机理模型法和统计模型法的结合，故称混合模型法。实际中它可能比前两者都用得多，是一项很好的理论推导与实验分析相结合的方法与手段。

控制系统的建模是一个理论性与实践性都很强的问题，是影响数字仿真结果的首要因素。于书本的篇幅有限，此处不再展开讨论。下面的例题有助于对这一问题的理解。

例 2-1 控制系统原理图如图 2.1 所示，运用机理模型法建立系统的数学模型。

解： 由系统原理图可知，系统为一位置伺服闭环控制系统，将其分解为基本元件或部件，按工作机理分别列写输入-输出动态方程，并按各元件、部件之间的关系，画出系统结构图，最后根据结构图求出系统的总传递函数，从而建立起系统的数学模型。

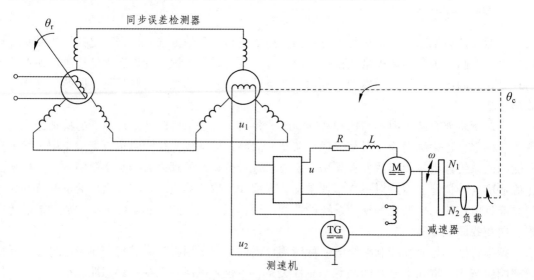

图 2.1 控制系统原理图

（1）同步误差检测器。设其输入为给定角位移 θ_r 与实际角位移 θ_c 之差，输出为位移误差

电压 u_1，且位移/电压转换系数为 k_1，有 $u_1 = k_1(\theta_r - \theta_c)$。

（2）放大器。设其输入为位移误差电压 u_1 与测速发电机反馈电压 u_2 之差，输出为直流电动机端电压 u，电压放大系数 k_2，则有 $u = k_2(u_1 - u_2)$。

（3）直流电动机。设其输入为 u，输出为电动机的角速度 ω，R 为电枢回路电阻，L 为电枢回路电感，k_m 为电磁转矩系数，J 为电动机转动惯量。忽略反电动势和负载转矩影响，则由电动机电压平衡方程和力矩平衡方程，有

$$u = L\frac{\mathrm{d}i_a}{\mathrm{d}t} + Ri_a$$

$$k_m i_a = J\frac{\mathrm{d}\omega}{\mathrm{d}t}$$

所以

$$T\frac{\mathrm{d}^2\omega}{\mathrm{d}t^2} + \frac{\mathrm{d}\omega}{\mathrm{d}t} = k_3 u$$

式中，T 为电动机电磁时间常数，$T = \dfrac{L}{R}$；k_3 为电压/速度转换系数，$k_3 = \dfrac{k_m}{RJ}$。在推导中消去了中间变量——电枢电流 i_a。

（4）测速发电机。设其输入为电动机角速度 ω，输出为测速电压值 u_2，速度/电压转换系数为 k_4，所以有 $u_2 = k_4\omega$。

（5）负载输出。设输入为电动机角速度 ω，输出为负载角位移 θ_c，传动比 $n = N_1/N_2 < 1$，则 $\dfrac{\mathrm{d}\theta_c}{\mathrm{d}t} = n\omega$。

$$\frac{U_1(s)}{\theta_r(s) - \theta_c(s)} = k_1$$

$$\frac{U(s)}{U_1(s) - U_2(s)} = k_2$$

$$\frac{\omega(s)}{U(s)} = \frac{k_3}{s(Ts+1)}$$

$$\frac{u_2(s)}{\omega(s)} = k_4$$

$$\frac{\theta_c(s)}{\omega(s)} = \frac{n}{s}$$

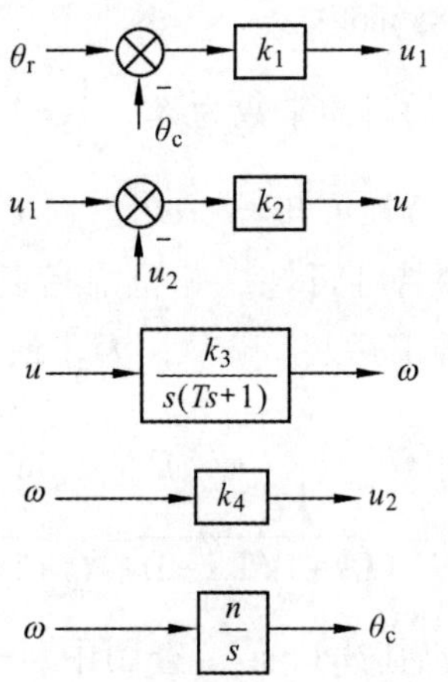

图 2.2　各环节传递函数及其结构图

（6）将（1）~（5）中各式进行拉普拉斯变换，注意变换后各变量象函数均为大写形式，按输入/输出关系表示出各环节传递函数，并据此画出各部分的结构图，如图 2.2 所示。

（7）按相互之间作用关系，连成系统总结构图，如图 2.3 所示。然后利用结构图等效变换化简或直接运用梅逊公式，求出该系统总传递函数 $G_B(s)$

$$G_B(s) = \frac{\theta_c(s)}{\theta_r(s)} = \frac{k_1 k_2 k_3 n}{T s^3 + s^2 + k_2 k_3 k_4 s + k_1 k_2 k_3 n}$$

即为所需的系统数学模型。

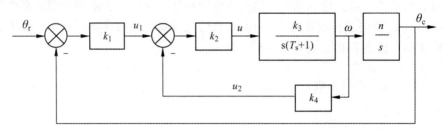

图 2.3   控制系统总结构图

例 2-2   用实验方法测得某系统的开环频率响应数据如表 2.1 所示。试由表中数据建立该系统开环传递函数模型 $G(s)$。

表 2.1   系统的开环频率响应实测数据表

$\omega/(\mathrm{rad}\cdot\mathrm{s}^{-1})$	0.10	0.14	0.23	0.37	0.60	0.95	1.53	2.44	3.91	6.25	10.0
$L(\omega)/\mathrm{dB}$	-0.049	-0.102	-0.258	-0.638	-1.507	-3.270	-6.315	-10.81	-16.69	-23.65	-31.27
$\phi(\omega)/(°)$	-9.72	-14.12	-22.45	-35.35	-54.56	-81.25	-115.5	-157.2	-207.8	-271.7	-358.9

注：ω 为输入信号角频率；$L(\omega)$ 为输出信号对数幅频特性值；$\phi(\omega)$ 为输出信号对数相频特性值。

解   （1）由已知数据绘制该系统开环频率响应伯德图，如图 2.4 所示。

（2）用 $\pm 20\,\mathrm{dB/dec}$ 及其倍数的折线逼近幅频特性，如图 2.4 所示折线，得两个转折频率，即 $\omega_1 = 1\,\mathrm{rad/s}$，$\omega_2 = 2.85\,\mathrm{rad/s}$。

求出相应惯性环节的时间常数为 $T_1 = \dfrac{1}{\omega_1} = 1\,\mathrm{s}$，$T_2 = \dfrac{1}{\omega_2} = 0.35\,\mathrm{s}$。

（3）由低频段幅频特性可知，$L(\omega)\big|_{\omega \to 0} = 0$，所以 $k = 1$。

（4）由高频段相频特性可知，相位滞后已超过 $-180°$，且随着 ω 的增大，滞后愈加严重。显然该系统存在纯滞后环节 $\mathrm{e}^{-\tau s}$，为非最小相位系统。因此，系统开环传递函数应为以下形式：

$$G(s) = \frac{K\mathrm{e}^{-\tau s}}{(T_1 s + 1)(T_2 s + 1)} = \frac{1}{(s+1)(0.35s+1)}\mathrm{e}^{-\tau s}$$

（5）设法确定纯滞后时间 τ 值。查图中 $\omega = \omega_1 = 1\,\mathrm{rad/s}$ 时，$\phi(\omega_1) = -86°$，而按所求得的传递函数，应有

$$\phi(\omega_1) = -\arctan 1 - \arctan 0.35 - \tau_1 \times \frac{180°}{\pi} = -86°$$

易解得 $\tau_1 = 0.37s$

再查图中 $\omega = \omega_2 = 2.85\,\mathrm{rad/s}$ 时，$\phi(\omega_2) = -169°$，同样从

$$\phi(\omega_2) = -\arctan 2.85 - \arctan(0.35 \times 2.85) - 2.85\tau_2 \times \frac{180°}{\pi} = -169°$$

解得 $\tau_2 = 0.33s$

取两次平均值得

$$\tau = \frac{\tau_1 + \tau_2}{2} = 0.35s$$

（6）最终求得该系统开环传递函数模型 $G(s)$ 为

$$G(s) = \frac{Ke^{-\tau s}}{(T_1 s + 1)(T_2 s + 1)} = \frac{1}{(s+1)(0.35s+1)} \times e^{-0.35s}$$

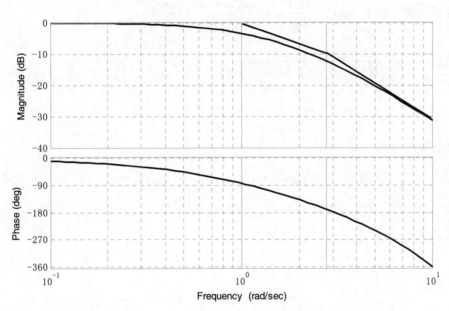

图 2.4 系统的开环频率响应伯德图

从以上两例可体会到，无论采用何种方法建模，其实质就是设法获取关于系统尽可能多的信息并经过恰当信息处理得到对系统准确合理的描述。物理定律公式、实测试验数据等都是反映系统性能的重要信息，机理模型法、统计模型法只是信息处理过程不同而已，在实际建模过程中应灵活掌握运用。

2.2 实现问题

控制系统数学模型的建立（称之为一次模型化），为进行系统仿真实验研究提供了必要的前提条件，但真正在数字计算机上对系统模型实现仿真运算、分析，还有一个关键步骤，就是所谓"实现问题"。

在控制理论中，所谓"实现问题"就是根据已知的系统传递函数求取该系统相应的状态空间表达式，也就是说，把系统的外部模型（传递函数描述）形式转换为系统的内部模型（状态空间描述）形式。这对于计算机仿真技术而言，是一个具有实际意义的问题。因为状态方程是一阶微分方程组的形式，非常适宜用数字计算机求其数值解（而高阶微分方程的数值求解是非常困难的）。如果控制系统已表示为状态空间表达式，则很容易直接对该表达式编制相应的求解程序。

对一个已知的系统传递函数，其相应的状态方程实现并不唯一，本节仅以单变量系统的可控标准型实现作为一种方法加以说明，更深入的内容不在此讨论。

2.2.1　单变量系统的可控标准型实现

设系统传递函数为　$G(s) = \dfrac{Y(s)}{U(s)} = \dfrac{c_1 s^{n-1} + \cdots + c_{n-1} s + c_n}{s^n + a_1 s^{n-1} + \cdots + a_{n-1} s + a_n}$

若对上式设　　　　$\dfrac{Z(s)}{U(s)} = \dfrac{1}{s^n + a_1 s^{n-1} + \cdots a_{n-1} s + a_n}$

$$\frac{Y(s)}{Z(s)} = c_1 s^{n-1} + \cdots + c_{n-1} s + c_n$$

再经拉普拉斯反变换，有

$$z^{(n)}(t) + a_1 z^{(n-1)}(t) + \cdots + a_{n-1} z'(t) + a_n z(t) = u(t) \tag{2-14}$$

$$y(t) = c_1 z^{(n-1)}(t) + \cdots + c_{n-1} z'(t) + c_n z(t)$$

引入 n 维状态变量 $X = [x_1, x_2, \cdots, x_n]$，并设

$$\begin{aligned} x_1 &= z \\ x_2 &= z' = x_1' \\ &\vdots \\ x_n &= z^{(n-1)} = x_{n-1}' \end{aligned}$$

再由式（2-14）有

$$x_n' = z^{(n)} = -a_1 z^{(n-1)} - \cdots - a_{n-1} z' - a_n z + u = -a_1 x_n - \cdots - a_{n-1} x_2 - a_n x_1 + u \tag{2-15}$$

$$y = c_n x_1 + c_{n-1} x_2 + \cdots + c_1 x_n \tag{2-16}$$

得到一阶微分方程组　$\begin{cases} x_1' = x_2 \\ x_2' = x_3 \\ \vdots \\ x_{n-1}' = x_n \\ x_n' = -a_n x_1 - \cdots - a_2 x_{n-1} - a_1 x_n + u \end{cases}$

写成矩阵形式为　　$\begin{cases} \dot{X} = AX + BU \\ Y = CX + DU \end{cases}$

就得到了系统的内部模型描述——状态空间表达式。其中

$$A = \begin{bmatrix} 0 & 1 & 0 & \cdots & 0 \\ 0 & 0 & 1 & \cdots & 0 \\ \vdots & \vdots & \vdots & & \vdots \\ 0 & 0 & \cdots & \cdots & 1 \\ -a_n & -a_{n-1} & \cdots & \cdots & -a_1 \end{bmatrix}; \quad B = \begin{bmatrix} 0 \\ 0 \\ \vdots \\ 0 \\ 1 \end{bmatrix}$$

$$C = \begin{bmatrix} c_n & c_{n-1} & \cdots & \cdots & c_1 \end{bmatrix}; \quad D = [0]$$

其一阶微分方程矩阵向量形式便于在计算机上运用各种数值积分方法求取数值解（下节将予以详细阐述）。

将系统的状态方程描述式（2-15）和式（2-16）用图形方式表示，如图 2.5 所示。

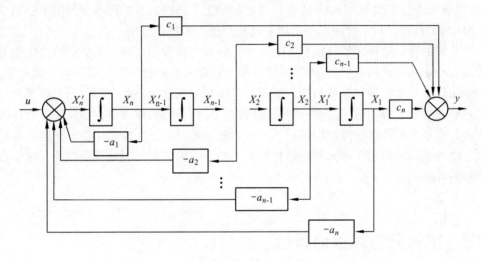

图 2.5　单变量系统的可控标准型模拟实现图

图 2.5 清楚地表明了系统内部状态变量之间的相互关系和内部结构形式，通常称为模拟实现图。从图中可知，欲知各状态变量 $x_1, x_2, \cdots, x_n$ 的动态特性变化情况，对于数字计算机来讲关键在于求解各状态变量的一阶微分 $x_1', x_2', \cdots, x_n'$。因此，图中各积分环节的作用至关重要。采用传统的模拟计算机求解，则积分环节由运算放大器构成的积分器实现；而采用数字计算机求解，积分环节由各种数值积分算法实现。可以说，模拟实现图给出了清晰的系统仿真模型。

2.2.2　控制系统的数字仿真实现

控制系统计算机仿真技术所要求的"实现问题"更为具体，是指如何将已得到的控制系统的数学模型通过一定方法、手段转换为可在数字计算机上运行求解的"仿真模型"问题，或称做"二次模型化"过程。"控制系统数字仿真与 CAD"这门课程很重要的一部分内容就是研究二次模型化问题，即如何建立控制系统仿真模型，使其在数字计算机上得到

"实现"，进而求解运算，得到所需要的运行结果。这也是仿真领域长期以来一直进行的重点研究工作。

一般来说，控制系统的数字仿真实现有以下几个步骤：

（1）根据已建立的数学模型和制度、计算时间等要求，确定所采用的数值计算方法。

（2）将原模型按照算法要求通过分解、综合、等效变换等方法转换为适于在数字计算机上运行的公式、方程等。

（3）用适当的软件语言将其描述为数字计算机可接受的软件程序，即编程实现。

（4）通过在数字计算机上运行，加以校核，使之正确反映系统各变量动态性能，得到可靠的仿真结果。

围绕以上步骤，系统仿真技术近年来不断发展、不断更新，各类控制系统专用仿真软件为适应仿真中的二次模型化需求不断推出。其中最具特色的就是美国学者 Cleve Moler 等人于 1980 年推出的交互式 MATLAB 语言。在此基础上，陆续出现的许多专门用于控制系统分析与 CAD 的工具箱，对系统仿真技术的发展起到很大的推动作用。

一个良好的算法软件，如 MATLAB 语言，可以使系统仿真研究人员把精力集中于仿真模型的建立和求解方法的确定、仿真结果的分析和控制系统的设计这类重要和关键问题上来。而对于采用什么算法，如何保证精度，如何逐条编程实现这样一些底层问题不必花费过多的心思，不必去详细了解相应算法的一些具体内容，从而提高工作效率，并保证了软件的可靠性。因此，高水平的算法软件的出现，使得原本复杂艰巨的二次模型化任务变得容易了，也就是说，仿真的实现问题在强大的功能软件的支持下，能够很方便地得到解决。这一点在以后章节中将详细阐述。

2.3　常微分方程数值解法

控制系统数学模型经合理近似、简化，大多数建立成为常微分方程形式。实际中遇到的大部分微分方程难以得到解析解，通常都是通过数字计算机采用是数值计算方法求解数值解。尽管在高级仿真软件（MATLAB）环境下，已提供了功能十分强大，且能保证相应精度的数值求解的功能函数或程序段，使用者仅需要按照规定的语言规格调用即可，而无需要从数值算法的底层考虑其编程实现过程，但为掌握数字仿真技术的基本技能，在仿真分析和设计中合理选择和使用相应的算法以获得满足要求的数值结果，有必要求对常微分方程的数值求解问题做较深入的了解。本节将从数值求解的概念入手，介绍系统仿真中常用的几种数值求解方法及其使用特点。

2.3.1　数值求解的基本概念

控制系统的数学模型可能是状态方程描述，也可能是传递函数描述，或其他微分方程组形式描述，但均可以通过"实现"的方法化为一阶微分方程组的形式来求解，故本节主要以一阶微分方程为基础来讨论数值求解的基本概念。

设常微分方程为

$$\begin{cases} \dfrac{\mathrm{d}y}{\mathrm{d}t} = f(t, y) \\ y(t_0) = y_0 \end{cases} \tag{2-17}$$

则求解方程中函数 $y(t)$ 问题称为常微分方程初值问题。所谓数值求解就是要在时间区间 $[a, b]$ 中取若干离散点

$t_k = (k = 0, 1, 2, \cdots, N)$，且 $a = t_0 < t_1 < \cdots < t_N = b$，设法求出式（2-17）的解函数 $y(t)$ 在这些时刻上的近似值 $y_0, y_1, \cdots, y_N$，即求取

$$y_k \approx y(t_k), \ \ k = 0, 1, 2, \cdots, N$$

从上可知，常微分方程数值解法的基本出发点就是离散化，即将连续时间求解区间 $[a, b]$ 分成若干离散时刻点 t_k，然后直接求出各离散点上的解函数 $y(t_k)$ 的近似值 y_k，而不必求出解函数 $y(t)$ 的解析表达式。这在一般工程实际中已满足大部分控制系统的仿真分析要求。

通常取求解区间 $[a, b]$ 的等分点作为离散点较方便，即设 $y_k \approx y(t_k)$，$k = 0, 1, 2, \cdots, N$，而令 $h = (b - a) / N$，称为等间隔时间步长。

求常微分方程数值解的基本方法有以下几种：

1. 差商法

设式（2-17）中的导数 y' 在 $t = t_k$ 处可用差分形式近似替代，即

$$y'(t_k) \approx \frac{y_{k+1} - y_k}{h} \tag{2-18}$$

则式（2-17）转换为

$$\begin{cases} \dfrac{y_{k+1} - y_k}{h} = f(t_k, y_k), \ \ k = 0, 1, \cdots, N-1 \\ y_0 = y(t_0) \end{cases} \tag{2-19}$$

显然由此可得出微分方程初值问题的数值解序列值

$$\begin{cases} y_0 = y(t_0) \\ y_{k+1} = y_k + h f(t_k, y_k), \ \ k = 0, 1, \cdots, N-1 \end{cases} \tag{2-20}$$

呈现出递推关系，只要已知初值 $y(t_0)$，即可求得所需数值序列 $y_k (k = 1, \cdots, N)$。

2. 泰勒（Taylor）展开法

解函数 $y(t)$ 在 t_k 附近可展开为泰勒多项式

$$y(t_k + h) \approx y(t_k) + h y'(t_k) + \frac{h^2}{2!} y''(t_k) + \cdots + \frac{h^n}{n!} y^{(n)}(t_k) + \cdots$$

由式（2-17）和式（2-18）知

$$y(t_k + h) = y(t_{k+1}) = y_{k+1}$$

并记

$$y'(t_k) = f(t_k, y_k) = f_k = y'_k$$

$$y''(t_k) = f'_t(t_k, y_k) + f_y(t_k, y_k)y'(t_k) = f'_{tk} + f'_{yk}f_k = y''_k$$

则式（2-20）可化为

$$\begin{cases} y_0 = y(t_0) \\ y_{k+1} = y_k + hy'_k + \dfrac{h^2}{2!}y''_k + \cdots + \dfrac{h^n}{n!}y_k^{(n)} + \cdots \end{cases} \tag{2-21}$$

按求解精度要求，取适当项数 n，即可递推求解，当 $n=1$，则有

$$\begin{cases} y_0 = y(t_0) \\ y_{k+1} = y_k + hy'_k = y_k + hf(t_k, y_k), \quad k = 0,1,\cdots,N-1 \end{cases}$$

它与式（2-21）完全相同。

3. 数值积分法

将式（2-17）在小区间 $[t_k, t_{k+1}]$ 上积分，得

$$y_{k+1} = y_k + \int_{t_k}^{t_{k+1}} f(t, y)\mathrm{d}t \tag{2-22}$$

于是在区间 $[a, b]$ 上，式（2-17）可化为

$$\begin{cases} y_0 = y(t_0) \\ y_{k+1} = y_k + \int_{t_k}^{t_{k+1}} f(t, y)\mathrm{d}t, \quad k = 0,1,2,\cdots,N-1 \end{cases}$$

只要对其中积分项采用数值积分方法求得即可。而数值积分的方式方法非常之多，需要根据仿真精度和计算时间要求来确定使用何种方法。

2.3.2　数值积分法

下面讨论控制系统仿真中最常用和最基本的数值积分法，并根据其特点，提供求解常微分方程初值问题时正确选用数值算法的参考依据。

1. 欧拉（Euler）法

设一阶微分方程如式（2-17），重写为

$$\frac{\mathrm{d}y}{\mathrm{d}t} = f(t, y)$$

初始条件：　$y(t_0) = y_0$

在 $[t_k, t_{k+1}]$ 区间上积分，由式（2-22），得

$$y_{k+1} - y_k = \int_{t_k}^{t_{k+1}} f(t, y)\mathrm{d}t$$

又由导数定义可知

$$\frac{\mathrm{d}y}{\mathrm{d}t} = \lim_{\Delta t \to 0} \frac{y(t + \Delta t) - y(t)}{\Delta t}$$

在 $t = t_k$ 时刻，取
$h = \Delta t = t_{k+1} - t_k$，则显然 $y_{k+1} = y(t + \Delta t), y_k = y(t)$。设 h 足够小，使得

$$\frac{\mathrm{d}y}{\mathrm{d}t} = f(t_k, y_k) \approx \frac{y_{k+1} - y_k}{h} \qquad （2\text{-}23）$$

成立，于是，由式（2-23）得

$$y_{k+1} - y_k = hf(t_k, y_k) \qquad （2\text{-}24）$$

与式（2-22）比较，$hf(t_k, y_k)$ 部分近似代替了积分部分，即

$$\int_{t_k}^{t_{k+1}} f(t, y)\mathrm{d}t \approx hf(t_k, y_k) \qquad （2\text{-}25）$$

其几何意义是把 $f(t,y)$ 在 $[t_k, t_{k+1}]$ 区间内的曲边面积用矩形面积近似代替，如图 2.6 所示。当 h 很小时，可以认为造成的误差是允许的。所以，式（2-22）就可写为

$$y_{k+1} = y_k + hf(t_k, y_k) \qquad （2\text{-}26）$$

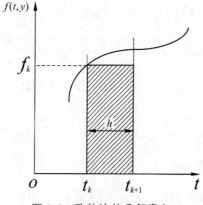

图 2.6　欧拉法的几何意义

取 $k = 0$，1，2，$\cdots$，N，即可从 t_0 开始，逐点递推求得 t_1 时的 y_1，t_2 时的 y_2，$\cdots$，

直至 t_N 时的 y_N，称之为欧拉递推公式，这也就是最简单的数值积分求解递推算法。

欧拉法方法简单，其计算量小，由前一点值 y_k 仅一步递推就可以求出后一点值 y_{k+1}，属于单步法。又由于从初值 y_0 即可开始进行递推运算，不需要其他信息，因此又属于自启动算法。

此处不难看出，欧拉法与泰勒展开式

$$y(t + \Delta t) = y(t) + y'(t)\Delta t + \frac{1}{2!}y''(t)(\Delta t)^2 + \cdots \qquad （2\text{-}27）$$

当 $t = t_k$，且取 $h = \Delta t$ 时，对应式

$$y_{k+1} = y_k + hy'_k + \frac{1}{2!}h^2 y''_k + \cdots \qquad （2\text{-}28）$$

中的一阶近似展开式相同，即 $y_{k+1} = y_k + hy_k' + o(h^2) \approx y_k + hy_k'$

其误差 $o(h^2)$ 与 h^2 同数量级，称其具有一阶精度，显然精度较差。尽管如此，欧拉法仍是非常重要的，许多高精度的数值积分方法都是以它为基础推导而得出的。

2. 龙格-库塔（Runge-Kutta）法

为使数值积分精度进一步提高，泰勒展开式取二阶近似式，则具有二阶精度，即截断误差 $o(h^3)$ 与 h^3 同数量级；若取四阶近似，则具有四阶精度，截断误差 $o(h^5)$ 更小，与 h^5 同数量级。但这使得求解 $f(t, y)$ 的高阶导数较为困难，这时通常可采用龙格-库塔法。龙格-库塔法的基本思路是：用函数值 $f(t, y)$ 的线性组合来代替 $f(t, y)$ 的高阶导数项，既可以避免计算高阶导数，又可以提高数值计算精度。其方法为

设 $y(t)$ 为式（2-17）的解，将其在 t_k 附近以 h 为变量展开为泰勒级数

$$y(t_k + h) = y(t_k) + hy'(t_k) + \frac{h^2}{2!}y''(t_k) + \cdots \qquad (2-29)$$

因为 $y'(t_k) = f(t_k, y_k) = f_k$

$$y''(t_k) = \frac{df(t, y)}{dt}\bigg|_{\substack{t=t_k \\ y=y_k}} = \left(\frac{\partial f}{\partial t} + \frac{\partial f}{\partial y}f\right)\bigg|_{\substack{t=t_k \\ y=y_k}} = f_{t_k}' + f_{y_k}' f_k$$

并记 $y(t_k + h) = y_{k+1}$, $y(t_k) = y_k$

于是 $$y_{k+1} = y_k + hf_k + \frac{h^2}{2!}(f_{tk}' + f_{yk}' f_k) + \cdots \qquad (2-30)$$

上式中 f_{tk}' 、 f_{yk}' 等各阶导数不易计算，用下式中 k_i 的线性组合表示，则 y_{k+1} 成为

$$y_{k+1} = y_k + h\sum_{i=1}^{r} b_i k_i \qquad (2-31)$$

式中，r 为精度阶次；b_i 为待定系数，由所要求的精度确定；k_i 用下式表示 $k_i = f(t_k + c_i h, y_k + h\sum_{j=1}^{i=1} a_j k_j)$ ，$i=1, 2, 3, \cdots r$，式中，c_i、a_j 亦为待定系数，$j=1, 2, \cdots, i-1$。一般均取 $c_1 = 0$。

当 $r=1$ 时，$k_1 = f(t_k, y_k)$，则 $y_{k+1} = y_k + hb_1 k_1$ 与式（2-29）取一阶近似公式相比较，可得 $b_1 = 1$，则上式成为 $y_{k+1} = y_k + hk_1$，$k_1 = f(t_k, y_k)$，此即欧拉法递推公式。其中 k_1 是 y_k 点的切线斜率。

当 $r=2$ 时， $k_1 = f(t_k, y_k)$ ， $k_2 = f(t_k + c_2 h, y_k + ha_1 k_1)$ $\qquad (2-32)$

而 k_2 可按二元函数展开成为

$$k_2 \approx f_k + c_2 hf_{tk}' + ha_1 k_1 f_{yk}' \qquad (2-33)$$

则
$$y_{k+1} = y_k + b_1 h k_1 + b_2 h k_2$$
$$= y_k + b_1 h f_k + b_2 h(f_k + c_2 h f'_{tk} + h a_1 k_1 f'_{yk})$$
$$= y_k + (b_1 + b_2) h f_k + b_2 c_2 h^2 f'_{tk} + a_1 b_2 h^2 f_k f'_{yk}$$

同样与式（2-30）取二阶近似公式比较，即得以下关系式

$$b_1 + b_2 = 1, b_2 c_2 = \frac{1}{2}, a_1 b_2 = \frac{1}{2}$$

待定系数个数超过方程个数，必须先设定一个系数，然后即可求得其他系数。一般有以下几种取法：

（1）$a_1 = \frac{1}{2}, b_1 = 0, b_2 = 1, c_2 = \frac{1}{2}$ 时，则

$$y_{k+1} = y_k + h k_2 ,$$

$$k_1 = f(t_k, y_k) , \quad k_2 = f\left(t_k + \frac{h}{2}, y_k + \frac{h}{2} k_1\right)$$

（2）$a_1 = \frac{2}{3}, b_1 = \frac{1}{4}, b_2 = \frac{3}{4}, c_2 = \frac{2}{3}$ 时，则

$$y_{k+1} = y_k + \frac{h}{4}(k_1 + 3 k_2) ,$$

$$k_1 = f(t_k, y_k) , \quad k_2 = f\left(t_k + \frac{2}{3} h, y_k + \frac{2}{3} h k_1\right)$$

（3）$a_1 = 1, b_1 = \frac{1}{2}, b_2 = \frac{1}{2}, c_2 = 1$ 时，则

$$\begin{cases} y_{k+1} = y_k + \dfrac{h}{2}(k_1 + k_2) \\ k_1 = f(t_k, y_k) \\ k_2 = f(t_k + h, y_k + h k_1) \end{cases} \qquad (2\text{-}34)$$

以上几种递推公式均称为二阶龙格-库塔公式，是较典型的几个常用算法。其中（3）法又称为预估-校正法或梯形法，意义如下：

用欧拉法以斜率 k_1 先求取一点 $\bar{y}_{k+1}$，称为预估点，$\bar{y}_{k+1} = y_k + h k_1$，再由此点求得另一斜率 $k_2 = f(t_{k+1}, \bar{y}_{k+1}) = f(t_k + h, y_k + h k_1)$，然后，从 y_k 点开始，既不按该点斜率 k_1 变化，也不按预估点斜率 k_2 变化，而是取两者平均值 $k = \dfrac{k_1 + k_2}{2}$，求得校正点 y_{k+1}，即 $y_{k+1} = y_k + h k$，该方法可以认为是经改进了的欧拉法。

又将式（2-34）与式（2-22）比较，有

$$\int_{t_k}^{t_{k+1}} f(t,y)\mathrm{d}t = \frac{h}{2}(k_1 + k_2) = \frac{h}{2}(f_k + f_{k+1})$$

相当于 $[t_k, t_{k+1}]$ 区间内的曲边面积被上下底为 f_k 和 f_{k+1}，高为 h 的梯形面积所代替，这样精度提高很多。其几何意义如图 2.7 所示。

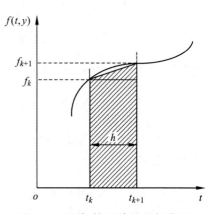

由此而观察（1）（2）（3）法，发现二阶龙格-库塔法的规律是相同的，都是通过 y_k 点先求取斜率 k_1，再以此斜率求取另一斜率 k_2，最后以满足二阶精度为目的，取适当加权系数求取调整斜率 $k = b_1 k_1 + b_2 k_2$。

可以说，这也是整个龙格-库塔法的共同规律。于是我们清楚地理解了式（2-31）中求和部分 $\sum_{i=1}^{r} b_i k_i$ 的意义，就相当于一个经多项加权系数 b_i 对多个 y_i 点附近变化斜率 k_i 加以调整的总斜率 k，即

图 2.7　预估-校正法的几何意义

$$k = \sum_{i=1}^{r} b_i k_i \tag{2-35}$$

因而，式（2-31）成为 $y_{k+1} = y_k + hk$。

它完全是欧拉公式（2-26）的基本形式。但精度随 r 的取值提高为 r 阶精度。于是，按照上述思路不难得到 $r=3$ 时，三阶龙格-库塔公式

$$\begin{cases} y_{k+1} = y_k + \dfrac{h}{4}(k_1 + 3k_3) \\ k_1 = f(t_k, y_k) \\ k_2 = f\left(t_k + \dfrac{h}{3}, y_k + \dfrac{h}{3}k_1\right) \\ k_3 = f\left(t_k + \dfrac{2}{3}h, y_k + \dfrac{2}{3}hk_2\right) \end{cases} \tag{2-36}$$

当 $r = 4$ 时，四阶龙格-库塔公式为

$$\begin{cases} y_{k+1} = y_k + \dfrac{h}{6}(k_1 + 2k_2 + 2k_3 + k_4) \\ k_1 = f(t_k, y_k) \\ k_2 = f\left(t_k + \dfrac{h}{2}, y_k + \dfrac{h}{2}k_1\right) \\ k_3 = f\left(t_k + \dfrac{h}{2}, y_k + \dfrac{h}{2}k_2\right) \\ k_4 = f(t_k + h, y_k + hk_3) \end{cases} \tag{2-37}$$

对于仿真中遇到的大多数工程实际问题，四阶龙格-库塔法的精度已能满足要求，其截断误差 $o(h^5)$ 与 h^5 同数量级，当步距 h 取得较小时，误差是很小的。

龙格-库塔法无论几阶均属单步法，当然都可以自启动。龙格-库塔公式中的各次斜率 k_i，也称为龙格-库塔系数。

2.3.3　关于数值积分法的几点讨论

1. 单步法和多步法

如前所述，欧拉法、龙格-库塔法等，由于计算 t_{k+1} 时刻值 y_{k+1} 只与 t_k 时刻 y_k 有关，故都是单步法，可以自启动。但还有许多算法，由于计算 t_{k+1} 时刻的值 y_{K+1}，要用到 t_k 及过去时刻 t_{k-1}，t_{k-2}，…，t_{k-r} 的值 $y_k, y_{k-1}, \cdots, y_{k-r}$，于是称为多步法。线性多步法可以表示为以下一般形式

$$y_{k+1} = \alpha_0 y_k + \alpha_1 y_{k-1} + \cdots + \alpha_r y_{k-r} + h(\beta_{-1} f_{k+1} + \beta_0 f_k + \beta_1 f_{k-1} + \cdots + \beta_r f_{k-r}) \qquad （2-38）$$

由式中可知，多步法不能从 $t = 0$ 自启动，通常需要选用相同阶次精度的单步法来启动，在获得所要的前 r 步数据后，方可转入相应多步法。

常见多步法有阿达姆斯（Adams）法，其二阶公式为

$$y_{k+1} = y_k + \frac{h}{2}(3f_k - f_{k-1}) \qquad （2-39）$$

$$或 \quad y_{k+1} = y_k + hf_{k+1} \qquad （2-40）$$

式（2-40）通常也称为稳式欧拉法。式中，$f_i = f(t_i, y_i)(i = k, k-1, \cdots)$ 为导函数各时刻值，也就是各时刻的切线斜率。

还有基尔法（Gear），其三阶公式为

$$y_{k+1} = \frac{1}{2}(-3y_k + 6y_{k-1} - y_{k-2} + 6hf_k) \qquad （2-41）$$

和

$$y_{k+1} = \frac{1}{11}(18y_k - 9y_{k-1} + 2y_{k-2} + 6hf_{k+1}) \qquad （2-42）$$

多步法的特点是在每一时刻上，计算公式简洁，无需求取多个斜率，但无法自启动，需要借助其他方法启动。因算式利用信息量大，因而比单步法更精确。

2. 显式与隐式

多步法中，计算 y_{k+1} 时公式右端各项数据均已知，如式（2-39）和式（2-41）的类型，称为显式，在一般表达式（2-38）中，对应 $\beta_{-1} = 0$ 时的情况。若求 y_{k+1} 算式中包含着 f_{k+1}，而 f_{k+1} 的计算又要用到 y_{k+1}，即求解 y_{k+1} 的算式中隐含着 y_{k+1} 本身，如式（2-40）和式（2-42）的类型，称为隐式，对应一般表达式 $\beta_{-1} \neq 0$ 的情况。

显式易于计算，利用前几步计算结果即可进行递推求解下步结果。而隐式计算需要迭代法，先用另一个同阶次显示公式估计出一个初值 $y_{k+1}^{(0)}$，并求得 f_{k+1}，然后再用隐式公式得校正值 $y_{k+1}^{(1)}$。若未达到所需要精度要求，则再次迭代求解，直到两次迭代值 $y_{k+1}^{(i)}$、$y_{k+1}^{(i+1)}$ 之间的误差在要求的范围内为止，故隐式算法精度高，对误差有较强的抑制作用，尽管计算过程复

杂，造成计算速度慢，但有时基于对精度、数值稳定性等考虑，仍经常被采用，如求解病态（stiff）方程等问题。

3. 数值稳定性

数值积分法求解微分方程，实质上是通过差分方程作为递推公式进行的。在将微分方程差分化的变换过程中，有可能使原来稳定的系统变为不稳定系统。因此，可以说数值积分算法本身从原理上就不可避免地存在着误差，并且在计算机逐点计算时，初始数据的误差、计算过程的舍入误差等都会使误差不断积累，如果这种误差积累能够得到抑制，不会随计算机时间增加而无限增大，则可认为相应的计算方法是数值稳定的，反之则是数值不稳定的。

数值稳定性可以通过对不同数值积分法对应的差分方程的稳定性分析得到。而差分方程的稳定性与采样周期 T（相当于算法公式中的步距 h）有很大关系。所以最简单的数值稳定性判别方法是取两种显著不同的步距进行试算，若所得数据基本相同，则一般是稳定的。当然，这种方法仅适用于简单地估计一下稳定性。

详细讨论数值稳定性问题是非常复杂的，这里只给出一种判定算法数值稳定性的常用方法，有兴趣的读者可参阅有关计算方法的文献和专著。

对一般常系数微分方程，其表达形式多种多样，没有办法统一，所以很难得到适应所有微分方程的数值稳定性判定法。于是，建立一个试验方程

$$\frac{\mathrm{d}y}{\mathrm{d}t} = f(t,y) = \lambda y, \mathrm{Re}(\lambda) = -1/\tau < 0 \tag{2-43}$$

式中，λ 为试验方程的定常复系数，其实部 $\mathrm{Re}(\lambda)$ 为负，以保证试验方程本身是稳定的，从而才能研究数值算法的稳定性；τ 为系统时间常数，可反映一阶系统的动态性能。

这可以说是常微分方程中最简单的形式，用它来判断一个数值算法是否稳定很能说明问题。如果一个数值算法连这样简单的方程都不能适应，不能保证其绝对稳定性，求解一般方程也不会稳定。如果能保证其绝对稳定性，虽然不能说求解一般方程也会绝对稳定，但该算法的适应性肯定要好得多。

以欧拉法为例：$y_{k+1} = y_k + hf(t_k, y_k)$

为其递推公式。将试验方程代入，即 $f(t_k, y_k) = \lambda y_k$ 时，有

$$y_{k+1} = y_k + h\lambda y_k = (1+h\lambda)y_k$$

这是一个一阶差分方程，其特征值为 $z = 1 + h\lambda$

要求该方程就对稳定，必有 $|z| = |1 + h\lambda| \leqslant 1$

结合式（2-43），即得到该算法的稳定条件 $h \leqslant 2\tau$，其稳定边界也随之求得，即 $|z| = |1 + h\lambda| = 1$，有 $h = 2\tau$。

显然，算法的稳定与所选步长 h 有关。步长太大，超过稳定条件限制，会造成计算不稳定，因此只允许在一定范围内取值，通常称之为条件稳定格式。从以上推导知，对于显式欧拉法，仿真步长 h 至少应该小于系统时间常数 τ 的两倍。

为使欧拉法能适应一般方程，应更加严格地限制步长 h，取 $h < \tau$，甚至 $h \leqslant \tau$，才能保证计算过程的稳定性。

为直观地理解稳定条件意义，往往以 $h\lambda$ 为复平面画出图形，更便于看到 h 与系统时间常数 τ 之间的制约关系对稳定性的影响，如图 2.8 所示。

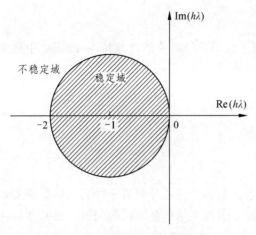

图 2.8　显式欧拉法的稳定域

对其他数值算法，都可仿照上述方法分析其数值稳定性。如已知隐式欧拉法递推公式

$$y_{k+1} = y_k + hf(t_{k+1}, y_{k+1})$$

将试验方程代入，得

$$y_{k+1} = y_k + h\lambda y_{k+1}$$

整理，有差分方程

$$y_{k+1} = \frac{1}{1-\lambda h} y_k$$

其特征值为 $z = \dfrac{1}{1-\lambda h}$

稳定条件为 $|z| < 1$，但由于 $\mathrm{Re}(\lambda) < 0$，故只要 $h > 0$，因此无论取何值均能满足稳定条件，不受试验方程参数的制约，属于无条件恒稳格式。相应的 $h\lambda$ 复平面稳定域图形如图 2.9 所示。

由图 2.9 与图 2.8 比较可知，不同算法的稳定域有很大差别。

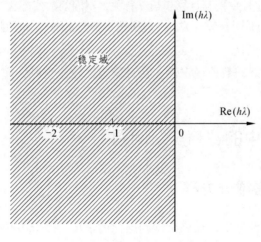

图 2.9　隐式欧拉法的稳定域

4. 数值算法的选用

MATLAB 语言的控制系统工具箱以及仿真工具 Simulink 中提供了以下几种常用数值算法，可根据实际情况方便地选用。

- Euler 法。
- 2/3 阶 Runge-Kutta 法。
- 4/5 阶 Runge-Kutta 法。
- Adams 预报-校正法。
- Gear 预报-校正法。

作为仿真算法的使用者，不必考虑各种数值方法的具体编程实现这类基础性、技术性太强的问题，而主要关心各种方法在使用中会出现的问题，以及如何在仿真过程中恰当地运用这些方法。

一般来说，选用数值方法从以下原则考虑：

（1）精度。仿真结果的精度主要受三项误差影响：

① 截断误差：由算法本身的精度阶次决定。

② 舍入误差：由计算机字长决定。

③ 累积误差：由以上两项误差随计算时间长短累积情况决定。

这些误差都与计算步长 h 有一定的关系。h 越小，截断误差就会越小，因为各算法原理上都要求 h 充分小时近似程度高，而 h 太小，若小到计算机字长难以准确表示，则失去意义。所以，从舍入误差角度，又希望 h 取大。若 h 小，会导致计算步数增加，造成累积次数增多，累积误差增大。因此就形成矛盾，这只能从保证精度前提下，采取折中办法兼顾。先根据仿真精度基本要求确定采用合理的算法，算法一旦确定，则从控制累积总误差角度考虑，取恰当的计算步长即可。

（2）计算速度。计算速度取决于所用数值方法和计算步长。在满足精度要求的前提下，选计算较简便的方法，可减少计算时间，提高速度。一般可用多步法、显示计算法等计算速度较快的方法。当算法一定，精度只要能得到保证，应尽量选用大步距，也可提高速度。

（3）稳定性。数值稳定性主要与计算步长 h 有关，不同的数值方法对 h 都有不同的稳定性限制范围，且与被仿真对象的时间常数有关。一般所选步长与系统最小时间常数有以下数量级关系：

$$h \leqslant (2 \sim 3)\tau$$

而多步法、隐式算法有较好的数值稳定性，在对稳定性较注重时，应予以优先选用。

2.4　数值算法中的"病态"问题

2.4.1　"病态"常微分方程

在控制系统的分析与设计中，往往会碰到这样的情况，系统方程建立起来后，数值算法也依照前节所述原则选定了，但是求解过程却不是很顺利，取不同的计算步长值，得到结果不同，有时差异还很大。

例如，已知系统状态方程式

$$\begin{cases} \dot{X} = AX \\ X(0) = (1, 0, -1)^T \end{cases}$$ （2-44）

式中
$$X = (x_1, x_2, x_3)^T$$

$$A = \begin{bmatrix} -21 & 19 & -20 \\ 19 & -21 & 20 \\ 40 & -40 & -40 \end{bmatrix}$$

采用四阶龙格-库塔法，取 $h = 0.01$，求出 $t = 0$ 到 $t = 1$ 时刻各状态解如图 2.10（a）所示。

由图可见，$t = 0.1$ s 之后，曲线变化趋于平缓，若仍以 $h = 0.01$ 计算，会使得计算时间拖得很长。为了加快计算速度，取较大步长 $h = 0.04$ 计算，结果如图 2.10（b）所示形式，显然误差很大，所得数据几乎没有参考价值。$h > 0.05$ 后，曲线呈发散振荡形式，属于数值不稳定现象，所得数据完全失去意义。

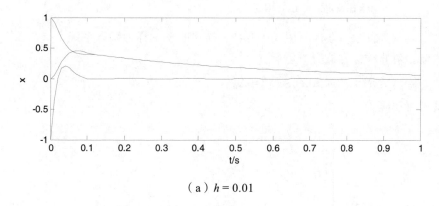

（a）$h = 0.01$

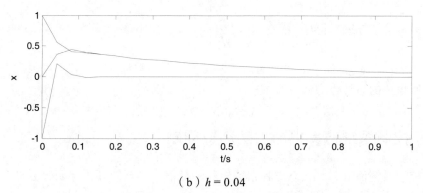

（b）$h = 0.04$

图 2.10　病态系统动态响应的仿真解

因此，受数值稳定性限制，只能取很小步长仿真运算的系统，若其动态响应与本例情况相似，有长时间的慢变过程，则使得计算速度大受影响。对一些大型系统，仅采用单一步长计算求解，有时会耗费大量运行时间和占用客观的机器容量，甚至使计算无法进行下去。

究其原因，我们发现，例中系统状态方程矩阵 $\boldsymbol{A}$ 的对应特征值差异较大，即满足 $|\lambda\boldsymbol{I}-\boldsymbol{A}|=0$ 的特征值，$\lambda_i(i=1,2,3)$ 分别为 $\lambda_1=-2$ ， $\lambda_2=-40(1+j)$ $\lambda_3=-40(1-j)$ 。其中， $|\mathrm{Re}(\lambda_2)|/|\mathrm{Re}(\lambda_1)|>10$ ，相差一个数量级。而我们知道，系统特征值 λ_i 在实际系统中反映了动态过渡过程各瞬间分量不同时间常数 τ_i 的作用。$\mathrm{Re}(\lambda_i)$ 的绝对值大，其相应的瞬态分量时间常数 τ_i 小，瞬态过程短暂，系统性能在此时间段变化剧烈；反之，则变化相对平缓。故而只要计算步长 h 选取不当，就会造成系统性能变化的全貌不能很好地反映出来，仿真结果实际上已经属于数值不稳定的发散情况，失去分析意义。有时会碰到比上例情况更严重的情况，系统特征值实部的绝对值相差不止一个数量级，而是相差上百倍以上，这时在仿真中，对步长 h 的选取更为敏感，对算法的数值稳定性要求也更高，而描述这类系统的常微分方程，数学上通常称为"病态（stiff）"方程。表述如下：

一般线性常微分方程组

$$\dot{X}(t)=\boldsymbol{A}\boldsymbol{X}(t)+\boldsymbol{B}\boldsymbol{U}(t), \boldsymbol{X}(t_0)=\boldsymbol{X}_0 \qquad (2\text{-}45)$$

的系数矩阵 $\boldsymbol{A}$ 的特征值 λ_i 具有如下特征

$$\begin{cases} \mathrm{Re}(\lambda_i)<0 \\ \max_{1\le i\le n}|\mathrm{Re}(\lambda_i)| \gg \min_{1\le i\le n}|\mathrm{Re}(\lambda_i)| \end{cases} \qquad (2\text{-}46)$$

则称式（2-45）为"病态"方程。用式（2-45）描述的系统称为病态系统。

更一般地，对非线性常微分方程组

$$\dot{X}(t)=\boldsymbol{F}(\boldsymbol{X},\boldsymbol{U},t), \boldsymbol{X}(t_0)=\boldsymbol{X}_0 \qquad (2\text{-}47)$$

求得其雅可比阵为

$$\boldsymbol{J}=\frac{\partial\boldsymbol{F}}{\partial\boldsymbol{X}}=\begin{bmatrix} \dfrac{\partial f_1}{\partial x_1} & \dfrac{\partial f_1}{\partial x_2} & \cdots & \dfrac{\partial f_1}{\partial x_n} \\ \dfrac{\partial f_2}{\partial x_1} & \dfrac{\partial f_2}{\partial x_2} & \cdots & \dfrac{\partial f_1}{\partial x_n} \\ \vdots & \vdots & \ddots & \vdots \\ \dfrac{\partial f_n}{\partial x_1} & \dfrac{\partial f_n}{\partial x_2} & \cdots & \dfrac{\partial f_n}{\partial x_n} \end{bmatrix}$$

若 $\boldsymbol{J}$ 阵在 $t=t_0$ 处的特征值 λ_i 也具有式（2-46）特征，则称式（2-47）也为病态方程。同样，该方程所描述的系统也为病态系统。

2.4.2 控制系统仿真中的"病态"问题

对一个控制系统而言，其状态方程系数矩阵特征值 λ_i，与闭环传递函数分母多项式的根 S_i 或系统闭环奇点 P_i 是等价的，当它们之间差异太大，满足式（2-46）关系，该控制系统进行仿真时就被认为是病态系统。

病态系统中绝对值最大的特征值对应系统动态性能解中瞬态分量衰减最快的部分，它反映了系统的动态响应速度和系统的反应灵敏程度，一般与系统中具有最小时间常数 $T_{\min}$ 的环节参数有关，如系统中的控制器、反馈元件等要求反应灵敏的环节和参数。

而病态系统中绝对值最小的特征值对应于瞬态分量衰减最慢的部分，它决定了整个系统的动态过渡过程时间的长短，一般与系统中具有最大时间常数 T_{max} 的环节参数有关，如系统中具有较大惯性的控制对象（温度、压力、流量等）各环节参数。

对这类病态系统的数值求解，计算中往往存在很大困难。为反映出系统的灵敏程度，对其变化最剧烈的部分给出准确的描述，则要求计算步长 h 取得很小，否则将丢失有用的数据信息，造成数值不稳定，其数据结果没有参考价值，如前节例子。但这样做带来的问题是，当系统性能变化相对平缓时，步长太小，使得计算速度很慢，数值变化幅度小，要达到要求的求解时间长，工作效率低，并且 h 取得太小，受计算机字长限制，会引起舍入误差增大，计算时间越长，引起总的累积误差越大，导致计算失败。

由于系统总体动态响应时间是由最小特征值（或相应最大时间常数）决定的，因此为节省时间，会取较大计算步长 h。而计算步长取值过大造成的问题不仅仅是数值不准确，严重情况下，会出现数值不稳定的发散现象，计算结果更是毫无价值可言。

所以，对病态系统的仿真，需寻求更合理的数值算法，以解决病态系统带来的选取计算步长与计算精度、计算时间之间的矛盾。

2.4.3　"病态"系统的仿真方法

通过以上分析，可知病态系统的求解，需要采用稳定性好、计算精度高的数值算法，并且允许计算步长能根据系统性能动态变化的情况在一定范围内作相应变化，即采用自动变步长数值积分法。

解决这类问题的有效数值算法有很多种，这里重点介绍一种隐式吉尔（Gear）法。

由本章第四节知，多步法、隐式算法精度高，对误差有较强抑制作用，故数值稳定性好，尽管计算过程复杂，从求解病态方程角度考虑，却是一种十分有效的实用算法。隐式吉尔法即为符合要求的算法之一。

将式（2-38）重写如下：

$$y_{k+1} = \alpha_0 y_k + \alpha_1 y_{k-1} + \cdots + \alpha_r y_{k-r} + h(\beta_{-1} f_{k+1} + \beta_0 f_k + \cdots + \beta_r f_{k-r})$$

吉尔已证明：令系数 $\beta_0 = \beta_1 = \cdots = \beta_r = 0$，并取系数 α_i（$i = 0$，$1 \cdots$，r）、β_{-1} 如表 2.2 所示形式时，此递推公式对病态方程求解计算过程是数值稳定的。r 表示所取隐式吉尔法的精度阶次。

表 2.2　隐式吉尔法系数表

r	α_0	α_1	α_2	α_3	α_4	α_5	β_{-1}
1	1	0	0	0	0	0	1
2	4/3	-1/3	0	0	0	0	2/3
3	18/11	-9/11	2/11	0	0	0	6/11
4	48/25	-36/25	16/25	-3/25	0	0	12/25
5	300/137	-300/137	200/137	-75/137	12/137	0	60/137
6	360/147	-454/147	400/147	-225/147	72/147	-10/147	60/147

第四节中式（2-42）即为具有三阶精度的三步隐式吉尔法递推公式。表 2.3 中取 $r = 1$ 时，递推公式为

$$y_{k+1} = y_k + hf_{k+1}$$

它是一个隐式公式，形式却与最简单的欧拉法相同，不同的是以 $(y_{k+1}, -y_k)/h$ 近似代替 y 在 $t = t_{k+1}$ 点的导数 $f(t_{k+1}, y_{k+1})$，即 f_{k+1}，故又称为后退欧拉公式。根据数值稳定性分析可知其为恒稳格式，即步长 h 的取值，理论上讲，将不影响数值计算的精度，保证数值稳定性分析可知其为恒稳格式，即步长 h 的取值，理论上讲，将不影响数值计算的精度，保证数据结果是收敛于实际值的，这正是隐式吉尔法的突出特点。通过自动改变步长 h，适应系统不同特征值 λ_i 下相应的动态变化性能，从而为解决病态问题提供了理论依据。

隐式吉尔法虽然从理论上说十分适应病态系统仿真，但因其为隐式多步法，实际应用时需解决好自启动、预估迭代、变阶和变步长问题。

（1）自启动。r 阶多步算式无法自启动，需要用单步法求得前 r 步值，然后才能转入多步法连续计算下去。因此采用单步法求得的 r 个出发值必须保证所求数值的精度，否则即使取得前 r 步值，但由于精度太差会造成后面计算无法正常进行。

（2）预估迭代。隐式法不能直接求得 y_{k+1}，又需要用显式法做预估，然后通过有效迭代，取得所需值。因此，迭代方法要求收敛性良好，否则虽然理论上隐式吉尔法稳定域很宽，但迭代过程若对步长 h 敏感，也会在大步长时造成计算数值发散，取不到正确结果。

（3）变步长。对病态系统仿真总是要求在计算过程中采用变步长，即系统变量初始阶段变化剧烈，要求用小步长细致描述刻画，而后随着时间变化趋缓，可逐步放大步长，以减少计算时间。

此外，对不同精度要求的系统仿真，要考虑变阶次问题。即为减小每一步计算的裁断误差，以提高精度时，应选取较高阶次；而当精度要求较低时，为减少工作量，则应选取较低阶次。

按以上考虑，实际计算中首选应以减少步长来满足精度要求，当达到最小步长还未满足精度要求，则应提高该方法的阶次；当在 r 阶方法连续若干步的计算中精度始终满足要求时，则可以适当降低为 $r - 1$ 阶方法继续运算。

另外，是否满足精度要求可以通过对所求各时刻数值解的相互关系和所用方法列出误差估计公式来加以判断。每计算一步，将估计误差 ε 与事先规定的误差精度 ε_0 相比较，当 $\varepsilon \leqslant \varepsilon_0$ 则结果有效，转入下一步计算；若 $\varepsilon > \varepsilon_0$ 则本步结果无效，改变步长或阶次后重新计算步长，直至符合要求；若 $\varepsilon \ll \varepsilon_0$ 则说明计算过程还可以大大加快，增大步长或者降低阶次后转入下一步计算。

关于以上几点，许多文献上都给出了相应的实用算法和实现策略，欲深入了解和学习的读者请参阅书后有关参考文献。

2.5 数字仿真中的"代数环"问题

2.5.1 问题的提出

反馈是控制系统中普遍存在的环节。在进行数字仿真时，计算机按照一定的时序执行相应的计算步骤，对于反馈回路就只有一个输入和输出计算顺序的问题。在相当普遍的条件下，

当一个系统的输入直接取决于输出，同时输出也直接取决于输入时，仿真模型中便出现"代数环"问题[1-3]。

下面结合一个实例给出"代数环"的定义。如图 2.11 所示为一个最简单的"代数环"问题。仿真模型的输出反馈信号作为输入信号的一部分，在进行仿真时，按正常的计算顺序应该先计算模块的输入，然后再计算由输入驱动的输出。然而，由于输入与输出相互制约，这就形成了一个死锁环路，也就是所谓的"代数环"问题。当一个仿真模型中存在一个闭合回路，并且闭合回路中每一个模块/环节都是直通的，即模块/环节输入中的一部分直接到达输出，这样一个闭合回路就是"代数环"。

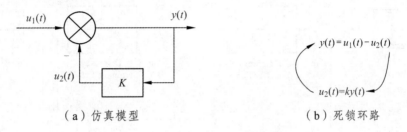

（a）仿真模型　　　　　　　　（b）死锁环路

图 2.11　"代数环"问题简例

显而易见，"代数环"问题会严重影响仿真速度，某些情况下还会降低控制系统仿真的精度，甚至导致仿真系统停滞。对于存在"代数环"的反馈系统模型，需要仿真者事先采取必要措施加以避免。

对于简单的"代数环"问题，MATLAB/Simulink 系统仿真软件提供了"牛顿迭代算法"对"代数环"问题进行求解。"牛顿迭代算法"是一种基于一阶 Taylor 级数展开的逐次迭代逼近法，在迭代算法的每一步都需要进行多次求导运算。因此，随着模块功能复杂程度加大，精确度要求提高，迭代计算量将会大幅度增加，从而导致运行速度剧降，仿真效率很低。此外，"牛顿迭代算法"具有一定的收敛条件，当收敛条件不满足时，Simulink 对"代数环"的求解误差较大。

随着控制系统模型复杂性的增加和非线性环节的影响，"代数环"问题变得非常隐蔽而难以为人认识。为保证系统仿真的速度和精确度，高效地应用 MATLAB/Simulink 等仿真软件，有必要了解"代数环"问题产生的条件和有效的消除方法。

2.5.2　"代数环"产生的条件

如前所述，"代数环"是一种反馈回路，但并非所有的反馈回路都是"代数环"，其存在的充分必要条件是：在系统仿真模型中，存在一个闭合路径，该闭合路径中的每一个模块/环节都是直通模块/环节。

所谓直通，指的是模块/环节输入中的一部分到达输出。如果一个反馈回路的正向通道和反向通道都由直通模块组成，则此反馈回路一定构成"代数环"。对于复杂反馈回路来说，只要能够找到由直通模块构成的闭合路径，则也一定构成"代数环"。

常见的几种代数环现象如图 2.12 所示。

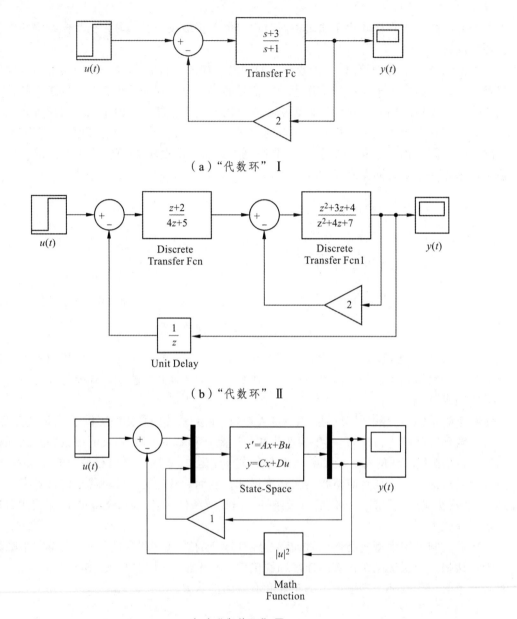

（a）"代数环" Ⅰ

（b）"代数环" Ⅱ

（c）"代数环" Ⅲ

图 2.12　几种常见的代数环现象

在应用 MATLAB/Simulink 进行图形化建模的时候，应该对其模块库中哪些模块及其在什么条件下有直通特性有所了解，从而可以预见"代数环"的存在，也可以为消除"代数环"以及避免产生新的"代数环"提供帮助。表 2.3 列出了 MATLAB/Simulink 模块库中一些典型的直通模块[1]。

表 2.3 Simulink 模块库中一些典型的直通模块

模　块	所属模块库	说　明
e^u Math Function	Simulink/Math	任意情况
$\dfrac{1}{z+0.5}$ Discrete Transfer Fcn	Simulink/Discrete	当离散传递函数的分子与分母阶数相同时
$\dfrac{1}{s}$ Integrator	Simulink/Continuous	从初始条件输入端到输出的直通
$+$ $+$ Add	Simulink/Math	任意情况
1 Gain	Simulink/Math	任意情况
$\dfrac{(s-1)}{s(s+1)}$ Zero-Pole	Simulink/Continuous	当极点数目与零点数目相同时
$x' = Ax+Bu$ $y = Cx+Du$ State-Space	Simulink/Continuous	当 D 矩阵非 0 时
$\dfrac{1}{s+1}$ Transfer Fcn	Simulink/Continuous	当传递函数的分子与分母阶数相同时

在 MATLAB/Simulink 的仿真模型中，产生"代数环"的一般条件可归纳为如下，在具体仿真实验中要予以充分注意。

（1）前馈通道中含有信号的"直通"模块，如比例环节或含有初值输出的积分器。

（2）系统中的大部分模型表现为非线性。

（3）前馈通道传递函数的分子与分母同阶。

（4）用状态空间描述系统时，输出方程中 D 矩阵非 0。

2.5.3 消除"代数环"的方法

"代数环"的表现形式是多种多样的，消除"代数环"的方法也不尽相同，一般可以分为两类，一类为变换法，另一类为拆解法[1, 4]。

1. 变换法

"代数环"在形式上是一种数字仿真模型，对应的是数学模型，通常表现为一个方程或方程组。当方程的右边项中包含有方程的左边项时，如果用 Simulink 去直接实现该方程，将产生"代数环"。如果先将原来数学模型进行变换，使得方程的右边项中不包含有方程的左边项，然后再用 Simulink 去实现，则可以消除"代数环"，其本质上是将"代数环"隐函数变换为显函数的方法。

例如，设一个系统的描述方程为

$$\begin{cases} \dot{x} = u - 0.5y \\ y = 4x + 2\dot{x} \end{cases} \tag{2-48}$$

式中，u、x、y 分别代表输入量、状态变量和输出量。该系统直接利用 Simulink 建模，如图 2.13 所示。

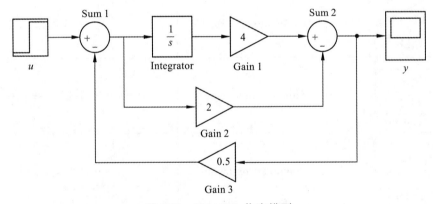

图 2.13　Simulink 仿真模型

仿真过程中 MATLAB 提示如下：

Warning:Block contains 1 algebraic loop（s）.

Found algebraic loop containing block（s）：

'Gain3'，'Sum1'，'Gain2'，'Sum2'.

它说明该模型在仿真时含有"代数环"，是由于'Sum1'，'Gain2'，'Sum2'，'Gain3'四个直通模块构成了一个闭合回路。我们可以采用变换法消除代数环，系统方程明显为隐函数，通过对方程各变量进行代换调整，可以得到如下新的系统方程

$$\begin{cases} \dot{x} = -x + 0.5u \\ y = 2x + u \end{cases} \tag{2-49}$$

重新建立 Simulink 仿真模型，如图 2.14 所示。

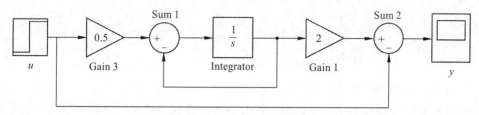

图 2.14　Simulink 仿真模型

虽然仿真模型中依然存在反馈回路，但其中前向通道的积分环节不是直通模块，因此该反馈回路也就不再构成"代数环"。

然而，用变换法消除"代数环"存在两方面限制。首先，并不是所有的隐函数都可以求解得到显函数；其次，原始的数学模型往往反映了仿真对象的物理结构，按照物理结构构造仿真模型可以实现同构仿真，按照变换后得到的数学模型构造的仿真模型则只能实现同态仿真，同构仿真比同态仿真具有更好的可信度，也具有更大的灵活性。

一般情况下，为避免"代数环"的产生，在系统建模与列写仿真系统的微分方程时，习惯上"将最高次微分项全部列于方程左边，其他阶次微分项及输入与干扰等项列于方程右边"。

2. 拆解法

用拆解法消除"代数环"基于这样一个认识："代数环"是一个闭合回路，而且回路中的每一个模块都必须是直通模块，在保持功能不变的同时，如果能够在回路中产生一个非直通模块，则该"代数环"就被拆解了。"代数环"的拆解有多种方法，受篇幅所限，这里仅介绍其中的三种。

（1）插入存储器模块拆解"代数环"。存储器模块是 Simulink 库中的一个模块，其功能是将当前的输入采样保持一个时间步，然后再输出。存储器模块在每一个时间步的输出都是其在上一个时间步的输入，因此存储器模块是一个非直通模块。如图 2.15 所示，将存储器模块插入代数环中可以拆解"代数环"。当然，引入存储器模块肯定对原系统的精度有影响。特别是对相位稳定域量不大的系统，有可能产生振荡，因此存储器模块实际上是一个延迟环节。

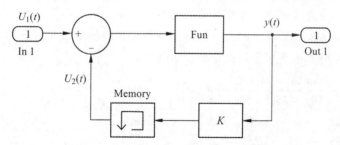

图 2.15　插入存储器模块拆解"代数环"

（2）通过模型替代或重构的方法消除直通模块。在一定的条件下，一些直通模块可以用具有相同功能的非直通模块代替。从系统原理出发，也可以通过重构部分模型，从而消除直通模块，实现"代数环"的拆解。例如，计数器模块用于对输入脉冲计数，是一个直通模块。为了避免产生"代数环"问题，可以用如下离散函数取代计数器模块

$$\begin{cases} \dfrac{Y(z)}{U(z)} = \dfrac{1}{z-1} \\ y(n+1) = y(n) + u(n) \end{cases} \tag{2-50}$$

式中，$Y(z)$ 和 $U(z)$ 分别是输出变量 $y(n)$ 和输入变量 $u(n)$ 的 z 变换。可见，如果将该离散传递函数的模块输入信号幅度量化为单位值，同时适当设置模块的采样时间，则该模块可以准确地实现计时器模块的功能。然而该模块是非直通模块，可以有效消除"代数环"问题。然而，当控制系统的结构比较复杂或模型重构较困难时，该方法实现有一定的难度。

（3）用 Simulink 提供的专门手段拆解代数环。Simulink 提供了一些专门手段来拆解"代数环"，例如代数约束模块、积分模块的状态输出端等。这些手段可以解决一些特定的"代数环"问题。例如，从积分模块的输入端口到输出端口是非直通的，但从积分模块的初始值输入端口到输出端口，以及从复位输入端口到输出端口却都是直通的。因此，如果从积分模块的输出端口引出的信号再经过一些直通模块后又反馈到积分模块的初始值输入端口或者复位输入端口，则构成一个"代数环"。为了解决这个问题，Simulink 专门为积分模块设计了一个状态端口，其输入与输出端口完全相同，仅在内部计算的时序上有细微区别，而无论是从积分模块的初始值输入端口还是从复位输入端口到状态端口都是非直通的。因此，当出现上述的"代数环"问题时，可以从积分模块的状态端口引出信号，从而"代数环"就被拆解了。

习题

2-1　思考题：

（1）数学模型的微积分方程、状态方程、传递函数、零极点增益和部分分式五种形式，各自有什么特点？

（2）数学模型各形式之间为什么要互相转换？

（3）控制系统建模的基本方法有哪些，它们的区别和特点是什么？

（4）控制系统计算机仿真中的"实现问题"是什么含义？

（5）数值积分法的选用应遵循哪几条原则？

2-2　用 MATLAB 语言求下列系统的状态方程、传递函数、零极点增益和部分分式形式的模型参数，并分别写出其相应的数学模型表达式。

（1）$G(s) = \dfrac{s^3 + 7s^2 + 24s + 24}{s^4 + 10s^3 + 35s^2 + 50s + 24}$

（2）$\dot{X} = \begin{bmatrix} 2.25 & -5 & -1.25 & -0.5 \\ 2.25 & -4.25 & -1.25 & -0.25 \\ 0.25 & -0.5 & -1.25 & -1 \\ 1.25 & -1.75 & -0.25 & -0.75 \end{bmatrix} X + \begin{bmatrix} 4 \\ 2 \\ 2 \\ 0 \end{bmatrix} u$

$y = \begin{bmatrix} 0 & 2 & 0 & 2 \end{bmatrix} X$

2-3　用欧拉法求下面系统的输出响应 $y(t)$ 在 $0 \leqslant t \leqslant 1$ 上，$h = 0.1$ 的数值解。

$$y^{'} = -y, y(0) = 1$$

要求保留 4 为小数，并将结果与真解 $y(t) = e^{-t}$ 比较。

2-4 用二阶龙格—库塔梯形法求解题 2-3 的数值解，并与欧拉法得结果进行比较。

2-5 用四阶龙格—库塔法求题 2-3 数值解，并与前两题结果进行比较。

2-6 已知二阶系统状态方程为

$$\begin{bmatrix} \dot{x}_1 \\ \dot{x}_2 \end{bmatrix} = \begin{bmatrix} a_{11} & a_{12} \\ a_{21} & a_{22} \end{bmatrix} \begin{bmatrix} x_1 \\ x_2 \end{bmatrix} + \begin{bmatrix} b_1 \\ b_2 \end{bmatrix} u \; ; \quad \begin{bmatrix} x_1(0) \\ x_2(0) \end{bmatrix} = \begin{bmatrix} x_{10} \\ x_{20} \end{bmatrix}$$

写出取计算步长为 h 时，该系统状态变量 $X = \begin{bmatrix} x_1 & x_2 \end{bmatrix}$ 的四阶龙格—库塔法传递关系式。

2-7 单位反馈系统的开环传递函数如下

$$G(s) = \frac{5s + 100}{s(s + 4.6)(s^2 + 3.4s + 16.35)}$$

用 MATLAB 语句、函数求取系统闭环零极点，并求取系统闭环状态方程的可控标准型实现。

2-8 用 MATLAB 语言编制单变量系统三阶龙格—库塔法求解程序，程序入口要求能接收状态方程各系数阵 (A, B, C, D) 和输入阶跃函数 $r(t) = R \cdot 1(t)$，程序出门应给出输出量 $y(t)$ 的动态响应数值解序列 $y_0, y_1, \cdots, y_N$。

2-9 用题 2-8 仿真程序求解题 2-7 系统的闭环输出响应 $y(t)$。

2-10 用式（2-34）梯形法求解试验方程 $y^{'} = -\dfrac{1}{\tau} y$，分析对计算步长 h 有何限制，说明 h 对数值稳定性的影响。

第3章　MATLAB 基础

MATLAB 软件语言系统是现在非常流行的第四代计算机语言，因为它在系统建模与仿真、自动控制、科学计算、数据分析、图形图像处理、网络控制、通信系统、DSP 处理系统、航天航空、生物医学、财务、电子商务等不同领域被广泛应用以及拥有自身的独特优势，受到各研究领域的关注和推荐。

学习一种软件，首先应该明白它的特点、使用环境、最基本的使用方法和重要的操作技巧。本章的目的在于使 MATALB 软件的初学者，他们可以借助本章的学习，为深入理解后续章节的内容，奠定必要的知识与方法基础。

3.1　MATLAB 简介

1980 年，美国的 Cleve Moler 博士在新墨西哥大学讲授线性代数课程时，发现采用高级语言编程极其复杂，因此建立了 MATLAB[10, 12]（Matrix Laboratory），即矩阵实验室。早期开发的 MATLAB 软件是为了帮助高校的老师和学生更好地授课和学习。美国 Math Works 公司在 1984 年推出了商业版，经过二十多年的不断升级，现在 MATLAB 最新版本为 MATLABR2017a。

因为使用 MATLAB 编程运算与进行科学计算的思路和表达方式完全一致，所以比学习 Basic、Fortran 和 C 语言等其他高级语言要简单得多，用 MATLAB 编写程序就像在演算纸上排列出求解问题与公式。在这种环境下，对所要求解的问题，用户只需要简单地列出数学表达式，它的结果就可以由 MATLAB 以数值或图形方式表示出来。从 MATLAB 出现开始，由于它的高度集成性和应用方便性，以及它能极其迅速地实现科研人员的设想并节省科研时间，因此它在高等院校中得到了广泛的应用和推广。它能够非常方便地进行图形化输入输出，并且还具备大量的函数库(工具箱)，很容易实现各种不同专业的科学计算功能。而且，MATLAB 和其他高级语言还有很好的接口，能够方便地与其他语言实现混合编程，所以这都进一步拓展了它的使用领域和应用范围。

在各大高校中，MATLAB 软件正逐渐成为对线性代数、数值和其他一些高等应用数学课程进行辅助教学的得力助手；在工程技术界，MATLAB 软件也被用来构造和分析某些实际课题的数学模型，其典型的应用包括数值计算、算法预设计与验证，还有许多特殊矩阵的计算应用，比如图像处理、自动控制理论、统计、数字信号处理、系统识别和神经网络等。它包含了被称作工具箱（Toolbox）的各种应用问题的求解工具。实际上，工具箱是对 MATLAB

软件进行扩展应用的一系列 MATLAB 函数（称为 M 函数文件），它能够用来求解很多学科门类的数据处理与分析问题。

3.2　MATLAB 环境

MATLAB 不仅是一种语言，而且是一个编程环境。这一节将主要介绍 MATLAB 提供的编程环境。MATLAB 作为一个编程环境，提供了许多方便用户管理变量、输入输出数据和生成与管理 M 文件的工具。M 文件就是用 MATLAB 语言编写的、可以在 MATLAB 中运行的程序。双击 MATLAB 的桌面快捷方式（见图 3.1），就能够直接启动 MATLAB 软件，启动之后的 MATLAB 操作界面默认情形如图 3.2 所示。由图 3.2 可知，MATLAB 最常用的窗口有命令窗口（Command Window）、历史命令窗口（Command History）、工作空间（Workspace）、当前目录浏览器（Current Directory）、内存数组编辑器（Array Editor）,

图 3.1　MATLAB 桌面快捷方式

M 文件编辑/调试器（Editor/Debugger）、帮助导航系统（Help Navigator/Browser）和开始按钮（Start）。

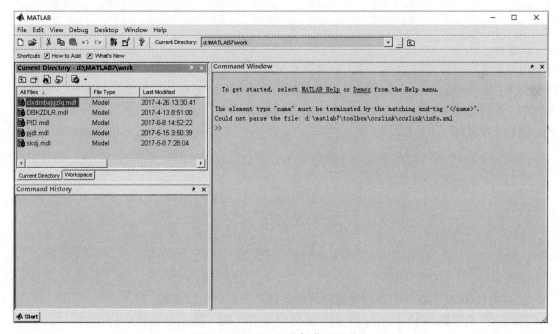

图 3.2　MATLAB 的操作界面窗口

1.　命令窗口（Command Window）

命令窗口是用户和 MATLAB 进行交互的主要部分。命令窗口能够独立显示，如图 3.3 所示。通过切换按钮能够进行独立窗口和嵌入窗口的切换。

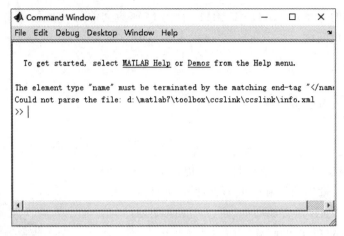

图 3.3　命令窗口

　　命令窗口的空白区域，用来输入和显示计算结果。能够在这里键入各种 MATLAB 命令进行各种操作，或者直接键入数学表达式进行计算。例如，当键入变量赋值命令：x=6.45 并回车，将在命令行的下面显示：

x=

6.45

然后输入 pi*x 的三角正弦函数值的表达式 y=sin（pi*x）并且回车，就会显示：

y=

　　0.9877

注意：

　　如果在表达式后面加分号";"，就不会显示结果，这对有大量输出数据的程序极其有帮助，因为在文中进行修改就会消耗大量系统资源来进行十进制和二进制之间的转变，用分号关掉不必要的输出就能够使程序运行速度成倍的加快。

　　例如，键入

x=3;

y=4;

z=4;

5*x+y–6*z

输出

ans=

–5

在 MATLAB 里，有许多方向键和控制键能够用于命令行的编辑。

　　例如，当漏敲命令 a=（1+sqrt（3））/4 的字符"t"时，将会给出错误信息：

Undefined function or variable 'sqr'.

　　这时用户不需重新键入整行命令，而只用按"↑"键，就能够再显示之前键入的命令行，在相应的位置键入"t"，然后按回车就可以正常运行。重复使用"↑"键，能够回调以前键入的所有命令行。表 3.1 给出了 MATLAB 的控制键和作用。

表 3.1　命令窗口的控制键功能

键	相应快捷键	功能
↑	Ctrl+p	重调前一行
↓	Ctrl+n	重调下一行
←	Ctrl+b	向左移一个字符
→	Ctrl+f	向右移一个字符
Ctrl→	Ctrl+r	向右移一个字
Ctrl←	Ctrl+l	向左移一个字
Home 键	Ctrl+a	移动到行首
End 键	Ctrl+e	移动到行尾
Esc 键	Ctrl+u	清除一行
Delete 键		删除光标处的字符
Alt backspace		恢复上一次的删除

在命令窗口中能够直接键入 MATLAB 的系统命令并执行。MATLAB 的主要系统命令如表 3.2 所示。

表 3.2 重要的 MATLAB 的系统命令

命令	说　明	命名	说　明
help	帮助	echo	命令回显
helpwin	在线帮助窗口	cd	改变当前的工作目录
helpdesk	在线帮助工作台	pwd	显示当前的工作目录
demo	运行演示程序	dir	指定目录的文件清单
ver	版本信息	unix	执行 unix 命令
Readme	显示 Readme 文件	dos	执行 dos 命令
who	显示当前变量	!	执行操作系统命令
whos	显示当前变量的详细信息	computer	显示计算机类型
clear	清空内存变量	what	显示指定的 MATLAB 文件
pack	整理工作空间的内存	lookfor	在 help 里搜索关键字
load	把文件变量调入到工作空间	which	定位函数或文件
save	把变量存入文件中	path	获取或设置搜索关键字
quit/exit	推出 MATLAB	clc	清空命令窗口中显示的内容
clf	清除图形窗	open	打开文件
md	创建目录	more	使显示内容分页显示
edit	打开 M 文件编辑器	type	显示 M 文件的内容
format	设定输出格式	disp	显示一字符串

2. 历史命令窗口（Command History）

这个窗口记录用户在 MATLAB 命令窗口输入过的所有命令行。历史命令窗口能够用于单行或多行命令的复制、运行和生成 M 文件等。使用方法简述如下：选中单行（鼠标左键）或多行命令（Ctrl 或 Shift + 鼠标左键），鼠标右键激活菜单项，菜单项中包含有复制（Copy）、运行（Evaluate Selection）、生成 M 文件（Create M File）和删除等命令语句。历史命令窗口还能够切换成独立窗口或嵌入窗口，如图 3.4 所示，切换方法和切换命令窗口的方法一样。

3. 工作空间（Workspace）

工作空间是指接受 MATLAB 命令的内存区域，存储着命令窗口输入的命令与创建的所有变量值。

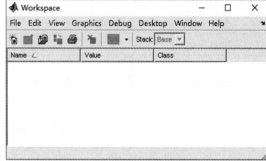

图 3.4　历史命令窗口　　　　　　　　图 3.5　工作空间

每次打开 MATLAB，都会自动建立一个工作空间，如图 3.5 所示。刚打开的 MATLAB 工作空间中仅有 MATLAB 提供的几个常量，如 Pi（3.1415926…），虚数单位 i 等。运行 MATLAB 的程序或命令时，产生的所有变量被加入工作空间里。除非用特殊的命令删除某变量，否则该变量在关闭 MALAB 之前将一直保存在工作空间。工作空间在 MATLAB 运行期间一直存在，关闭 MATLAB 后，就会自动消除。

可以随时查看工作空间中的变量名及变量的值。

（1）who 或 whos 显示当前工作空间中的所有变量；

（2）clear 清除工作空间中的所有变量；

（3）clear（变量名）清除指定的工作空间变量。

工作空间中的所有变量能够保存到一个文件中，方便以后使用。

（1）save（文件名）将当前工作空间的变量存储在一个 MAT-文件中；

（2）load（文件名）调出一个 MAT-文件；

（3）quit 或单击右上角的按钮▨，退出工作空间。

4. 当前目录浏览器（Current Directory）

单击图 3.2 中的标签"Current Directory"，用户就能在前台看到当前目录浏览器，如图 3.6 所示。选中当前目录浏览器中的文件，右键激活菜单项，能完成打开或运行 M 文件、装载数据文件（MAT 文件）等操作。

5．内存数组编辑器（Array Editor）

利用内存数组编辑器能够输入大数组。首先在命令窗口创建新变量，然后在工作空间中双击该变量，在内存数组编辑器（Array Editor）中打开变量，如图 3.7 所示。在 Numeric format 中选择合适的数据类型，在 size 中输入行列数，就能得出一个大规模数组。通过修改数组元素值来得到所需数组，这对于变量数据的调出，并再用其他软件绘制图形，极其有助。值得注意的是，变量有可能是行向量，也有可能是列向量，这取决于读者在使用 MATLAB 软件时，对该变量的定义或者赋值的具体内容。

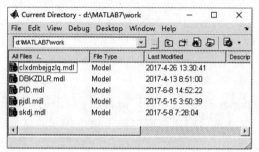

图 3.6　当前目录浏览器

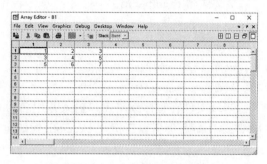

图 3.7　内存数组编辑器

6．M 文件编辑/调试器（Editor/Debugger）

命令窗口仅能输入一些比较简单的命令与表达式，对于复杂的问题，就需要编写 M 文件来解决。MATLAB 提供了一个内置的具有编辑和调试功能的 M 文件编辑/调试器（Editor/Debugger）。编辑器窗口也有菜单栏和工具栏，使得编辑和调试程序特别方便。

（1）M 文件的建立。

① 进入程序编辑器（MATLAB Editor）。从"File"菜单中选择"New"及"M-File"或单击 New M-file 按钮。打开的 M 文件编辑器如图 3.8 所示。

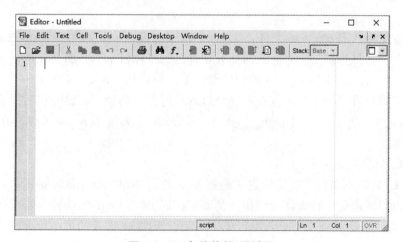

图 3.8　M 文件编辑/调试器

② 输入程序：在"MATLAB Editor"窗口中输入 MATLAB 程序；

③ 保存程序：单击"save"按钮，便会出现一个对话框，在文件名一栏中键入一个文件

名，单击"保存（s）"按钮。一个 M 文件就保存在磁盘上了，便于修改、调用、运行和今后访问。

（2）命令 M 文件及其运行。

在 M 文件编辑器中的"Debug"菜单中单击"Run"命令，或者在命令窗口中键入 M 文件的名称，就能够执行这个文件。M 文件中的命令能够访问 MATLAB 工作空间中的全部变量，并且其中的全部变量也成为工作空间的一部分。文件运行结束，所产生的变量保留在工作空间，直到关闭 MATALB 或者用命令删除。下面是一个命令文件运行的例子。

%文件名 example.m

x=3;　y=5;　z=8;

items=x+y+z

cost=x*20+y*12+z*9

average_cost=cost/items

当该文件在程序编辑窗口输入并用名为 example.m 的 M 文件存储磁盘后，仅需简单地在 MATLAB 命令编辑窗口键入 example 就能运行，并且显示同命令窗口输入命令相同的结果。

注意：

在 M 文件中对程序的注释是以符号"%"开始直至该行结束的部分，程序执行时就自动忽略。

上例运行结果如下：

example

items=

16

cost=

192

average cost=

12

用户能重复打开 example.m 文件，变换 x、y、z 的值，保存文件并让 MATLAB 重新执行文件中的命令。如果你把 example.m 文件放在自己的工作目录下，那么在运行 example.m 之前，应该先让该目录处在 MATLAB 的搜索路径上。可选择"File"菜单下的"Set Path"项，打开路径浏览器把该目录永久地保存在 MATLAB 的搜索路径上，也能在运行该程序前临时让 MATLAB 搜索该目录，键入 path（path c：/mypath）（假定 example.m 保存在 c 盘 mypath 目录下）即可。

（3）函数 M 文件及其调用。

在 MATLAB 编辑窗口中还能够建立函数 M 文件，用户能够根据需要建立自己的函数文件，它们可以像库函数一样方便地调用，从而能扩展 MATLAB 的功能。若对于一类特殊的问题，建立起大量函数 M 文件，就能形成工具箱。函数 M 文件的第一行有特殊的要求，其形式必须为：

function[输出变量列表]=函数名（输入变量列表）

函数体语句；

注意：

函数 M 文件的文件名必须与其函数名相同。

举一个例子加以说明：试计算 n 的阶乘（一个简单的递归调用示例）。

在 MATLAB 编辑器中，编辑 M 函数文件，并保存为 Product.m：

```
Function   f=Product（n）
%编辑 n 的阶乘的 M 函数文件:f=n!
%参数 n 为任意自然数
if   n==0
    f=1;
else
    f=n*Product（n–1）;
end
```

直接在 MATLAB 的命令窗口中键入以下命令语句：

```
>>clc，clear，close;

>>n=100;

>>f_n=Product（n）
```

本例的执行结果为：f_n=9.3326e+157。

注意：

① 若输出变量多于 1 个，就要用方括号"[ ]"括起来；且输入变量要用逗号隔开。当函数没有输出参数时，输出参数项空缺或者用空的中括号表示，如：

function printresults（x）或 function[ ]=printresults（x）

② 函数 M 文件不能够访问工作空间中的变量，它的所有变量都为局部变量。仅有输入、输出变量才保留在工作空间中。

提示：

在编辑器窗口的"View"菜单里有两个特别有用的命令："Evaluate Selection"和"Auto Indent Selection"。当选定编辑器里的文件的一部分后，再选择"Evaluate Selection"项，MATLAB 就可计算所选部分的值，并在命令窗口里显示结果。当选定文件的一部分后，再选择"Auto Indent Selection"项，程序编辑器会依据程序的逻辑关系自动编排格式，这样程序更加一目了然。

（4）文件管理。

如表 3.3 所示为文件管理命令。

表 3.3　文件管理命令

what	返回当前目录下 M，MAT，MEX，文件的列表
dir	列出当前目录下的所有文件
cd	显示当前的工作目录
type test	在命令窗口下显示 test.m 的内容
delete test	删除 M 文件 test.m
which test	显示 M 文件 test.m 所在的目录

7. 帮助导航系统（Help Navigator/Browser）

MATLAB 提供了大量的帮助信息，给用户学习和掌握 MATLAB 的使用提供了便捷途径。通过以下几种方法可获得帮助：帮助命令、帮助窗口、MATLAB 帮助台、在线帮助页或直接链接到 Math Works 公司（对于已联网的用户）。

（1）帮助命令。

帮助命令是查询函数语法的最基本方法，查询信息直接显示在命令窗口中。

help 函数名：能够寻求关于某函数的帮助。

例如，键入

>>help sqrt

显示

SQRT square root....

注意：

帮助文本中的函数名 SQRT 是大写的，来突出函数名，但当使用函数时。应该用小写 sqrt。

MATLAB 根据函数的不同用途分别将其存放在不同的子目录里。

help 子目录标题：能显示某一类的全部函数或命令。

例如，键入

>>help grph2d

将显示

Two dimensional graphs.

    Elementary X–Y graphs.

    plot   – Linear plot.

    loglog   – Semi–log scale plot.

    semilogx   –Semi–log scale plot

    …

help：该命令显示帮助的全部子目录标题。

lookfor：为关键词。它通过搜索所有 MATLAB 下的 help 子目录标题与 MATLAB 搜索路径中 M 文件的第一行，以返回包含所指定关键词的那些项。最重要的是关键词不一定为命令。

例如，键入

>>lookfor complex

显示

ctranspose.m:%'Complex conjugate transpose.

COMPLEX Construct complex result from real and imaginary parts.

CONJ Complex conjugate.

CPLEXPAIR Sort numbers into complex conjugate pairs.

…

demo：可测览例子和演示。

help demos：将给出所有的演示题目。

（2）帮助窗口。

帮助窗口给出的信息和帮助命令给出的信息内容相同。但在帮助窗口给出的信息根据目录编排，比较系统，更容易浏览与之相关的其他函数。在 MATLAB 命令窗口中有三种方法可进入帮助窗口：

① 双击图 3.2 中菜单条上的问号——帮助按钮；

② 键入 helpwin 命令；

③ 选取帮助菜单里的"MATLAB Help"项。

8．开始按钮（Start）

开始按钮是 MATLAB6.5 版本后新增加的快捷功能，单击这个按钮，能够打开之前提到的全部窗口，如图 3.9 所示。

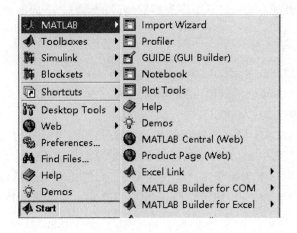

图 3.9　开始按钮

3.3　MATLAB 基本应用

3.3.1　数据结构

MATLAB 语言的赋值语句有两种：

（1）变量名=运算表达式。

（2）[返回变量列表]=函数名（输入变量列表）。

MATLAB 支持变量和常量，其中 pi 为圆周率 π，值得注意的是，MATLAB 支持 IEEE 标准的运算符号，如 Inf 表示无穷大，NaN（Not a Number）为 0/0、0*Inf 或 Inf/Inf 等运算结果。MATLAB 变量名应该由字母引导，后面能够加数字、字母或下划线等符号。MATLAB 是可以分辨变量名字母大小写的。

1．矩　阵

MATALB 最基本的数据结构是复数矩阵。输入一个复数矩阵是相当简单的。例如，给出下面的语句：

>>B=[1+9i,2+8i,3+7j;4+6j,5+5i,6+4i;7+3i,8+2j,1i]

其中"＞＞"为 MATLAB 的提示符。矩阵各行元素由分号分隔，而同行不同元素由逗号或空格分隔。当输入了上面的命令，就能够输出下面的结果。

B=

1.0000+9.0000i	2.0000+8.0000i	3.0000+7.0000i
4.0000+6.0000i	5.0000+5.0000i	6.0000+4.0000i
7.0000+3.0000i	8.0000+2.0000i	0+1.0000i

其中，元素 1+9i 表示复数项。有了这样的表述方法，实矩阵、向量或标量都能够更简单地输入了。若赋值表达式末尾有分号，那么其结构将不会显示，否则将显示出所有结果。

MATLAB 和其他语言不同，它不用事先声明矩阵的维数。下面的语句能够建立一个更大的矩阵。

>>B（2，5）=1

1.0000+9.0000i	2.0000+8.0000i	3.0000+7.0000i	0	0
4.0000+6.0000i	5.0000+5.0000i	6.0000+4.0000i	0	1.0000
7.0000+3.0000i	8.0000+2.0000i	0+1.0000i	0	0

冒号表达式是 MATLAB 里最具特色的表示方法。其调用格式为 a=s1:s2:s3；这一语句能够生成一个行向量，其中 s1 为向量的起始值，s2 为步长，而 s3 为向量的终止值。比如 S=0:0.1:2*pi; 就会产生一个起始于 0，步长为 0.1，而终止在 6.2 的向量（pi 为 MATLAB 保留常量π），而不是终止在 2π。如果写成 S=0:-0.1:2* pi；并不出现错误，而是返回一个空向量。

冒号表达式能够用来提取矩阵元素，比如 B（:,1）将提取 B 矩阵的第 1 列，而 B（1:2,1:3）将提取 B 的前 2 行与 1、2、3 列组成的子矩阵。在矩阵提取时还能够采用 end 这样的算符。比如 B（2:end,:）将提取 B 矩阵的第 2 行和之后的行所构成的子矩阵。

2. 多维数组

多维数组是 MATLAB 在其 5.0 版本开始提供的。如果有 2 个 3×3 矩阵 B1、B2，就能够由下面的语句得到一个 3×3×2 的数组：A=cat（3,B1,B2）。试验 B=cat（2,B1,B2）和 B=cat（1,B1,B2）将得到什么结果？

对矩阵或多维数组 A 能够使用 size（A）来测其大小，也能够使用 reshape（ ）函数重新按列排列。对向量来说，还能够用 length（A）来测其长度。

无论原数组 A 是几维的，A（:）将返回列向量。

3. 字符串和字符串矩阵

MATALB 的字符串是用单引号括起来的，能够使用下面的命令进行赋值：

>>strA='This is a string.'

多个字符串能够用 str2mat（ ）函数来建立字符串矩阵。比如我们可使用该语句 B=str2mat（strA,'ksasaj','aa'）；字符串变量可以按照表 3.4 中的命令进行操作。

表 3.4　字符串变量操作命令

命　令	意　义
strcmp（A，B）	比较 A 和 B 字符串是否相同
strrep（A，s1，s2）	在 A 中用 s2 替换 s1
deblank（A）	删除 A 字符串尾部的空格
findstr（A，B）	测试 A 是否为 B 的子字符串，或反过来
length（A）	字符串 A 的长度
double（A）	字符串转换双精度数据

4. 单元数据结构

用类似矩阵的记号将复杂的数据结构纳入一个变量之下，这和矩阵中的圆括号表示下标相似，单元数组由大括号表示下标。

>>B={1，'Alan Shearer'，230，[120,97,65;37,70,82;65,20,45;150,80,78]}

B=

　　[1]　'Alan Shearer'　[230]　[4×3　double]

访问单元数组需要用大括号进行，比如第 4 单元中的元素就能用下面的语句得出：

>>B{4}

ans=

　　120　9765

　　 37　70　82

　　 65　2045

　　150　80　78

5. 结 构 体

MATLAB 的结构体和 C 语言的结构体数据结构有些相似。每个成员变量用点号表示，比如 A.p 表示 A 变量的 p 成员变量。获得该成员比 C 语言更加直观，仍用 A.p 访问，而不用 A→p。用下面的语句能够建立一个小型的数据库。

>>student_rec.number=1;

student_rec.name='AlanShearer';

student_rec.height=230;

student_rec.test=[120,97,65;37,70,82;65,20,45;150,80,78];

>>student_rec

student_rec=

number:1

name:'Alan Shearer'

height:230

test:[4×3　double]

其中 test 成员是单元型数据。删除成员变量可以由 rmfield（）函数完成，添加成员变量直接由赋值语句即可。另外数据读取还能由 setfield（ ）和 getfield（ ）函数进行。

6. 类与对象

类与对象是 MATLAB5.*开始引入的数据结构。在 MATLAB 手册中定义了一个很好的类——多项式类。该例子值得用户仔细学习，去体会类和对象的定义，重载函数编写等信息。事实上，在实际工具箱设计中，用到了很多的类，比如在控制系统工具箱中定义了 LTI（线性时不变系统）类，并在该基础上定义了其子类：传递函数类 TF、状态方程类 SS、零极点类 ZPK 和频率响应类 FR。

举例：我们可以通过一个例子来介绍类的构造。如果我们想为多项式建立一个单独的类，重新定义加、减、乘及乘方等运算，并且定义其显示方式。那么建立一个类至少要执行下面的步骤（这个例子更详细的情况请参考 MATLAB 手册）：

（1）应该选定一个合适的名字，比如这里的多项式类可以选择为 polynom。

（2）用这个名字建立一个子目录，目录的名字前加上@。对于此例，则应该在当前的工作目录下建立@polynom 子目录，而此目录不用在 MATLAB 路径下再指定。

（3）编写一个引导函数，函数名应该与类同名。定义类的使用方法如下：

function p=polynom(a)

if nargin==0

p.c=[];　　p=class(p,'polynom');

elseifisa(a,'polynom'),p=a;

else,

p.c=a(:).';p=class(p,'polynom');

end

能够看出，本函数分三种情况加以考虑：

① 如果不给输入变量，那么就建立了一个空的多项式。

② 如果输入变量 a 已经为多项式类，就将它直接传送给输出变量 p。

③ 如果 a 为向量，就将此向量变换成行向量，然后构造成一个多项式对象。

④ 如果想正确地显示新定义的类，就得首先定义 display（ ）函数，然后对新定义的类重新定义其基本运算。对于多项式，我们能够如下定义相关的函数：

function display(p)

disp(''); disp([inputname(1),'='])

disp(' '); disp([' ' char(p)]); disp(' ');

⑤ 要改变显示函数的定义，就要在此目录下重新建立一个新函数 display（ ）。这种重新定义函数的方法又称作函数的重载。显示函数可以有如下重载定义。

注意：

这里要定义的是 display（ ）而非 disp（ ）。

从上面的定义可看出，显示函数要求重载定义 char（ ）函数，用来把多项式转换成可显示的字符串。该函数的定义为

function s=char(p)

if all(p.c==0),s='0';

```
else
d=length(p.c)-1; s=[];
for a=p.c;
if a~=0;
if ~isempty(s)
    if a>0,s=[s,'+'];
    else,s=[s,'-']; a=-a; end
end
if a~=1 | d==0,s=[s,num2str(a)];
if d>0,s=[s,'*']; end
end
if d>=2,s=[s,'x^',int2str(d)];
    elseif d==1,s=[s'x']; end
end
d=d-1;
end,end
```

认真研究该函数，能够发现，此函数可自动地按照多项式显示的格式构造字符串。例如，多项式各项以加减号相连，系数与算子之间以乘号相连，而算子的指数用^表示。最后配以显示函数，就能够将此多项式用字符串的形式显示出来。

① 双精度处理：双精度转换函数的重载定义是相当简单的。

```
function   c=double(p)
c=p.c;
```

② 加运算：两个多项式相加，仅需将其对应项系数相加即可。这样，加法运算的重载定义能够用下面的函数实现。注意，这里应该对 plus（ ）函数进行重载定义。

```
function   p=plus(a,b)
a=polynom(a);   b=polynom(b);
k=length(b.c)-length(a.c);
p=polynom([zeros(1,k)a.c]+[zeros(1,-k)b.c]);
```

同理，还能够重载定义多项式的减法运算。

```
function p=mtimes(a,b)
a=polynom(a); b=polynom(b); p=polynom(conv(a.c,b.c));
```

③ 乘法运算：多项式的乘法事实上能够表示成系数向量的卷积，可以用 conv（ ）函数直接获得，因此能如下重载定义多项式的乘法运算。

```
function   p=mtimes(a,b)
a=polynom(a);   b=polynom(b);   p=polynom(conv(a.c,b.c));
```

④ 乘方运算：多项式的乘方运算仅限于正整数乘方的运算，其 n 次方相当于将该多项式自乘 n 次。如果 n=0，那么结果就为 1。这样我们就能够重载定义多项式的乘方运算：

```
function p=mpower(a,n)
if   n>=0,n=floor(n);   a=polynom(a);   p=1;
```

```
if   n>=1,
for   i=1:n,p=p*a;   end
end
else,error('power should be a non-negative integer.')
end
```

⑤ 多项式求值问题：可以对多项式求值函数 polyval（ ）进行重载定义。

```
function   y=polyval(a,x)
a=polynom(a);   y=polyval(a.c,x);
```

定义了此类之后，我们就能方便地进行多项式处理了。比如，我们可以建立两个多项式对象 $P(s)=x^3+4x^2-7$ 和 $Q(s)=5x+3x^3-1.5x^2+7x+8$，其对应的 MATLAB 语句为

```
>>P=polynom([1,4,0,-7]),Q=polynom([5,3,-1.5,7,8])
P=
      x^3+4*x^2-7
Q=
      5*x^4+3*x^3-1.5*x^2+7*x+8
```

之后调用如下函数就能够得到相应的计算结果。

```
>>P+Q
ans=
      5*x^4+4*x^3+2.5*x^2+7*x+1
>>P-Q
ans=
      -5*x^4-2*x^3+5.5*x^2-7*x-15
>>P*Q
ans=
      5*x^7+23*x^6+10.5*x^5-34*x^4+15*x^3+42.5*x^2-49*x-56
>>X=P^3
X=
      x^9+12*x^8+48*x^7+43*x^6-168*x^5-336*x^4+147*x^3+588*x^2-343
>>y=polyval(X,[123456])
y=
      -8491317561617715611036023243986977
```

由于前面的重载定义，下面的表达式也可以得到期望的结果。

```
>>P+[123]
ans=
      x^3+5*x^2+2*x-4
```

⑥ 使用 methods（ ）函数能够列出一个新的类已经定义的方法函数名。

```
>>methods（'polynom'）
Methods for class polynom:
char double mpower plus polyval
display minus mtimes polynom
```

3.3.2　数值运算

MATLAB 的计算集中在数组与矩阵的计算，并且定义的数值元素是复数，这是 MATLAB 的重要特点。函数是计算中不可缺少的，MATLAB 函数的变量不需要事先定义，它以在命令语句中首次出现而自然定义，这在使用中非常方便。使用 MATLAB/SIMULINK 进行仿真，MATLBA 的计算基本已经模块化了，但是掌握一些必要的计算知识和定义还是特别有必要的。

1. 数值、变量和表达式

（1）数值。

在 MATLAB 中，数值大多采用十进制表示法，在 MATLAB 的命令窗口中或者编辑器窗口中能够直接输入数值，这和其他高级软件相同。但类似于-3.7×10^{-8}、6.02×10^{11} 形式时，就得依据以下形式输入：-3.7e-8、6.02e11。

举例：在命名窗口中键入

>>sqrt（-1）　%对-1 开根号

其运行结果为：ans=0+1.0000i。

复数可用下面的语句生成

>>z=a+b*I　%a 和 b 均为已知常数。

或由下面的语句生成

>>z=r*exp（i*θ）　%r 为复数的模，θ 为复数辐角的弧度数，均为已知常数。

举例：在命令窗口中键入

>>A=[1 2 3; 4 5 6; 7 8 9]或者>>A=[1 2 3; 4 5 6; 7 8 9]

其运行结果为

A=

　　1　2　3
　　4　5　6
　　7　8　9

举例：在命令窗口中键入

B=[1 2;3 4]+i*[5 6;7 8]

其运行结果为

B=

　　1.0000+5.0000i　2.0000+6.0000i
　　3.0000+7.0000i　4.0000+8.0000i

注意：

矩阵生成能由纯数字（包括复数）生成，还可由变量或一个表达式生成。矩阵元素直接排列在方括号内，行和行之间以分号隔开，每行内的元素使用空格或逗号隔开。大的矩阵能够分行输入，回车键和分号作用相同。

（2）语句与变量。

语句的常用格式为：变量=表达式；或者简化成表达式。通过等于号"="把表达式的值赋给变量。假如语句用分号";"结束，那么将屏蔽显示结果；假如没有分号";"，窗口就自动显示出语句执行的结果。

变量命名规则：变量名从英文字母开始；变量能以英文字母、数字和下划线组成，MATLAB 可分辨字母的大小写；变量名长度不能超过 63 个字符。

如果在变量名前添加关键词"global"，此变量就成为全局变量，它在主程序、调用的子程序和函数中都起作用。值得注意的是，定义全局变量必须要在主程序的首行，这是惯例。

MATLAB 中有一些预定义变量，如表 3.5 所示。用户在编写命令和程序的时候，应当尽量不要使用这些预定义变量。

表 3.5　预定义变量

预定义变量	说　明	预定义变量	说　明
ANS 或 ans	计算结果的缺省变量名	NaN 或 nan	非数，如 0/0
i 或 j	虚数单位	realmax	最大的正实数
pi	圆周率 π	realmin	最小的正实数
eps	浮点数的相对误差	nargin	函数实际输入的参数个数
Inf 或 inf	无穷大	nargout	函数实际输出的参数个数

（3）运算符。

MATLAB 的算术运算符如表 3.6 所示。

表 3.6　MATLAB 的算术运算符

算术运算符	说　明	算术运算符	说　明
+	加	\	左除，2\4=2
-	减	.\	数组左除
*	乘	/	右除，4/2=2
.*	数组乘	./	数组右除
^	乘方	`	矩阵转置
.^	数组乘方	.`	数组转置

（4）特殊运算符。

MATLAB 中有一些特殊运算符在命令和计算中使用，如表 3.7 所示。要特别注意的是，这些特殊运算符在英文状态下输入有效，在中文状态下输入无效。

表 3.7　MATLAB 的特殊运算符

特殊运算符	说　明
:	冒号，输入行矢量，从矢量、数组、矩阵中取指定元素、行和列，大矩阵中取小矩阵
;	分号，用于分割行
,	逗号，用于分割列
（）	圆括号，用于表示数学运算中的先后次序
[ ]	小括号，用于构成矢量和矩阵
{ }	大括号，用于构成单元数组
.	小数点或域访问符
..	父目录
…	用于语句末端，表示该行结束
%	用于注释
!	用于调用操作系统命令
=	等号，用于赋值

2．基本函数汇集

MATLAB 的函数特别繁多，现将经常见到的典型函数小结如下，方便读者查用。

（1）三角函数和双曲函数，如表 3.8 所示。

表 3.8　三角函数和双曲函数

名　称	说　明	名　称	说　明
sin	正弦	sinh	双曲正弦
cos	余弦	cosh	双曲余弦
tan	正切	tanh	双曲正切
cot	余切	coth	双曲余切
asin	反正弦	asinh	反双曲正弦
acos	反余弦	acosh	反双曲余弦
atan	反正切	atanh	反双曲正切
acot	反余切	acoth	反双曲余切
sec	正割	sech	双曲正割
csc	余割	csch	双曲余割
asec	反正割	asech	反双曲正割
acsc	反余割	acsch	反双曲余割

（2）指数和对数函数，如表 3.9 所示。

表 3.9　指数和对数函数

名　称	说　明	名　称	说　明
exp	以 e 为底的指数	log10	以 10 为底的对数
log	自然对数	pow2	2 的幂
log2	以 2 为底的对数	sqrt	求平方根

（3）复数函数，如表 3.10 所示。

表 3.10　复数函数

名　称	说　明	名　称	说　明
abs	绝对值或复数模	imag	虚部
angle	相角	conj	共轭复数
real	实部	unwrap	去掉相角突变

（4）取整函数，如表 3.11 所示。

表 3.11　取整函数

名　称	说　明	名　称	说　明
ceil	向+∞取整	sign	符号函数
floor	向-∞取整	rem（a，b）	a/b 求余数
fix	向 0 取整	mod（x，m）	模除求余
round	四舍五入		

（5）矩阵变换函数，如表 3.12 所示。

表 3.12　矩阵变换函数

名　称	说　明	名　称	说　明
inv	求逆矩阵	diag	产生或提取对角阵
fliplr	矩阵左右翻转	tril	产生下三角
flipud	矩阵上下翻转	triu	产生上三角
flipdim	矩阵特定维翻转	rot90	矩阵反时针翻转 90°

（6）向量常用函数，如表 3.13 所示。

表 3.13　向量常用函数

名　称	说　明	名　称	说　明
min	最小值	max	最大值
mean	平均值	median	中位数
std	标准差	diff	相邻元素的差
sort	排序	length	个数
norm	欧式（Euclidean）长度	sum	求和
prod	总乘积	dot	内积
cumsun	累计元素总和	cumprod	累计元素总乘积
cross	外积		

3.3.3　程序设计基础

前面介绍了 M 文件的概念与组成，见到了一些用 MATLAB 语言编写的简单程序。想要实现更多的功能，就得要用到循环控制。基本上所有实用的程序都包括循环，熟练使用 MATLAB 的循环结构和选择结构是编程的基本要求。MATLAB 提供四种循环与选择控制结构，它们分别为 for 循环、while 循环、if-else-end 结构和 switch-case-end 结构，这些经常出现在 M 文件中。

1. 运算符

MATLAB 的运算符可分为三类：算术运算符、关系运算符和逻辑运算符，其中算术运算符的优先级最高，其次是关系运算符，再其次是逻辑运算符。算术运算符在前面已经介绍过，这里只介绍关系运算符和逻辑运算符。

（1）关系运算符。

关系运算符对于程序的流程控制非常有用。MATLAB 共有六个关系运算符，如表 3.14 所示。

表 3.14　MATLAB 的关系运算符

关系运算符	说　明	关系运算符	说　明
<	小于	>	大于
<=	小于等于	>=	大于等于
==	等于	~=	不等于

关系运算符可以比较同型矩阵，此时将生成一个 0-1 矩阵，当相应元素经关系运算为真时，对应位置上生成 1，否则为 0；关系运算符也可以比较标量和矩阵，此时是标量与矩阵的每个元素分别比较，生成一个 0-1 矩阵。

（2）逻辑运算符。

MATLAB 共有三个逻辑运算符：与（ & ）、或（ | ）和非（ ~ ）。

对于数值矩阵，当元素为 0 时，逻辑上为假；当元素非 0 时，逻辑上为真。同关系运算符一样，逻辑运算符两端的运算数可以是同型矩阵，对两矩阵的相应元素分别运算，结果为一个 0-1 矩阵。当逻辑表达式的值为真时，赋值 1，否则为 0。同样，其中一个矩阵也可以是标量。

与（ & ）运算：两个运算符都为真时，结果为真，其他情况下（一真一假或两个都假）结果为假。

或（ | ）运算：两个运算数都为假时，结果为假，其他情况下（一真一假或两个都真）为真。

非（ ~ ）运算：只有一个运算数。当该运算数为真时，结果为假，否则，结果为真。

2. for 循环

for 循环允许一组命令以固定的和预定的次数重复。for 循环的一般形式为

```
for    x=表达式 1:表达式 2:表达式 3
       语句体
end
```

其中表达式 1 的值为循环的初值，表达式 2 的值为步长，表达式 3 的值为循环的终值。如果省略表达式 2，则默认步长为 1。该循环体的执行过程如下：

（1）将表达式 1 的值赋给 x；

（2）对于正的步长，当 x 的值大于表达式 3 的值时，结束循环；对于负的步长，当 x 的值小于表达式 3 的值时结束循环。否则，执行 for 和 end 之间的语句体，然后执行下面的第（3）步；

（3）x 加上一个步长后，返回第（2）步继续执行。

例如，程序：

```
for    k=1:4
       x(k)=1/k;
end
format rat    %设置输出格式为有理数
x(1,:)
```

将输出

```
ans=
    1/2    1/3    1/4
```

3. while 循环

while 循环一般用于事先不能确定循环次数的情况，其流程图如图 3.10 所示。

while 循环的一般形式为

```
while    表达式
```

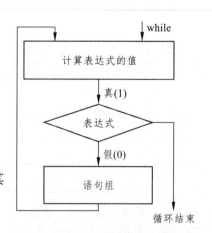

图 3.10   while 语句流程图

语句体

end

只要表达式的值为 1（真），就执行 while 与 end 之间的语句体，直到表达式的值为 0（假）时终止该循环。通常，表达式的值为标量，但对数组值也同样有效，此时，数组的所有元素都为真，才执行 while 与 end 之间的语句体。例如，程序：

```
n=0;   EPS=1;
while(1+EPS)>1
    EPS=EPS/2;   n=n+1;
end
n,EPS=EPS*2
```

运行结果：

```
n=
    53
EPS=
    2.2204e-016
```

这个例子给出了计算 MATLAB 的特殊变量 eps 的一种方法。eps 是一个可以加到 1，在计算机有限精度下，而使结果大于 1 的最小数值。这里我们用大写 EPS，以便与 eps 相区别。EPS 从 1 开始，不断被 2 除，直到 EPS+1 不大于 1。因为 MATLAB 用 16 位数来表示数据，因此，当 EPS 接近 10^{-16} 时，它会认为 EPS+1 不大于 1，于是 while 循环结束。

4．if-else-end 结构

在很多情况下，语句序列必须有条件地执行。在编程语言里，这种逻辑由某种 if-else-end 结构来完成。if 语句共有三种形式，如图 3.11 所示，其最简单的形式为

```
if   表达式
    语句体
end
```

如果表达式的值为真，则执行 if 与 end 之间的语句体，否则，执行 end 的后续命令。

if 结构的另一种形式

```
if   表达式
    语句体 1
else
    语句体 2
end
```

如果表达式的值为真，则执行语句体 1，然后跳出该选择结构，执行 end 的后续语句；如果表达式的值为假，则执行语句体 2。之后，执行 end 的后续语句。

当有三个或更多的选择时，可采用 if 结构的下列形式：

```
if   表达式 1
    语句体 1
elseif   表达式 2
```

语句体 2

…

elseif　表达式 n

语句体 n

else

语句体 n+1

end

如果表达式 j（j=1，2，…，n）为真，则执行语句体 j，然后执行 end 的后续语句。否则，当 if 和 elseif 后的所有表达式的值都为假时，执行语句体 n+1，然后执行 end 的后续语句。例如，可用以下程序得到符号函数。

```
function　y=SIGN(x)
if　x<0
    y=-1;
elseif　x=0
    y=0;
else
    y=1;
end
```

可用 if 和 break 语句来跳出 for 循环和 while 循环。例如，

```
EPS=1;
for　n=1:1000
    EPS=EPS/2;
    if (1+EPS)<=1;
    EPS=EPS*2;　break
    end
end
n,EPS
```

其运行结果同前面一样，n=53，EPS=2.2204e-016。

在此例中，当执行 break 语句时，MATLAB 跳到循环外的下一个语句。如果一个 break 语句出现在一个嵌套的 for 循环或 while 循环里，那么只跳出 break 所在的那个循环，不跳出整个嵌套结构。

5. switch-case-end 结构

switch 语句是根据表达式的值来执行相应的语句，一般形式为

```
switch　表达式(标量或字符串)
case　值 1,
    语句体 1
case　{值 2.1,值 2.2,...}
    语句体 2
```

…

otherwise,

　　语句体 n

end

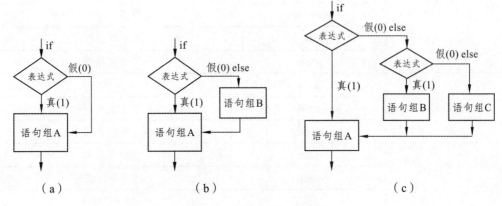

图 3.11　if 语句的三种形式

当表达式的值为 1 时，执行语句体 1，然后执行 end 的后续语句；当表达式的值为 {值 2.1，值 2.2，…} 中之一时，执行语句体 2，然后执行 end 的后续语句；……若表达式的值不为任何关键字 "case" 所列的值时，则执行语句体 n，接着执行 end 的后续语句。

注意：

只执行一个语句体，然后就执行 end 的后续语句。

例如，假设 NAME 是一个字符串变量，下列程序将在 NAME 取值为各种不同字符串的情形下，显示相应的信息。

```
switch    lower(NAME)
case    {'Zhanghua','Lijiang'},disp('He come from China')
case    'Peter',disp('He comes from United States.')
case    'Monika',disp('She come from Germany')
otherwise,disp('He or she comes from other countries.')
end
```

3.3.4　MATLAB 的基本绘图

MATLAB 提供了丰富的绘图功能，可以绘制二维图形、三维图形、直方图和饼图，这里仅介绍一些常用的基本绘图命令和方法，如表 3.15 所示。

在命令窗口中键入如下命令语句：

>>help graph2d

便可以得到所有绘制二维图形的命令语句，如图 3.12 所示。同理，在命令窗口中键入：

>>help graph3d

便可得到所有绘制三维图形的命令，如图 3.13 所示。

表 3.15　MATLAB 常用的绘图命令

基本 X-Y 图形	plot	线性 X-Y 坐标图
	loglog	双对数坐标图
	semilogx	半对数（x 轴）坐标图
	semilogy	半对数（y 轴）坐标图
	plotyy	双 y 轴坐标图
	ploar	极坐标图
坐标控制	axis	坐标分度、范围
	hold	保持当前图形
	subplot	拆分子图
图形注释	title	标上图名
	text	图上标注文字
	grid	加上网格线
	gtext	用鼠标定位文字
	xlabel	x 轴文字标注
	ylabel	y 轴文字标注
	legend	标注图例

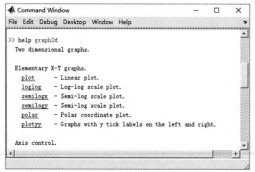

图 3.12　help graph2d 的执行结果

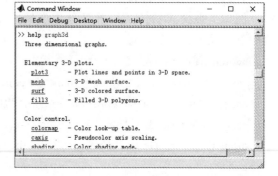

图 3.13　help graph3d 的执行结果

1. 基本绘图命令函数

命令格式：plot(x1,y1,option,x2,y2,option2,…)

说明：

x1，y1 给出的数据分别为 x 轴和 y 轴坐标值，option1 为选项参数，以逐点连折线的方式绘制第一个二维图形；同时类似地绘制第二个二维图形等。这是 plot 命令的完全格式，在实际应用中可以根据需要进行简化，比如，plot（x，y）；plot（x，y，option），选项参数 option 定义了图形曲线的颜色、线型及标示符号，它由一对单引号（''）括起来（在英文状态下键入单引号）。基本线型和颜色如表 3.16 所示。

表 3.16　基本线性和颜色表

符合	颜色	符号	颜色	符号	线型	符号	线型
y	黄色	g	绿色	·	点	—	实线
m	紫色	b	蓝色	□	圆圈	:	点线
c	青色	w	白色	x	×标记	—·	点划线
r	红色	k	黑色	+	加号	- -	虚线
				*	星号		

命令格式：plot2（x,y,z）

说明：绘制三维图形。

举例：要同时绘制 y=sinx 和 z=cosx 的曲线图，其中 x 介于 [-2π，2π] 之间。可以在命令窗口中键入以下命令，也可以打开 MATLAB 的 File→单击 New→单击 M-file，打开 MATALB的编辑器。在编辑器中键入下列命令语句，其执行结果如图 3.14 所示。

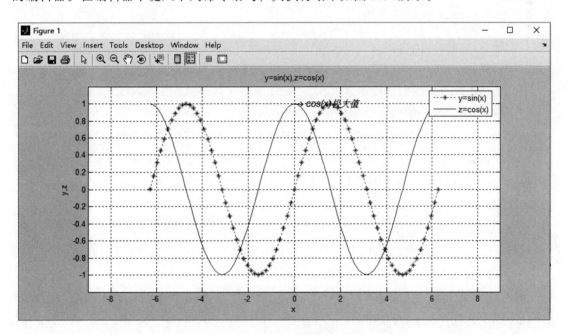

图 3.14　在 MATLAB 中绘制两条二维曲线图

>>clear;clc;close;　%clear 可以删除工作空间的所有变量，clc 可以删除命令窗口中所有
　　　　　　　　　　%变量，close 可以关掉所有 M-fig 图形
>>x=[-2*pi:pi/20:2*pi];　%定义时间范围，步长为 pi/20
>>figure(1);　%选择图像(1)
>>plot(x,sin(x),'r:*');
>>axis（[-9 9 -1.2 1.2]）;　%设定 x 轴、y 轴的下限和上限，命令格式：axis([xmin xmax

%ymin ymax zmin zmax]);　axis('equal'):将 x 轴和 y 轴的单位刻度大小调整为一样；axis on/off：
%显示/取消坐标轴

>>grid on;　　%在所画出的图形坐标中添加网格线

>>hold on;　　%可以把当前图形保持在屏幕上不变，同时允许在这个坐标内绘制另外一个图形，即将不同曲线绘制在同一坐标。同理，执行 hold off 命令语句，将使新图覆盖旧图

>>plot(x,cos(x),'b-');

>>xlabel('x');ylabel('y,z');title('y=sin(x),z=cos(x)');　%分别给图形添加 x 轴、y 轴和标题

>>legend('y=sin(x)','z=cos(x)');　%给图形添加标注文字

>>text(0,1,'\fontsize{12}\rightarrow\it cos(x)\fontname{宋体}极大值');　%命令格式

text(x,y,'字符串')：在图形的指定坐标位置(x,y)处，表示由单引号括起来的字符串。如要输入特殊的文字，则要用反斜杠（\）开头。在上面的最后一条命令中，在语句"it cos(x)\fontname{宋体}极大值"中的"it"用于显示斜体文字（Italic），执行该命令后，将会在图形中显示出"cos(x) 极大值"

2. 分割图形显示窗口方法

命令格式：subplot(m,n,p)

说明：m 表示上下分割个数，n 表示左右分割个数，p 表示子图编号。

举例：从不同视点绘制多峰函数曲面。

（1）在 MATLAB 的编辑器窗口中键入如下命令语句，并保存。

subplot（2,2,1）;　%peaks 函数，称为多峰函数，常用于三维曲面的演示

mesh（peaks）;　　%mesh 函数绘制三维曲面，调用格式为：mesh(x,y,z,c)

view（-37.5,30）; %指定图 3.15（a）的视点。视点函数命令格式：view(A,B)。A 为方位角，B 为仰角，均以度为单位。系统默认为（-37.5,30）。

title('azimuth=-37.5,elevation=30')

subplot(2,2,2);　mesh(peaks);

　view(0,45);　%指定图 3.15（b）的视点。

title('azimuth=0,elevation=90')

subplot(2,2,3);　mesh(peaks);

　view(0,45);　%指定图 3.15（c）的视点。

title('azimuth=90,elevation=0')

subplot(2,2,4);　mesh(peaks);

　view(-8,-15);　%指定图 3.15（d）的视点。

title('azimuth=-7,elevation=-10')

（2）单击 MATLAB 的编辑器窗口中的"Debug"，然后单击"Save and Run"或者按"F5"键，其执行结果如图 3.15 所示。

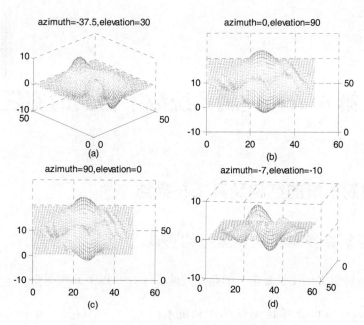

图 3.15　从不同视点绘制多峰函数曲面

3. 三维图形的绘制

举例：做螺旋线 x=sint，y=cost，z=t。

（1）在 MATLAB 的编辑器窗口中键入如下命令语句并保存。

t=0:pi/50:10*pi;

plot3(sin(t),cos(t),t)

box on;

（2）单击 MATALB 的编辑器窗口中的"Debug"，然后单击"Save and Run"或者按"F5"键，其执行结果如图 3.16 所示。

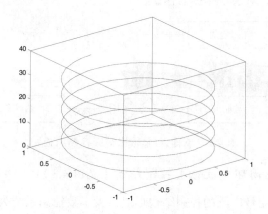

图 3.16　绘制螺旋线

第4章　控制系统数字仿真的实现

4.1　控制系统的结构及其拓扑描述

4.1.1　控制系统常见的典型结构形式

控制系统结构形式往往很复杂，但归结起来，不外乎以下几种类型。

1. 单输入-单输出开环控制结构（见图 4.1）

控制器、控制对象等环节可用第 2 章所述任何一种数学模型描述。在图 4.1 中，$r(t)$ 为参考输入量；$u(t)$ 为控制量；$y(t)$ 为输出量。

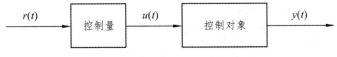

图 4.1　单输入-单输出开环控制结构

2. 单输入-单输出前馈控制结构（见图 4.2）

这种结构形式本身仍为开环控制形式，但为补偿输入引起的误差，在已知误差变化规律情况下，加入补偿环节，对误差作提前修正。

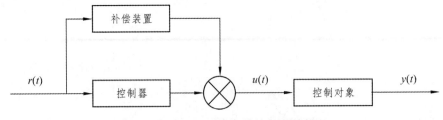

图 4.2　单输入-单输出前馈控制结构图

3. 单输入-单输出闭环（反馈）控制结构（见图 4.3）

这是控制系统中应用最广泛的控制结构形式，大多数控制系统为保证相应的控制精度，达到要求的性能指标，都采用这种闭环负反馈形式。

其原理主要是根据偏差（或误差）确定控制量，使输出量按期望的精度变化，减小或消除偏差，又常称其为偏差控制系统。在图 4.3 中，$e(t)$ 为偏差量（或误差量）；$b(t)$ 为反馈量。

反馈环节可用任一种数学模型描述。当反馈环节为输出量直接反馈形式时，即

$$b(t) = y(t)$$

则偏差

$$e(t) = r(t) - b(t) = r(t) - y(t)$$

称作误差，而此时的闭环系统称为单位反馈系统。

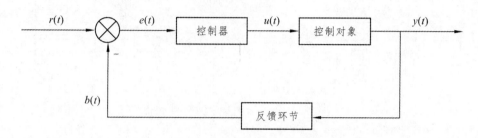

图 4.3 单输入-单输出闭环控制结构

凡是单输入-单输出控制系统结构均能方便地表示为图论中的拓扑结构形式，即使系统环节再增多，反馈和前馈联系再复杂，表达也很清晰，如图 4.4 所示。图中各环节用序号表示，每环节都有自己的输入和输出变量 u_i 和 y_i（$i = 1$，2，$\cdots$，6），对应其相互关系的数学描述，可以是第 2 章所述形式的任何一种。

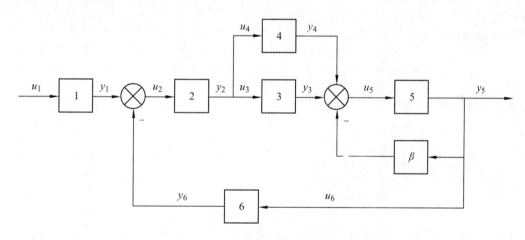

图 4.4 控制系统拓扑结构

4. 多输入-多输出控制结构

若干个单输入-单输出控制结构形式通过一定方式组合在一起，就构成了多输入-多输出控制结构形式，用来描述较复杂的多变量控制系统。

根据不同的环节组合形式，也有不同的控制结构。如变量和环节有单向耦合作用关系的结构形式、交叉反馈耦合作用关系的结构形式。

同样，由图可知，用图论拓扑结构描述这类复杂系统非常简洁清楚。我们在后面的分析中将会更深入地体会到，这样描述给系统仿真带来了极大方便。

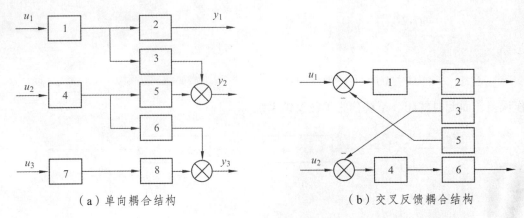

（a）单向耦合结构　　　　　　　　　　（b）交叉反馈耦合结构

图 4.5　多输入-多输出控制结构

4.1.2　控制系统的典型环节描述

任何一种复杂的线性控制系统，都是由一些简单的不同类型的具体线性环节组合而成的，若对常见一些简单线性环节能准确地加以定量描述，则复杂线性系统的描述也只是复杂在各部分的相互连接关系上。采用上节所述拓扑关系描述，并把这种连接关系用相应的数学关系表达出来，就可以得到在计算机上能方便运行的"二次模型"。首先来看在经典控制理论中常见的典型环节。

（1）比例环节。

$$G_i(s) = \frac{y_i}{u_i} = K_i$$

（2）惯性环节。

$$G_i(s) = \frac{y_i}{u_i} = \frac{K_i}{T_i s + 1}$$

（3）惯性比例环节。

$$G_i(s) = \frac{y_i}{u_i} = \frac{K_i(\tau_i s + 1)}{T_i s + 1}$$

（4）积分环节。

$$G_i(s) = \frac{y_i}{u_i} = \frac{K_i}{T_i s}$$

（5）积分比例环节。

$$G_i(s) = \frac{y_i}{u_i} = \frac{K_i(\tau_i s + 1)}{T_i s}$$

（6）二阶振荡环节。

$$G_i(s) = \frac{y_i}{u_i} = \frac{K_i \omega_n^2}{s^2 + 2\xi\omega_n s + \omega_n^2} = \frac{K_i}{T_i^2 s^2 + 2\xi T_i s + 1}$$

式中，ξ 为阻尼比，在二阶振荡情况下，$0 \leqslant \xi < 1$；ω_n 为无阻尼自然振荡频率；T_i 为无阻尼

自然振荡周期，$T_i = 1/\omega_n$。

（7）高阶线性环节。

$$G_i(s) = \frac{y_i}{u_i} = \frac{b_0 s^m + \cdots + b_{m-1}s + b_m}{a_0 s^n + \cdots + a_{n-1}s + a_n}$$

式中，$a_0, a_1, \cdots, a_n$ 为分母多项式系数，亦称特征多项式系数；$b_0, b_1, \cdots, b_m$ 为分子多项式系数。它们均为反映高阶线性环节动态响应性能的重要参数。

对以上单个典型线性环节，无论其阶次高低，均可用 MATLAB 语言方便地求出在输入量 u_i 作用下，输出量 y_i 的响应性能。y_i 和 u_i 之间的数学表达关系可以由传递函数 $G_i(s)$ 方便地转化为其他各种形式，如状态方程、零极点增益、部分分式等。

4.1.3　控制系统的连接矩阵

对如图 4.4 所表示的线性系统，各环节均为线性的，在各自的输入量 u_i 作用下，给出各自的输出量 y_i，这种作用关系是通过各环节的数学描述体现出来的，其数学关系可以是上节所述任何一种。但各环节之间存在相互作用，u_i 不是孤立的，只要与其他环节有连接关系，就要受到相应 y_i 变化的影响。因此，要完整地将系统描述出来，还应该分析各环节输出 y_i 对其他环节有无输入作用，才能完整地进行仿真分析。

根据图 4.4 中 u_i、y_i 拓扑连接关系，可逐个写出每个环节输入 u_i 受哪些环节输出 y_i 的制约和影响，现列写如下：

$$\begin{cases} u_1 = r \\ u_2 = y_1 - y_6 \\ u_3 = y_2 \\ u_4 = y_2 \\ u_5 = y_3 + y_4 - \beta y_5 \\ u_6 = y_5 \end{cases} \qquad (4\text{-}1)$$

由式中可见，除 u_1 只与参考输入 r 有直接联系外，其余各环节输入 u_i 都有可能与其他环节输出 y_i 有关。若表示为如下形式，可以更为清楚地观察各环节的连接关系。

$$\begin{cases} u_1 = 0 \cdot y_1 + 0 \cdot y_2 + 0 \cdot y_3 + 0 \cdot y_4 + 0 \cdot y_5 + 0 \cdot y_6 + 1 \cdot r \\ u_2 = 1 \cdot y_1 + 0 \cdot y_2 + 0 \cdot y_3 + 0 \cdot y_4 + 0 \cdot y_5 - 1 \cdot y_6 + 0 \cdot r \\ u_3 = 0 \cdot y_1 + 1 \cdot y_2 + 0 \cdot y_3 + 0 \cdot y_4 + 0 \cdot y_5 + 0 \cdot y_6 + 0 \cdot r \\ u_4 = 0 \cdot y_1 + 1 \cdot y_2 + 0 \cdot y_3 + 0 \cdot y_4 + 0 \cdot y_5 + 0 \cdot y_6 + 0 \cdot r \\ u_5 = 0 \cdot y_1 + 0 \cdot y_2 + 1 \cdot y_3 + 1 \cdot y_4 - \beta \cdot y_5 + 0 \cdot y_6 + 0 \cdot r \\ u_6 = 0 \cdot y_1 + 0 \cdot y_2 + 0 \cdot y_3 + 0 \cdot y_4 + 1 \cdot y_5 + 0 \cdot y_6 + 0 \cdot r \end{cases}$$

由此可见，按信号传递的方向，凡与其他环节没有连接关系的环节，其输出 y_i 的系数均为 0；凡与其他环节有连接关系的环节，其输出 y_i 的系数不全为 0；凡与参考输入 r 连接的环节，r 的系数不为 0。而 r 的系数为 0，则表示参考输入 r 不与该环节相连。

把环节之间的关系和环节与参考输入的关系分别用矩阵表示出来，如下：

$$
\begin{bmatrix} u_1 \\ u_2 \\ u_3 \\ u_4 \\ u_5 \\ u_6 \end{bmatrix} = \begin{bmatrix} 0 & 0 & 0 & 0 & 0 & 0 \\ 1 & 0 & 0 & 0 & 0 & -1 \\ 0 & 1 & 0 & 0 & 0 & 0 \\ 0 & 1 & 0 & 0 & 0 & 0 \\ 0 & 0 & 1 & 1 & -\beta & 0 \\ 0 & 0 & 0 & 0 & 1 & 0 \end{bmatrix} \begin{bmatrix} y_1 \\ y_2 \\ y_3 \\ y_4 \\ y_5 \\ y_6 \end{bmatrix} + \begin{bmatrix} 1 \\ 0 \\ 0 \\ 0 \\ 0 \\ 0 \end{bmatrix} r
$$

即 $\qquad U = WY + W_0 r$

式中，W 为连接矩阵，$n \times n$ 型，阵中元素清楚地表示出各环节之间的拓扑连接关系；W_0 为输入连接矩阵，$n \times 1$ 型（当参考输入为 1 维时），阵中元素表示环节与参考输入之间的拓扑连接关系；$U = [u_1, u_2, \cdots, u_n]^T$ 为各环节输入向量；$Y = [y_1, y_2, \cdots, y_n]^T$ 为各环节输出向量。

仔细研究连接矩阵 W，可从其元素值直接看出各环节之间的连接情况，即

$w_{ij} = 0$，环节 j 不与环节 i 相连；

$w_{ij} \neq 0$，环节 j 与环节 i 有连接关系；

$w_{ij} > 0$，环节 j 与环节 i 直接相连（$w_{ij} = 1$）或通过比例系数相连（w_{ij} 为任意正实数）；

$w_{ij} < 0$，环节 j 与环节 i 直接负反馈相连（$w_{ij} = -1$）或通过比例系数负反馈相连（w_{ij} 为任意负实数）；

$w_{ii} \neq 0$，环节 i 单位自反馈相连（$w_{ii} = 1$ 或 $w_{ii} = -1$）或通过比例系数自反馈（w_{ii} 为任意正实数）。

以连接矩阵表示复杂系统中各环节的连接关系，使得对复杂连接结构的控制系统的仿真变得简明方便。同样的思路完全可以用在连接关系更为复杂的多输入、多输出控制系统中，只需将与参考输入、系统输出有关的矩阵维数扩展到输入、输出向量维数一致即可。

连接矩阵建立起来后，对表述为结构图形式的控制系统进行仿真尤为方便。结构图中每一环节的数字描述可以是前节所述典型环节的任一种描述，甚至可以拓宽表述范围到非线性环节、离散（采样）环节、数学控制环节。MATLAB 语言环境下的工具软件 Simulink 是这种仿真思路的典型体现。软件中以模块库形式提供了非常齐全的环节形式，包含了控制系统常用的各类环节，如 Continuous 库中从低阶到高阶的各种线性环节，Discontinuities 库中的常见非线性环节（滞后、饱和、死区等）；Discrete 库中的各类离散化、数字化环节等。

4.2　面向系统结构图的数字仿真

实际工程中常常给出的是结构图形式的控制系统数学模型，对此类形式的系统进行仿真分析，主要是根据"二次模型"编写适当程序语句，使之能自动求解各环节变量的动态变化情况，从而得到关于系统输出各变量的有关数据、曲线等，以对系统进行性能分析和设计。

4.2.1　典型闭环系统的数字仿真

本节先对控制系统最常见的典型结构形式二次模型化，然后讨论采用数值积分算法求解系统响应的仿真程序实现。

1. 典型闭环系统结构形式

控制系统最常见的典型闭环系统结构，如图 4.6 所示，具有

$$G(s) = \frac{Y(s)}{U(s)} = \frac{b_0 s^m + \cdots + b_{m-1} s + b_m}{a_0 s^n + \cdots + a_{n-1} s + a_n}, \quad U(s) = E(s)$$

它是在微分方程式（2-1）基础上，经零初始条件下的拉普拉斯变换求得的，也就是式（2-4）。在这里 $G(s)$ 仅表示系统的开环传递函数，描述控制量 $u(t)$ 与输出量 $y(t)$ 间的信号传递关系。

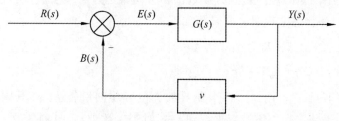

图 4.6　典型闭环系统结构

v 是系统的反馈系数，设其为一常系数。它的大小反映了反馈量 $b(t)$ 与输出量 $y(t)$ 之间的比例关系。

2. 系统仿真模型与求解思路

所谓仿真模型是指经一定方式把数学模型转化为便于在计算机上运行的表达形式。这种表达形式往往是一些适合于具体编程实现的数学关系描述式。

如图 4.6 所示系统的开环传递函数 $G(s)$，可按照能控标准型写出其开环状态方程

$$\begin{cases} \dot{X} = AX + BU \\ Y = CX \end{cases} \tag{4-2}$$

式中

$$A = \begin{bmatrix} 0 & 1 & 0 & \cdots & \cdots & 0 \\ 0 & 0 & 1 & \cdots & \cdots & 0 \\ \vdots & \vdots & \vdots & & & \vdots \\ \cdots & & & & & 1 \\ -\bar{a}_n & \cdots & \cdots & \cdots & \cdots & -\bar{a}_1 \end{bmatrix}; \quad B = \begin{bmatrix} 0 \\ 0 \\ \cdots \\ 0 \\ 1 \end{bmatrix};$$

$$C = [\bar{b}_m \quad \bar{b}_{m-1} \quad \cdots \quad \bar{b}_0 \quad 0 \quad \cdots \quad 0];$$

注意：A，C 阵中 $\bar{a}_j$，$\bar{b}_i$（$j = 1,2,\cdots,n; i = 0,1,\cdots,m$）为对式（2-4）分母首一化后分母、分子各系数，即 $\bar{a}_j = \dfrac{a_j}{a_0}$，$\bar{b}_i = \dfrac{b_i}{b_0}$，且 $m = n-1$。

由图又知，控制量 $U = r - vY$，代入式（4-2）得

$$\dot{X} = AX + B(r - vY)$$

再由 $\qquad Y = CX$

则 $\qquad \dot{X} = (A - BvC)X + Br = A_b X + Br$ （4-3）

即得系统闭环状态方程，其中

$$A_b = A - BvC$$

为系统闭环系数矩阵，而输入矩阵 B 和输出矩阵 C 不变。这就是如图 4.6 所示系统的仿真模型。

仿真模型一旦确立，就可以着手考虑求解与编程实现。观察式（4-3）可知，该式其实为一个一阶微分方程组的矩阵表达形式，而数值积分法最适宜解一阶微分方程，当采用四阶龙格-库塔法求解此闭环状态方程时，其步骤如下：

对 $\qquad \dot{X} = A_b X + Br$

知 $\qquad f(t, X) = A_b X + Br$ （4-4）

此为对应 n 个状态变量 $X = [x_1, x_2, \cdots, x_n]^{\mathrm{T}}$ 阶导数 $\dot{X}$ 的 n 维向量表达式。其中，r 为随时间变化的已知输入函数。于是，当求解过程进行到 $t = t_k$ 时刻，欲求 t_{k+1} 时刻各量，需先求

第一斜率： $\qquad K_1 = f(t_k, X_k) = A_b X_k + Br(t_k)$

再求第二斜率： $\qquad K_2 = f\left(t_k + \dfrac{h}{2}, X_k + \dfrac{h}{2}K_1\right) = A_b\left(X_k + \dfrac{h}{2}K_1\right) + Br\left(t_k + \dfrac{h}{2}\right)$

同样得第三斜率： $\qquad K_3 = f\left(t_k + \dfrac{h}{2}, X_k + \dfrac{h}{2}K_2\right) = A_b\left(X_k + \dfrac{h}{2}K_2\right) + Br\left(t_k + \dfrac{h}{2}\right)$

第四斜率： $\qquad K_4 = f(t_k + h, X_k + hK_3) = A_b(X_k + hK_3) + Br(t_k + h)$

以上各斜率 K_1、K_2、K_3、K_4 可认为是对应 n 维状态变量 $X = [x_1, x_2, \cdots, x_n]^{\mathrm{T}}$ 在 $t = t_k$ 时刻的四组斜率，每组为 n 维斜率向量，即每组 n 个龙格-库塔系数。

最后，再由

$$X_{k+1} = X_k + \frac{h}{6}(K_1 + 2K_2 + 2K_3 + K_4)$$

求得 t_{k+1} 时刻状态 X_{k-1}，即可得输出相应时刻值

$$y_{k+1} = CX_{k+1}$$

按以上算式，取 $k = 0，1，2，\cdots，N$ 不断递推，即求得所需时间 $t_0，t_1，\cdots，t_N$ 各点的状态变量 $X(t_k)$ 和输出量 $Y(t_k)$。

3. 仿真程序框图与实现

基于以上仿真模型和求解思路，可以着手考虑面向这类典型闭环控制系统结构图的仿真程序的编制与实现。

作为系统仿真程序，使用时应尽可能方便，使用者只要将开环传递函数 $G(s)$ 的分母、分子各系数 a_j（$j = 0,1,2,\cdots,n$），b_i（$i = 0,1,2,\cdots,n-1$）和反馈系数 v 输入计算机，计算机就掌握了关于该系统的基本信息——模型参数。然后求取首一化表达形式，以及形成开、闭环状态方程各矩阵等步骤均由仿真程序自动完成，无须人工干预。因此，程序应有输入数据模块

和初始化程序模块。

在参考输入函数 $r(t)$ 的作用下，系统输出 $y(t)$ 开始随时间变化，仿真程序应能按照给定的计算步长，采用已确定的数值算法，对系统中各状态变量和输出逐点变化情况进行求解运算。这部分模块是整个仿真程序的核心部分，计算速度、精度误差均取决于它。通常称为运行程序模块。

在使用者规定的时间范围内，将计算数据按照一定要求储存，并在仿真结束时，按使用者指定格式输出仿真结果，以便对系统进行分析研究，这就是所谓的输出程序模块。

综上所述，构成一个完整的仿真程序，必须至少建立：输入数据块、初始化块、运行计算块、输出结果块四个子程序模块，才能正常地完成仿真任务。

（1）程序框图。程序框图如图 4.7 所示。按照框图，采用任何形式的高级语言都可编程实现。本书中均采用 MATLAB 语言编程实现。该语言最大的优势是具有非常强大的矩阵处理功能，编写系统仿真程序时，可以不必考虑一些基本的矩阵运算如何实现，这大大节省了编程者的精力和时间，从而可以更多地考虑如何针对各类控制系统的特点得到相应的仿真实现。

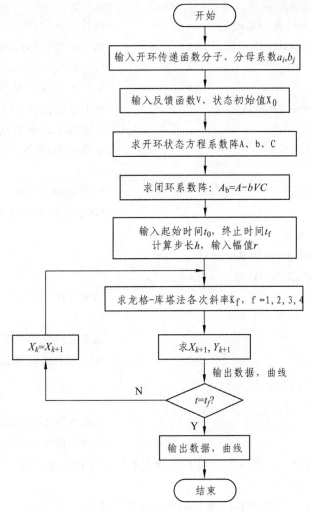

图 4.7　典型闭环系统的仿真程序框

（2）程序语句。用 MATLAB 语言编制的程序语句如下：

① 输入数据：

%……………filename:sp3_1.m 面向复杂连接闭环系统的仿真程序……………

$a = [a_0, a_1, \cdots, a_n]$;	%n+1 维分母系数向量
$b = [b_0, b_1, \cdots, b_m]$;	%m+1 维分母系数向量
$X0 = [x_{10}, x_{20}, \cdots, x_{n0}]$;	%状态向量初值
$V = v_0$;	%反馈系数
$n = n_0$;	%系统阶次
$T0 = t_0$;	%起始时间
$Tf = t_f$;	%终止时间
$h = h_0$;	%计算步长
$R = r$;	%阶跃输入函数的幅值

② 形成开、闭环系数矩阵：

```
b=b/a(1);a=a/a(1);A=a(2:n+1);          %首一化处理
A=[rot90(rot90(eye(n-1,n)));-fliplr(A)];   %形成能控标准型 A 阵
B=[zeros(1,n-1),1]';                     %形成输入阵 B(n 维列向量)
m1=length(b);                           %分子系数向量维数 m+1
C=fliplr(b),zeros(1,n-m1)];              %形成输出阵 C(n 维行向量)
Ab=A-B*C*V                              %形成闭环系数阵 Ab
X=X0';y=0;t=T0;                         %设初值,准备开始递推运算
```

③ 运算求解：

```
N=round(Tf-T0)/h;                       %确定输出点数
for i=1:N                               %四阶龙格-库塔法
K1=Ab*X+B*R
K2=Ab*(X+h*K1/2)+B*R;
K3=Ab*(X+h*K2/2)+B*R;
K4=Ab*(X+h*K3)+B*R;                    %求各次斜率 K
X=X+h*(K1+2*K2+2*K3+K4)/6;            %求状态
y=[y,C*X];                             %求输出并以向量形式保存
t=[t,t(i)+h];                           %输出对应时刻以向量形式保存
end
```

④ 输出结果：

```
[t',y']                                  %输出数据形式结果
plot(t,y)                                %输出曲线形式结果
```

（注：程序中变量名不能带上、下标；为清楚起见，语句中带字母、数字均为正体，斜体部分表示被输入的具体数据）

以上即为采用 MATLAB 语言实现面向典型闭环系统数字仿真的程序，从第（2）部分到程序末尾可编辑为 sp3_1.m 文件存储起来。使用时，只要进入到 MATLAB 语言环境，按第（1）

部分格式输入系统参数和运行参数，再调用该文件，即可得运算仿真结果。

上面程序中用到了几个 MATLAB 语言的特殊功能，使得程序较为简练。特殊功能简要说明如下：

eye(m,n);　　　　　　产生 m × n 型 I 阵,即主对角元素均为 1,其余元素为零的长方阵

length();　　　　　　求取括号内向量的维数

zeros(m,n);　　　　　产生 m × n 型零阵

rot90( );　　　　　　将括号内矩阵左旋 90°

fliplr();　　　　　　将括号内矩阵或向量左右翻转

round( );　　　　　　对括号内运算取整

plot(t,y);　　　　　　打印以 t 为横轴,y 为纵轴的 y(t) 曲线

在后续内容中，将有更多的特殊功能被用到，本书将结合实际程序逐步予以介绍。

本程序为清晰描述如何编程实现面向典型闭环结构的系统仿真，没有运用更多技巧，而是完全按照前述仿真实现思路，原理性地安排语句，以便于读者理解和消化内容。后面各章节中程序编制均以此为基本思路，不再解释说明。随着对 MATLAB 语言的了解逐步深入，相信读者会编制出输入、输出界面，人机交互方便、通用性更强的程序。

下面举一实例，应用程序 sp3_1.m 求解系统输出响应。

例 4-1　求如图 4.8 所示系统的阶跃响应 $y(t)$ 的数值解。

解　该系统结构形式为典型闭环控制系统，用 sp3_1.m 求解过程如下：

（1）取开环放大系数 $k = 1$，反馈系数 $v = 1$（单位反馈系统），阶跃输入幅值 $r = 1$。

（2）利用 MATLAB 语言中 conv( ) 卷积函数功能，先将系统开环传递函数 $G(s)$ 化为式（2-4）传递函数形式的分母、分子多项式系数向量，即 $[a_0, a_1, \ldots, a_n]$ 和 $[b_0, b_1, \cdots, b_m]$。

（3）设系统状态向量初值 $[x_{10}, x_{20}, \cdots, x_{n0}]$ 均为零。

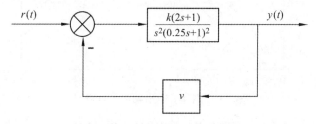

图 4.8　例 4-1 控系统结构

（4）系统运行参数 $n_0 = 4$，$t_0 = 0$，$t_f = 10$，$h_0 = 0.25$。

（5）按以上步骤和参数，在 MATLAB 语言环境下，输入以下命令语句（">>"表示在 MATLAB 命令窗口环境）。

```
>>k=1;
>> a=conv([1 0 0],conv[0.25 1],[0.25 1])
a=
```
0.0625　　0.5000　　1.0000　　0　　0
```
>> b=[2*k k]
b=
```

2   1

```
>> X0=[0 0 0 0]
X0=
```

0   0   0   0

```
>> V=1;n=4;T0=0;Tf=10;h=0.25;R=1;
>> sp3_1                  %运行 sp3_1.m 仿真程序
>> [t',y']               %输出数据形式结果
```

表 4.1   例 4-1 输出响应 $y(t)$ 数据

t	$y(t)$	t	$y(t)$	t	$y(t)$	t	$y(t)$
0.25	0.444 3	2.75	1.061 9	5.25	1.077 6	7.75	1.004 3
0.50	0.277 9	3.00	0.939 9	5.50	1.058 9	8.00	1.009 5
0.75	0.639 2	3.25	0.871 5	5.75	1.034 5	8.25	1.001 8
1.00	1.023 7	3.50	0.856 3	6.00	1.010 6	8.50	1.011 3
1.25	1.341 0	3.75	0.882 6	6.25	0.991 9	8.75	1.008 8
1.50	1.536 1	4.00	0.933 3	6.50	0.980 9	9.00	1.005 3
1.75	1.594 4	4.25	0.990 5	6.75	0.977 8	9.25	1.001 8
2.00	1.534 2	4.50	1.309 7	7.00	0.981 1	9.50	0.999 0
2.25	1.395 0	4.75	1.071 8	7.25	0.988 3	9.75	0.997 2
2.50	1.223 5	5.00	1.083 7	7.50	0.996 8	10.00	0.996 6

同时输出曲线形式结果，如图 4.9 所示。

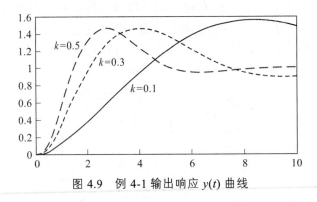

图 4.9   例 4-1 输出响应 $y(t)$ 曲线

若要分析开环放大系数 k、反馈系数 v 的影响作用，只需分别对 k、v 重新赋值，其余参数不变，再次运行 sp3_1.m 即可。图 4.9 中给出了 k 取不同值时输出响应 $y(t)$ 的曲线。由图可知，曲线清楚地描述了 k 增大使系统振荡加剧，甚至可能造成不稳定；而 k 减小将对系统快速性和稳态精度有很大影响。

4.2.2   复杂连接的闭环系统数字仿真

实际工程中常常遇到的是复杂结构形式的控制系统，它由若干典型环节按照一定规律连接而成，可用前述的拓扑形式将其描述为复杂连接的闭环系统结构图。要采用上节所述方法仿真，必须先将复杂形式结构图简化成为如图 4.6 所示的典型结构形式，求出开环传递函数，然后运用上节程序进行仿真分析。但存在如下问题：① 系统结构复杂，内部存在交叉耦合、

局部回环等情况时，化简并非易事，尤其通过手工化简更使工作量陡增；② 有时在分析中，还需要得知结构图中某些环节的输出变量情况，若经化简消去这些环节，则不便进行观察分析；③ 在分析中常常需要改变某参数，观察其对输出的影响，但改动一个参数值，就有可能需将所有开环传递函数分子、分母系数统统重新计算，再次输入计算机，很不方便；④ 对实际系统中存在的非线性情况，更是无法加以考虑。

鉴于以上原因，编制实现面向复杂连接的闭环系统结构图的仿真程序，必须使其能克服上节仿真程序的不足之处，应该具有以下特点：

（1）可按照系数结构图输入各环节参数，对应关系明确，改变参数方便。

（2）可方便地观察各环节输出动态响应。

（3）各环节存在非线性特性时易于处理。

1. 典型环节的二次模型化

复杂连接闭环系统数字仿真的基本思路是：与实际系统的结构图相对应，在计算机程序中也应该得出方便表示各实际环节的典型环节，并将环节之间的连接关系输入计算机，由计算机程序自动形成闭环状态方程，运用数值积分方法求解响应。

由此可知，选定典型环节是很重要的，要使其既具有代表性，又不至于造成输入数据复杂烦琐。考察控制系统常见环节，可有如下几种环节情况：

比例环节： $G(s) = K$

积分环节： $G(s) = \dfrac{K}{s}$

比例环节： $G(s) = K_1 + \dfrac{K_2}{s} = \dfrac{K_1 s + K_2}{s}$

惯性环节： $G(s) = \dfrac{K}{Ts+1}$

一阶超前滞后环节： $G(s) = K\dfrac{T_1 s + 1}{T_2 s + 1}$

二阶振荡环节： $G(s) = \dfrac{K}{T^2 s^2 + 2\xi Ts + 1}$

可见，除二阶振荡环节外，都是一阶环节，完全可用一个通用一阶环节（见图 4-10）表示，即

图 4.10　典型一阶环节

$$G_i(s) = \frac{y_i(s)}{u_i(s)} = \frac{C_i - D_i s}{A_i + B_i s} \quad (i = 1, 2, \cdots, n) \tag{4-5}$$

式中，$y_i(s)$ 为环节 i 的输出；$u_i(s)$ 为环节 i 的输入；n 为系统中的环节数（也就是系统的阶次）。而二阶振荡环节，可以化为如图 4.11 所示方式连接而成的等效结构图。

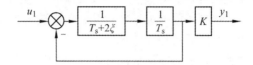

图 4.11   二阶振荡环节的等效结构图

由图可见，二阶振荡环节完全可以用一阶环节等效连接得到。因此，选定式（4-5）作为组成复杂系统仿真模型的典型环节是适合的。

设：   输入向量 $U = [u_1, u_2, \cdots, u_n]^T$，其中各分量表示各环节输入量；

输出向量 $Y = [y_1, y_2, \cdots, y_n]^T$，各分量表示各环节输出量；

模型参数阵为

$$A = \begin{bmatrix} A_1 & & & 0 \\ & A_2 & & \\ & & \ddots & \\ 0 & & & A_n \end{bmatrix}; \quad B = \begin{bmatrix} B_1 & & & 0 \\ & B_2 & & \\ & & \ddots & \\ 0 & & & B_n \end{bmatrix};$$

$$C = \begin{bmatrix} C_1 & & & 0 \\ & C_2 & & \\ & & \ddots & \\ 0 & & & C_n \end{bmatrix}; \quad D = \begin{bmatrix} D_1 & & & 0 \\ & D_2 & & \\ & & \ddots & \\ 0 & & & D_n \end{bmatrix};$$

于是系统中所有环节输出、输入关系一用矩阵表示如下：

$$(A + Bs)Y = (C + Ds)U \tag{4-6}$$

2. 系统的连接矩阵与仿真求解

（1）连接矩阵。

仅把系统中各环节描述出来还不够，要进行数值积分求解，还必须把各环节之间的相互作用关系清楚地表达出来，这种表达是通过建立本章第 1 节所述的连接矩阵实现的。

为说明问题，现举例说明如下：

设系统结构如图 4.12 所示，图中编号 1、2、3 表示三个典型环节，v_2、v_3 为环节间直接作用的比例系数。各环节输入 u_i 与输出 y_i 关系为

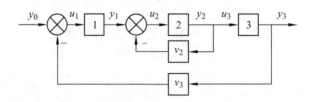

图 4.12   某闭环系统拓扑结构图

$$\begin{cases} u_1 = y_0 - v_3 y_3 \\ u_2 = y_1 - v_2 y_2 \\ u_3 = y_2 \end{cases}$$

整理为矩阵形式得

$$U = WY + W_0 y_0 \tag{4-7}$$

式中

$$W = \begin{bmatrix} 0 & 0 & -v_3 \\ 1 & -v_2 & 0 \\ 0 & 1 & 0 \end{bmatrix}; \quad W_0 = \begin{bmatrix} 1 \\ 0 \\ 0 \end{bmatrix} \tag{4-8}$$

典型环节和连接矩阵确定后，通过进一步推导闭环状态方程，才能得到完整的仿真模型，以便利用前述的数值积分递推公式计算求解。

（2）系统的求解。

将式（4-7）代入式（4-6），则

$$(A + Bs)Y = (C + Ds)(WY + W_0 y_0)$$

整理，得

$$(B - DW)sY = (CW - A) + CW_0 y_0 + DW_0 sy_0$$

简洁表达为

$$QsY = RY + V_1 y_0 + V_2 sy_0 \tag{4-9}$$

式中

$$Q = R - DW$$
$$R = CW - A$$
$$V_1 = CW_0$$
$$V_2 = DW_0$$

若 Q 阵的逆存在，则式（4-9）两边同时左乘 Q^{-1}，得

$$sY = Q^{-1}RY + Q^{-1}V_1 y_0 + Q^{-1}V_2 sy_0$$

两边进行拉普拉斯反变换，求得系统闭环状态方程时域表达式为

$$\dot{Y} = A_b Y + b_1 y_0 + b_2 \dot{y}_0 \tag{4-10}$$

其中，闭环状态各变量即为各环节输出变量。而 $A_b = Q^{-1}R$；$b_1 = Q^{-1}V_1$；$b_2 = Q^{-1}V_2$ 为闭环系统的系数阵和输入阵。

式（4-10）是典型的一阶微分方程组矩阵形式，利用前节介绍的求解方法，可方便地求出各环节的输出响应。但应注意该式右端中多出一项参考输入的导数项，为不增加求解的复杂性，应设法去掉该项。因此，建立该系统仿真模型的过程中应注意以下几点：

① 保证 Q 阵有逆。Q 若不存在逆阵，则整个推导过程无意义，系统无法求解。通过分析 Q 阵的构成可知：当环节为纯比例或纯微分环节时，有可能使 Q 阵中某行全为零，造成 Q 奇异而无法求逆。因此，只要严格按 $B_i \neq 0$ 原则确定一个环节，则系统闭环过程中 Q 阵必有逆，计算得以正常进行。若系统中出现纯比例、纯微分环节，则应设法与其他环节合并处理，或设法化为系统可接受的环节。

② 去掉 $\dot{y}_0$ 项。当参考输入量为 $y_0 = 1(t)$ 时，则 $\dot{y}_0 = 0$，那么按以上思路计算是准确的。但为任意参考输入量时，要保证一定的计算精度，则式（4-10）中 $\dot{y}_0$ 项不可避免地存在，而在实际计算中 $\dot{y}_0$ 又不易准确表达，近似表达又影响精度，故欲使 $\dot{y}_0$ 项不出现，只有使相应系数阵 $V_2 = 0$，由式（4-9）知

$$V_2 = DW_0$$

其中，W_0 为外加输入对各环节的作用关系阵，在单变量情况下，实际为列向量形式，不可能为零，因此要使 $V_2 = 0$，只有来考虑 D 中元素 D_i $(i = 1, 2, \cdots, n)$。当 W_0 中元素 $w_{i0} = 0$，则相应环节 i 的 D_i 可以不为零；当 W_0 中元素 $w_{i0} \neq 0$，则相应环节 i 的 D_i 必须为零。这样就可使 $V_2 = DW_0 = 0$。

综上可知，只要在建立系统模型参数时，注意使含有微分项系数的环节不直接与外加参考输入连接，即可避免在递推计算公式中出现 $\dot{y}_0$ 项，达到求解方便的目的。

（3）仿真程序框图与实现。

根据以上各小节分析，在已建立的仿真模型基础上，用 MATLAB 语言编程实现。具体实现时应注意采取合理的方法。

① 系统参数输入方法。为利用 MATLAB 语言的矩阵处理功能，系统参数输入按各环节 a_i，b_i，c_i，d_i 输入参数矩阵 P。

如
$$P = \begin{bmatrix} a_1 & b_1 & c_1 & d_1 \\ a_2 & b_2 & c_2 & d_2 \\ \cdots & \cdots & \cdots & \cdots \\ a_n & b_n & c_n & d_n \end{bmatrix}$$

然后由程序自动形成式（4-6）中 A、B、C、D 各阵和式（4-10）中闭环状态方程各系数阵。

② 连接矩阵输入方法。连接阵 W 和 W_0 中大量的元素是零元素，而表示连接关系的 w_{ij} 非零元素并不多。因此，程序中采用只输入非零元素的方式，可大大加快输入速度，输入后由程序内部自动形成完整的连接矩阵 W 和 W_0，具体方法如下：

建立非零元素矩阵 W_{IJ}（$m \times 3$），将非零元素按照 i，j，w_{ij} 次序逐行输入。其中，i 为被作用环节号；j 为作用环节号；w_{ij} 为作用关系值（连接系数）；m 为非零元素个数（包括 W_0 阵中非零元素）。

例如，按照图 4.12 和式（4-8），相应的 W_{IJ} 应按如下格式写出

$$W_{IJ} = \begin{bmatrix} 1 & 0 & 1 \\ 1 & 3 & -v_3 \\ 2 & 1 & 1 \\ 2 & 2 & -v_2 \\ 3 & 2 & 1 \end{bmatrix}$$

可知各非零元素 w_{ij} 在第 3 列，其在 W 和 W_0 中的位置（即下标）由第 1 列、第 2 列元素值决定。而下标为 0，表示系统外加参考输入作用，相应 w_{i0} 为 W_0 中的元素。

③ 程序框图。框图如图 4.13 所示。框图中四阶龙格-库塔求解部分完全可调用上一节程序 sp3_1.m 中的运行程序块。

为方便起见，输入仍为阶跃函数，幅值由 y_0 值确定。为保证精度，又不至于输出太多点数，数值求解过程分两层循环，内层循环保证精度，步长可取小。外层每循环一次，输出数据一次，以便进行分析。

④ 程序实现。仍采用 MATLAB 语言编程。

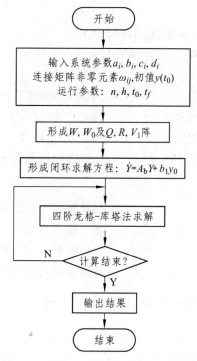

图 4.13　复杂连接闭环系统的仿真框图

输入数据：

```
%…………filename:sp3_2.m 面向复杂连接闭环系统的仿真程序…………
P=[a₁, b₁, c₁, d₁;
a₂, b₂, c₂, d₂;
…………;
aₙ, bₙ, cₙ, dₙ];                    %各环节参数输入
    WIJ=[i, j, wᵢⱼ; ……];             %连接阵非零元素输入
n=n₀;                               %环节个数（系统阶次）
    Y0=y₀;                          %阶跃输入幅值
Yt0=[y₁₀, y₂₀, ……, yₙ₀];          %各环节初值
h=h₀;                               %计算步长
    L1=l₁;                          %打印间隔点数（每隔点 l₁ 输出一次）
```

```
        T0=t0;
        Tf=tf;
        nout=nout                              %输出环节的编号
```

形成闭环各系数阵：
```
A=diag(P(:,1));B=diag(P(:,2));
    C=diag(P(:,3));D=diag(P(:,4));
    m=length(WIJ(:,1));                        %求非零元素个数
    W0=zeros(n,1);W=zeros(n,n);                %建立初始 W(n×n 维方阵)、W0 阵(n 维列向量)
for   k=1:m
        if(WIJ(k,2)==0);W0(WIJ(k,1))=WIJ(k,3);
        else W(WIJ(k,1),WIJ(k,2))=WIJ(k,3);
        end;
    end;                                       %求 W0 阵和 W 阵
    Q=B-D*W;        Qn=inv(Q);                 %求 Q 和 Q^{-1} 阵
    R=C*W-A;        V1=C*W0;                   %求 R 和 V1 阵
    Ab=Qn*R;         b1=Qn*V1;                 %形成闭环系数阵
```

数值积分求解：
```
Y=Yt0';y=Y(nout);t=T0;                         %置初值，做好求解准备
    N=round((Tf-T0)/(h*L1));                   %总输出点数
for i=1:N;                                      %每循环一次，输出一点数据
        for j=1:L1;                            %每输出点之间计算 L1 次

        %(调用四阶龙格—库塔法程序块，求解 $\dot{Y}=A_bY+b_1y_0$ )

                        ⋮
                        ⋮

end;
        y=[y,Y(nout)];                         %保存输出环节动态响应值
        t=[t,t(i)+h*L1];                       %保存时间向量
    end;
```

输出结果：
```
    [t',y']                                    %输出响应数据
plot(t,y)                                      %输出响应图形
```
同样，在以上程序语句中用到了以下 MATLAB 语言提供的特殊功能函数：
```
diag( );           产生以括号内向量元素作为主对角元素的对角阵
P(:,1);            取 P 阵中第 I 列的所有元素作为单独列向量
```
若需要观察其他环节动态响应，可重新输入 n_{out} 值，再次运行程序，即可得到另一环节输出变化曲线、数据。

（4）计算步长的选择。

前节及本节所述仿真程序均采用四阶龙格-库塔法求解状态方程，方法本身为四阶精度，误差与 h^5 同数量级，应该说精度是能满足一般工程实际要求的。但仍然应注意若计算步长选取不恰当，会造成数值稳定性差的问题。

程序中采用定步长计算方法，即计算步长 h_0 是固定不变的，这样计算过程简便，误差也在工程设计允许范围之内。

通常可按以下经验数据选择四阶龙格-库塔法的定步长值：

$$h_0 \leqslant \frac{1}{5w_c}$$，w_c 为系统开环频率特性的剪切频率

或　　　$$h_0 \leqslant \frac{t_r}{10}$$，t_r 为系统阶跃响应的上升时间

$$h_0 \leqslant \frac{t_s}{40}$$，t_s 为系统阶跃响应的调节时间（过渡过程时间）

若系统中有局部闭环，则以上各值应按反应速度最快的局部闭环考虑。当 t_r、t_s 大致能估计范围时，以上经验数据意味着，为充分反映系统响应开始阶段变化较快的情况，在 t_r 内至少应计算 10 个点；或为全面反映系统响应整个过渡过程变化情况，在 t_s 内至少应计算 40 个点。

还应注意到，h_0 的选取应小于系统中最小时间常数 τ 的两倍，即

$$h_0 < 2\tau$$

以保证数值计算的稳定性，得到较可靠的结果。

4.3　环节的离散化与非线性系统的数字仿真

前面几节介绍的仿真方法都是针对线性连续控制系统而言的，无论如何变化，最终都是通过数值积分方法求得结果。采用数值积分方法进行系统仿真的特点，已在第二章讨论过，这里来分析一下不足之处：

（1）在单步法求解过程中，每计算一个步长 h，要多次求取函数的导数值，以获得不同方法下的各次斜率 K_1、K_2 等，步骤繁琐。

（2）在多步法求解过程中，又要求存储各状态变量值前 r 次时刻的数据，当系统阶次较高时，储存量相当大，而且启动时还需要其他算法配合。

（3）隐式算法求解必须经若干次迭代，才取得一个时刻的变量数值，计算速度受影响。

（4）虽能得到各线性环节的输出响应值，但由于数值积分方法本身原因所限，它统一由状态方程求解变量值，对单个环节输出的特殊变化（如非线性变化）难以单独考虑，故还不能对环节中含有非线性特性的情况进行仿真。

由此可知，在工程精度允许的条件下，应寻找其他方法求解系统状态方程，以克服以上不足之处，尤其希望找到能灵活处理典型非线性系统问题的仿真方法，它更具有实际应用意义。

4.3.1 连续系统的离散化模型法

差分方程是描述离散（采样）控制系统的数学模型，主要特点是方程中各变量由各相邻时刻的变化量（差分及高阶差分关系）制约，方程一旦列出，就相当于得到递推方程。从初始时刻开始，可以递推求出各离散时刻的状态变量值。因此，在一定条件下，将连续系统的微分方程形式的状态方程转化为差分方程形式的状态方程组，就可以达到不必采用数值积分求解的目的。

1. 连续系统状态方程的解及其离散化

设连续系统状态方程为

$$\begin{cases} \dot{X} = AX + BU \\ Y = CX + DU \end{cases}$$

$X(t_0) = X_0$，为状态初始值

则由现代控制理论基础可知，状态变量 $X(t)$ 的解为

$$X(t) = \Phi(t)X_0 + \int_0^t \Phi(t-\tau)BU(\tau)\mathrm{d}\tau$$

其中，$\Phi(t)$ 为状态转移矩阵，当状态方程为线性定常时，$\Phi(t)$ 为矩阵指数形式，即

$$\Phi(t) = \mathrm{e}^{At} = 1 + At + \frac{1}{2!}A^2t^2 + \cdots + \frac{1}{n!}A^nt^n + \cdots$$

或

$$\mathrm{e}^{A\tau} = \mathrm{L}^{-1}\,|\,(\mathrm{s}I - A)^{-1}\,|$$

于是

$$X(t) = \mathrm{e}^{At}X_0 + \int_0^t \mathrm{e}^{A(t-\tau)}BU(\tau)\mathrm{d}\tau$$

在连续系统状态解中，当 $t = kT$ 时，上式成为

$$X(kT) = \mathrm{e}^{AkT}X_0 + \int_0^{kT} \mathrm{e}^{A(kT-\tau)}BU(\tau)\mathrm{d}\tau$$

而 $t = (k+1)T$ 时，可表示为

$$X((k+1)T) = \mathrm{e}^{A(k+1)T}X_0 + \int_0^{(k+1)T} \mathrm{e}^{A((k+1)T-\tau)}BU(\tau)\mathrm{d}\tau$$

$$= \mathrm{e}^{AkT}\mathrm{e}^{AT}X_0 + \int_0^{kT} \mathrm{e}^{A(kT-\tau)}\mathrm{e}^{AT}BU(\tau)\mathrm{d}\tau + \int_{kT}^{(k+1)T} \mathrm{e}^{A((k+1)T-\tau)}BU(\tau)\mathrm{d}\tau$$

$$= \mathrm{e}^{AT}\left[\mathrm{e}^{AkT}X_0 + \int_0^{kT} \mathrm{e}^{A(kT-\tau)}BU(\tau)\mathrm{d}\tau\right] + \int_{kT}^{(k+1)T} \mathrm{e}^{A((k+1)T-\tau)}BU(\tau)\mathrm{d}\tau$$

$$= \mathrm{e}^{AT}X(kT) + \left[\int_0^T \mathrm{e}^{A(T-\tau)}B\tau\mathrm{d}\tau\right]U(kT) \tag{4-11}$$

以上积分式中应用了 $t = \tau - kT$，$\tau = t + kT$，$\mathrm{d}\tau = \mathrm{d}t$ 变量代换，并认为在 KT 到 $(k+1)T$ 采样时刻内，$U(\tau)$ 为常量，即保持为 $U(kT)$ 值一周期内不变，相当于零阶保持器的作用。所以

$$X((k+1)T) = \Phi(T)X(kT) + \Phi_{\mathrm{m}}(T)U(kT) \tag{4-12}$$

是典型的离散系统一阶差分方程组。

其中，$\Phi(T) = \mathrm{e}^{AT}$，为 $t = T$ 时的状态转移矩阵

$$\Phi_{\mathrm{m}}(T) = \int_0^T \mathrm{e}^{A(T-\tau)} B \mathrm{d}\tau = \int_0^T \Phi(T-\tau) B \mathrm{d}\tau$$

式（4-12）即为系统离散化后的差分方程，由差分方程特点可知，该式实际上就是状态变量的数值求解递推公式，即

$$X_{k+1} = \Phi(T)X_k + \Phi_{\mathrm{m}}(T)U_k \tag{4-13}$$

若希望递推公式精度更高，应该考虑到在两次采样时刻 kT、$(k+1)T$ 之间的 $u(\tau)$ 一直在变化，用一阶保持器近似更为合理，如图 4.14 所示。

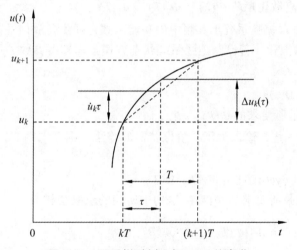

图 4.14　两采样时刻之间 $U(\tau)$ 的变化

将 $U(\tau)$ 表示为随 $\Delta U_k(\tau)$ 变化的函数，得

$$U(\tau) = U(kT) + \Delta U_k(\tau)$$

而 $\Delta U_k(\tau)$ 又可用下式近似表达

$$\Delta U_k(\tau) = \frac{U((k+1)T) - U(kT)}{T}\tau \approx \dot{U}(kT)\tau \ (0 < \tau < T)$$

于是代入式（4-11）中积分项重新推导得

$$\int_0^T \mathrm{e}^{A(T-\tau)} BU(\tau)\mathrm{d}\tau = \int_0^T \mathrm{e}^{A(T-\tau)} B[U(kT) + \Delta U_k(\tau)]\mathrm{d}\tau$$

$$= \int_0^T \mathrm{e}^{A(T-\tau)} BU(kT)\mathrm{d}\tau + \int_0^T \mathrm{e}^{A(T-\tau)} B\dot{U}(kT)\tau\mathrm{d}\tau$$

$$= \Phi_{\mathrm{m}}(T)U(kT) + \Phi_j(T)\dot{U}(kT) \tag{4-14}$$

显然
$$X_{k+1} = \Phi(T)X_k + \Phi_{\mathrm{m}}(T)U_k + \Phi_j(T)\dot{U}_k \tag{4-15}$$

其中，$\Phi(T)$、$\Phi_{\mathrm{m}}(T)$ 意义同前。

$$\phi_j(T) = \int_0^T \mathrm{e}^{A(T-\tau)}B\tau\mathrm{d}\tau = \int_0^T \phi(T-\tau)B\tau\mathrm{d}\tau \tag{4-16}$$

$\Phi(T)$、$\Phi_{\mathrm{m}}(T)$、$\Phi_j(T)$ 统称连续系统的离散化系数矩阵。

利用式（4-15）就可以编程来对某连续系统进行仿真运算了。事先应离线求取：

$$\Phi(t) = \mathrm{e}^{At}$$

$$\Phi_{\mathrm{m}}(t) = \int_0^T \mathrm{e}^{A(t-\tau)}B\mathrm{d}\tau = \int_0^T \Phi(t-\tau)B\mathrm{d}\tau$$

$$\Phi_j(t) = \int_0^T \mathrm{e}^{A(t-\tau)}B\tau\mathrm{d}\tau = \int_0^T \Phi(t-\tau)B\tau\mathrm{d}\tau$$

再令阵中 $t = T$，即得离散化矩阵 $\Phi(T)$、$\Phi_m(T)$、$\Phi_j(T)$。

利用 MATLAB 语言控制系统工具箱中的功能函数，可使离散化系数矩阵 $\Phi(T)$、$\Phi_{\mathrm{m}}(T)$、$\Phi_j(T)$ 的求取过程大为简化。若已知连续系统状态方程各阵模型参数（A、B、C、D）以及采样周期 T，则语句

[F，G] = c2d（A,B,t）;

返回的矩阵 F、G 就是所要求的 $\Phi(T)$、$\Phi_{\mathrm{m}}(T)$。

如果考虑精度高一些，输入加了一阶保持器的算法，则在求得 F、G 后，再用一条组合语句

H = inv(A)^2*(F – eye(n))*B – inv(A)*B*T;

得到的矩阵 H 就是所要求的 $\Phi_j(T)$。语句中所用的求取公式为

$$\Phi_j(T) = A^{-2}[\Phi(T) - I]B - A^{-1}BT$$

它是对式（4-16）通过分部积分得到的。

MATLAB 中还提供了功能更强的求取连续系统离散化矩阵的函数 c2dm（ ）。它与 c2d（ ）的区别在于：允许使用者在调用时自行选择确定离散化变换方式（见表 4.2），并且所得到的是标准的离散化状态方程：

$$\begin{cases} X_{k+1} = AdX_k + BdU_k \\ Y_{k+1} = CdX_k + DdU_k \end{cases}$$

式中的各系数阵（Ad,Bd,Cd,Dd）也可由语句求得。

语句调用格式如下：

[Ad,Bd,Cd,Dd] = c2dm（A,B,C,D,T;'选项'）;

与其他转换方式类似，语句

[A,B] = d2c（F,G,T）;

[A,B,C,D] = d2cm（Ad,Bd,Cd,Dd,T,'选项'）;

表 4.2 离散化突变方式选项

选 项	说 明
'zoh'	假设对输入信号加一个零阶保持器
'foh'	假设对输入信号加一个一阶保持器
'tustin'	双线性变换方法（Tustin 算法）
'prewarp'	改进的 Tustin 变换方法
'matched'	SISO 系统的零极点匹配法

是离散化过程的逆过程，它即是用以完成从离散化系统转换为连续系统各系数阵求取过程的功能函数。有关这些语句使用的详细情况请参阅书后有关参考文献。

这种方法通常称为按系统离散化方法，只能对定常系统进行仿真，虽避开了数值积分求解过程，但由推导过程知，其精度要略差些，仅满足工程需要。该法仍未解决非线性环节的仿真问题，要在仿真程序中包含非线性环节，必须从结构图入手，对环节进行离散化，按环节离散化模型考虑问题。

2. 典型环节状态方程的离散化

对阶次较高的系统，系统离散化后求取 $\Phi(T)$、$\Phi_m(T)$ 和 $\Phi_j(T)$ 并非易事，遇到复杂连接的系统结构图时，欲采用上述方法，则需事前设法化简、合并，并且要做大量工作，这就失去了计算机仿真运算的意义。因此，下面考虑如何把典型环节连续模型化为离散模型，使离散化仿真模型也能面向复杂连续系统。

仍以式（4-5）定义的典型环节为标准，即

$$G_i(s) = \frac{y_i(s)}{u_i(s)} = \frac{C_i + D_i s}{A_i + B_i s} \quad (i=1,2,\cdots,n)$$

为方便起见，略去下标 i，并改写为

$$G(s) = \frac{y(s)}{u(s)} = \frac{C}{A + Bs} + \frac{C}{A + Bs} \cdot \frac{D}{C} s \tag{4-17}$$

令

$$x = \frac{C}{A + Bs} u \tag{4-18}$$

则

$$y = \frac{C}{A + Bs} u + \frac{C}{A + Bs} \frac{D}{C} s = x + \frac{D}{C} sx \tag{4-19}$$

显然，由式（4-18）和式（4-19）易得对应典型环节的连续微分方程

$$\begin{cases} \dot{x} = -\dfrac{A}{B}x + \dfrac{C}{B}u \\ y = \left(1 - \dfrac{AD}{CB}\right)x + \dfrac{D}{B}u \end{cases} \tag{4-20}$$

按离散化步骤，可推得

$$\begin{cases} x_{k+1} = \Phi(T)x_k + \Phi_m(T)u_k + \Phi_j(T)\dot{u}_k \\ y_{k+1} = \Phi_c x_{k+1} + \Phi_d u_{k+1} \end{cases} \tag{4-21}$$

$$
其中 \qquad
\begin{cases}
\varPhi(T) = \mathrm{e}^{-\frac{A}{B}T} \\[2mm]
\varPhi_{\mathrm{m}}(T) = \displaystyle\int_0^T \mathrm{e}^{-\frac{A}{B}(T-\tau)}\frac{C}{B}\mathrm{d}\tau = \frac{C}{A}\left(1 - \mathrm{e}^{-\frac{A}{B}T}\right) \\[3mm]
\varPhi_{\mathrm{j}}(T) = \displaystyle\int_0^T \mathrm{e}^{-\frac{A}{B}(T-\tau)}\frac{C}{B}\tau\mathrm{d}\tau = \frac{C}{A^2}\left(AT - B + B\mathrm{e}^{-\frac{A}{B}T}\right) \\[3mm]
\varPhi_{\mathrm{c}} = 1 - \dfrac{AD}{CB} \\[3mm]
\varPhi_{\mathrm{d}} = \dfrac{D}{B}
\end{cases}
\qquad （4\text{-}22）
$$

对典型一阶环节来说，它们均为标量系数，且求法固定。只要将已知 A、B、C、D 各值代入式（4-22）即可求得离散化系数 $\varPhi(T)$、$\varPhi_{\mathrm{m}}(T)$、$\varPhi_{\mathrm{j}}(T)$ 以及 $\varPhi_{\mathrm{c}}$、$\varPhi_{\mathrm{d}}$。

例如：① 积分环节：$G(s) = \dfrac{K}{s}$，$A = 0$，$B = 1$，$C = K$，$D = 0$，则

$$
\begin{cases}
\varPhi(T) = \mathrm{e}^{-\frac{A}{B}T} = 1 \\[3mm]
\varPhi_{\mathrm{m}}(T) = \displaystyle\lim_{A\to 0}\frac{C}{A}\left(1 - \mathrm{e}^{-\frac{A}{B}T}\right) = KT \\[3mm]
\varPhi_{\mathrm{j}}(T) = \displaystyle\lim_{A\to 0}\frac{C}{A^2}\left(AT - B + B\mathrm{e}^{-\frac{A}{B}T}\right) = \frac{KT^2}{2} \\[3mm]
\varPhi_{\mathrm{c}} = 1 \quad \varPhi_{\mathrm{d}} = 0
\end{cases}
$$

所以，状态与输出递推公式为

$$
\begin{cases}
x_{k+1} = x_k + KTu_k + \dfrac{KT^2}{2}\dot{u}_k \\[3mm]
y_{k+1} = x_{k+1}
\end{cases}
$$

② 积分比例环节：$G(s) = \dfrac{K(bs+1)}{s}$，$A = 0$，$B = 1$，$C = K$，$D = bK$。

由于 A、B、C 均与①相同，故 $\varPhi(T)$、$\varPhi_{\mathrm{m}}(T)$、$\varPhi_{\mathrm{j}}(T)$ 和 $\varPhi_{\mathrm{c}}$ 与①完全相同，相应状态方程也完全相同。

但因 $D \neq 0$，只有 $\varPhi_{\mathrm{d}}$ 不同，所以应注意输出方程为

$$
y_{k+1} = x_{k+1} + Kbu_{k+1}
$$

③ 惯性环节：$G(s) = \dfrac{K}{s+a}$，$A = a$，$B = 1$，$C = K$，$D = 0$，则

$$
\begin{cases}
\varPhi(T) = \mathrm{e}^{-aT} \\[3mm]
\varPhi_{\mathrm{m}}(T) = \dfrac{K}{a}(1 - \mathrm{e}^{-aT}) \\[3mm]
\varPhi_{\mathrm{j}}(T) = \dfrac{K}{a^2}(aT - 1 + \mathrm{e}^{-aT}) \\[3mm]
\varPhi_{\mathrm{c}} = 1 \quad \varPhi_{\mathrm{d}} = 0
\end{cases}
$$

状态与输出递推公式为

$$\begin{cases} x_{k+1} = e^{-aT} x_k + \dfrac{K}{a}(1 - e^{-aT}) u_k + \dfrac{K}{a^2}(aT - 1 + e^{-aT}) \dot{u}_k \\ y_{k+1} = x_{k+1} \end{cases}$$

④ 比例惯性环节 $K\dfrac{s+b}{s+a} = b\dfrac{\dfrac{K}{b}s + K}{s+a}$，$A = a$，$B = 1$，$C = K$，$D = \dfrac{K}{b}$。

很明显，因为 A、B、C 均与③相同，状态方程离散化系数 $\Phi(T)$、$\Phi_m(T)$ 和 $\Phi_j(T)$ 也相同，故状态方程递推公式与③完全相同。又因为 $D \neq 0$，Φ_c、Φ_d 与③不同，故输出方程需特别考虑。

注意到 $\left(\dfrac{y}{b}\right) = \dfrac{\dfrac{K}{b}s + K}{s+a} u$ 时，对应有

$$\left(\frac{y}{b}\right) = \left(1 - \frac{AD}{CB}\right)x + \frac{D}{B}u$$

容易推得　　　　　$y_{k+1} = (b-a)x_{k+1} + Ku_{k+1}$

显然　　　　　　　$\Phi_c = b - a$，$\Phi_d = K$

由上可知，四种典型环节包括了一阶环节的所有不同形式，其离散化系统系数能统一由 K、a、b 三个参数表达，它们之间的相互关系如表 4.3 所示。

表 4.3　离散化环节参数表

	K/s	$K(1+bs)/s$	$K/(s+a)$	$K(s+b)/(s+a)$
Φ		1	\multicolumn{2}{c}{e^{-aT}}
Φ_m		KT	\multicolumn{2}{c}{$(K/a)(1 - e^{-aT})$}
Φ_j		$KT^2/2$	\multicolumn{2}{c}{$(K/a^2)[aT - (1 - e^{-aT})]$}
Φ_c		1	1	$b - a$
Φ_d	0	Kb	0	K
K	C/B	C/B	C/B	D/B
a	0	0	A/B	A/B
b	0	D/C	0	C/D

这种方法通常称为按环节离散化方法，其精度有限，由于典型环节离散化模型的状态递推方程包含 $\dot{u}_k$ 项，故环节仿真精度仅为二阶，因此整个系统仿真精度也不会高于二阶。但该法的突出优点是可以在仿真过程中考虑非线性环节影响，从而使对各类系统仿真的适应能力得到增强。

3. 按环节离散化数字仿真程序的实现

把以上原理用计算机仿真程序实现出来，称为连续系统按环节离散化仿真，有的参考文献中也称之为离散相似法。实现过程中要解决好以下几个问题：

（1）典型环节的转化。

前节所述四种环节的离散化系数 $\Phi(T)$、$\Phi_m(T)$、$\Phi_j(T)$ 以及 Φ_c、Φ_d 的求取有固定规律可循，所得结果又能方便地递推求解，故程序中主要应解决好如何把任意典型一阶环节转化为

这四种离散化标准环节形式，并尽可能采用一致的方法求取各环节离散化系数，仿真过程中最好按统一公式求对应环节的状态值 x 和输出值 y，充分利用 MATLAB 语言的特点，使程序功能强却不繁琐、冗长。其思路如下：

典型环节数据输入后，首先判断 A 是否为 0，即可按表 4.3 分出①、②和③、④两组，这两组对应的状态方程离散化系数 $\Phi(T)$、$\Phi_m(T)$ 和 $\Phi_j(T)$ 求取方法各自相同，可以直接套用相同求解公式求取后存入相应单元。但由于对应输出方程各有不同，故又需判断 D 是否为 0，以使输出方程离散化系数 Φ_c、Φ_d 修正后也存入相应单元。求得各环节离散化系数后，结果存入相应数组单元 FI（I）、FIM（I）、FIJ（I）、FIC（I）以及 FID（I），其中：I 表示环节序号。仿真运行时从各环节相应单元取出，分别求取各环节状态与输出即可。

据以上思路给出仿真程序框图如图 4.15 所示。

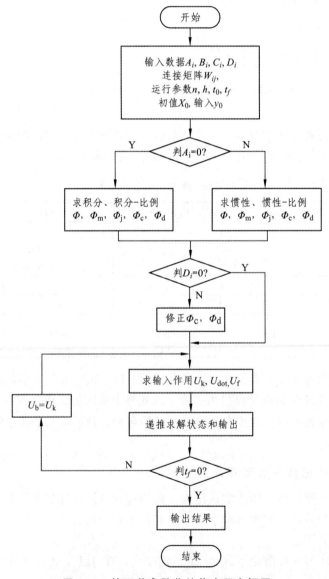

图 4.15　按环节离散化的仿真程序框图

（2）各环节输入作用。

求 $t=(k+1)T$ 时刻的各环节状态 X_{k+1} 的递推计算式中要用到 u_k、$\dot{u}_k$。而求 $t=(k+1)T$ 时刻的各环节输出 Y_{k+1} 的递推计算式中还要用到 u_{k+1}。因此有必要讨论一下这几种输入作用形式的计算方法。

① u_k 可通过连接矩阵直接求得，即

$$U_k = WY_k + W_0 y_0 \tag{4-23}$$

式中，$U_k=[u_{1k},u_{2k},\cdots,u_{nk}]^{\mathrm T}$ 为各环节输入量；n 为系统环节数，亦即系统阶数；$Y_k=[y_{1k},y_{2k},\cdots,y_{nk}]^{\mathrm T}$ 为各环节输出量；y_0 为外加参考输入量，为方便起见，这里仅考虑单变量阶跃输入情况。

② $\dot{u}_k$ 利用近似表达式求取。即由已知的各环节输出值 Y_k，按式（4-23）求出当前 U_k 值，并取出所保存的前一步 U_{k-1} 值，按照式（4-24）即可求得 $\dot{U}_k$ 的近似值。

$$\dot{U}_k = \frac{U_k - U_{k-1}}{h} \tag{4-24}$$

③ u_{k+1} 利用上面已求得的 U_k、$\dot{U}_k$ 在一个步长 h 内按一阶保持近似关系求取，即所得折线近似法（见图 4.16）。由图 4.16 显然有

$$U_{k+1} = U_k + \Delta U_k = U_k + h\dot{U}_k$$

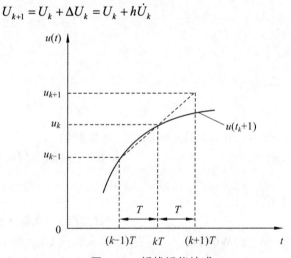

图 4.16　折线近似法求 u_{k+1}

（3）仿真程序实现。

Filename:sp3_3.m

① 数据输入及连接矩阵的产生的方法与第二节程序 sp3_2.m 相同,注意这里输入幅值为 y_0（程序中用 Y0 表示）。

② 求离散化各系数:

%…………filename:sp3_3.m 按环节离散化数字仿真程序……………

for i=1:n

        if(A(i)==0);　　　　　　　　　　%求积分或积分比例环节各系数

```
            FI(i)=1;
                    FIM(i)=h*C(i)/B(i);
                    FIJ(i)=h*h* C(i)/B(i)/2
                    FIC(i)=1;FID(i)=0;                    %积分环节各系数求取完毕
                        if(D(i)~=0);                      %若为积分比例，修正 Φd
                                FID(i)=D(i)/B(i);
                        else
                        end
                else                                      %求惯性或惯性比例环节各系数
    FI(i)=exp(-h*A(i)/B(i));
                    FIM(i)=(1-FI(i))*C(i)/A(i);
                    FIJ(i)= h*C(i)/A(i)-FIM(i)*B(i)/A(i);
    FIC(i)=1;FID(i)=0;                                    %惯性环节各系数求取完毕
                    if(D(i)≈=0);                          %若为惯性比例，修正 Φc、Φd
    FIM(i)=(1-FI(i))*D(i)/A(i)
                        FIJ(i)= h*D(i)/A(i)-FIM(i)*B(i)/A(i)
                        FIC(i)= C(i)/D(i)- A(i)/B(i);
    FID(i)= D(i)/B(i)
    else
            end
                end
                end
```

③ 求输入作用。

```
    Y=zeros(n,1);X=Y;y=0;Uk=zeros(n,1);Ub=Uk;           %置初值
    t=T0:h*L1:Tf;N=length(t);                           %建立时间序列向量，N 维
for k=1:N-1
                for 1=1:L1
Ub=Uk;                                                  %保存前一次输入值
                    Uk=W*Y+W0*Y0;                       %求当前 Uk，即 u_k
                    Udot=(Uk-Ub)/h;                     %求当前 Uk 的导数. 即 u̇_k
                    Uf=2*Uk-Ub;                         %求下一步输入 Uf，即 u_{k+1}
```

④ 求各环节状态及输出：

```
X=FI'.*X+FIM'.*Uk+FIJ'.*Udot;                          %点运算求取状态和输出
Y=FIC'.*X+FID'.*Uf;
        end
```

⑤ 输出结果：

```
            y=[y,Y(nout)];
        end
    plot(t,y)
```

上面程序中又用到了几个 MATLAB 语言中的特殊运算符号：

：——冒号符，可用于生成行向量。如程序中

t=T0:h*L1:Tf

表示生成的 t=[t_0, t_1,…,t_N]，为一个 T0 到 Tf、间隔为 L1 倍步长 h、N+1 维的行向量，即其中的

t_0=T0, t_1=t_0+h*L1,…,t_N=(t_{N-1}+h*L1)≤Tf；

＝＝——逻辑等号符，MATLAB 中规定写法；

～＝——逻辑不等号符，MATLAB 中规定写法；

．*——点乘运算符，表示两个同维矩阵中各相应位置上的元素进行相乘运算；类似地，MATLAB 还提供了其他点运算，如./和.^分别表示点除和点乘幂运算。

灵活运用这些功能，可使程序编制的简练、实用。更多的编程技巧请参阅 MATLAB 语言程序设计的有关文献资料。

（4）连续系统离散化数字仿真的特点。

由本节讨论我们清楚地了解到连续系统离散化数字仿真的特点：

① 将连续系统离散化后进行仿真，可以用离散方程递推求解状态和输出，避免了数值积分方法中烦琐的龙格-库塔系数（导函数）的求取过程，计算简便。

② 按环节离散化仿真，每步都可求出各环节输入、输出，很容易推广以解决非线性系统仿真问题。

③ 离散化过程中对原连续系统引入了虚拟采样开关和零阶（一阶）保持器，造成的滞后使得仿真计算误差增大，严重时甚至会引起系统数值计算不稳定。

按照香农（Shannon）定理，只有当采样周期 T 较小，采样频率 w_s 满足大于 $2w_m$（系统最大截止频率，亦称有限频率宽带）时，离散化仿真才不会造成严重失真，能较好地反映连续系统的动态响应性能。所以，此法应用时，计算步长 h 必须比数值积分方法选取得更小。一般有以下经验公式：

$$h_0 \leqslant \frac{1}{50w_c}，\quad w_c \text{ 为系统开环频率特性的剪切频率}$$

或　$$h_0 \leqslant \frac{t_r}{100}，\quad t_r \text{ 为系统阶跃响应的上升时间}$$

$$h_0 \leqslant \frac{t_s}{400}，\quad t_0 \text{ 为系统阶跃响应的调节时间（过渡过程时间）}$$

可见，与数值积分法相比，h 约小了一个数量级。

4.3.2　非线性系统的数字仿真

若系统中含有非线性元件，则给仿真模型的建立、计算都带来一些新问题。

非线性系统也可表示为状态方程描述形式

$$\dot{X}(t) = F(X,U,t),\ X(t_0) = X_0$$

由式中可见，状态方程右端不再是状态变量 X 和输入函数 U 的线性组合，而是与 X、U

有关的变量矩阵。若再采用前述仿真程序进行运算将造成困难，因为程序不能通用，所以对不同的系统仿真必须输入不同的自定义函数来表征非线性环节，且阶次越高的系统，越复杂、烦琐。至今为止，还没有统一的方法能解决所有的非线性问题。但对于一些包含常见典型非线性环节的控制系统，通过合理地建立模型、描述性能，利用上节讨论的按环节离散化仿真的方法，可以很方便地在程序中加入非线性环节，从而达到对非线性系统进行数字仿真的目的。

下面先来建立一些常见非线性环节的仿真模型。

1. 典型非线性环节及其仿真实现

（1）饱和非线性。

如图 4.17 所示的饱和非线性环节的数学描述为

$$u_c = \begin{cases} -s_1 & u_r \leqslant -s_1 \\ u_r & -s_1 < u_r < s_1 \\ s_1 & u_r \geqslant s_1 \end{cases}$$

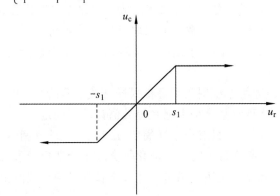

图 4.17　饱和非线性环节

相应仿真框图如图 4.18 所示。

据此，编制 MATLAB 程序如下：

```
%…………filename:satu.m 饱和非线性环节仿真程序……………
function Uc=satu(Ur,S1)
        if(abs(Ur)>=S1)
            if(Ur>0)
                Uc=S1;
        else    Uc=-S1;
                end
            else    Uc=Ur;
end
```

（2）死区非线性。

如图 4.19 所示的死区非线性环节的数学描述为

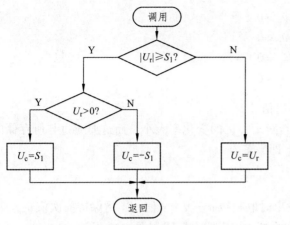

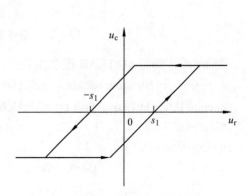

图 4.18　饱和非线性环节仿真框图　　　　　　　图 4.19　死区非线性环节

$$u_c = \begin{cases} u_r + s_1 & u_r \leqslant -s_1 \\ 0 & -s_1 < u_r < s_1 \\ u_r - s_1 & u_r \geqslant s_1 \end{cases}$$

相应仿真框图如图 4.20 所示。

据此，也可编制 MATLAB 程序如下：

%……………filename:dead.m 死区非线性环节仿真程序……………

```
function Uc=dead(Ur,S1)
        if(abs(Ur)>=S1)
            if(Ur>0)
                Uc=Ur-S1;
        else        Uc=Ur+S1;
        end
        else    Uc=0;
end
```

（3）滞环非线性。

如图 4.21 所示的滞环非线性环节的数字描述为

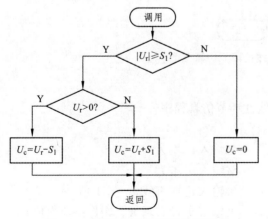

图 4.20　死区非线性环节仿真框图　　　　　　　图 4.21　滞环非线性环节

$$u_c = \begin{cases} u_r - s_1 & \dot{u}_r > 0 \text{ 且 } \dot{u}_c > 0 \\ u_r + s_1 & \dot{u}_r < 0 \text{ 且 } \dot{u}_c < 0 \\ u_{cb} & \dot{u}_r < 0 \text{ 且 } \dot{u}_c = 0 \\ u_{cb} & \dot{u}_r > 0 \text{ 且 } \dot{u}_c = 0 \end{cases}$$

其中，u_{cb} 表示非线性环节前一次的输出值。

从式中知，要正确地给 u_c 赋值，需要判断 u_r、u_c 的变化率大小。而这要通过与所存储的 u_r、u_c 的前一点值 u_{rb}、u_{cb} 相比较来实现。即，若有

$$u_r - u_{rb} > 0$$

则认为 $\dot{u}_r > 0$，再由（$u_c - u_{cb}$）决定输出时取直线 $u_c = u_r - s_1$ 值，还是保持前次值 u_{cb}。而 $u_r - u_{rb} < 0$ 情况读者可自行分析，方法与上类似。相应仿真框图如图 4.22 所示。

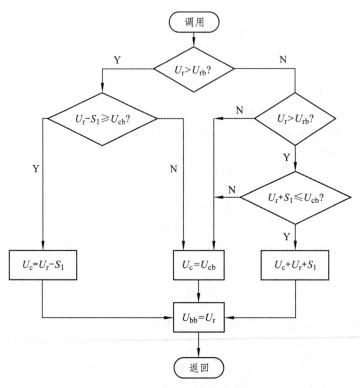

图 4.22　滞环非线性环节仿真框图

根据框图，编制 MATLAB 程序如下：

```
%…………filename:backlash.m 死区非线性环节仿真程序…………
function [Uc,Ubb]= backlash (Urb,Ur,Ucb,S1)
if(Ur>=Urb)                          %输入 u_r 增大
if( (Ur－Sl) >=Ucb )                 %输入 u_c 增大
            Uc=Ur-S1;                %输入 u_c 取直线 u_r－s_1 上值
        else    Uc=Ucb;             %输入 u_c 没有增大，则保持前次值 u_cb
        end
```

```
        else    if(Ur<Urb)                %输入 u_r 减小
                    if( (Ur+S1) <= Ucb )       %输入 u_c 也减小
                        Uc=Ur+S1;              %输入 u_c 取直线 u_r+s_1 上值
else        Uc=Ucb;                        %输入 u_c 没有减小,则保持前次值 u_cb
end
else        Uc=Ucb;                        %输入没有变化,输出也保持不变
end
            end
Ubb=Ur;                                     %保留输入值作下次运算用
```

（4）继电非线性。

如图 4.23 所示的继电非线性的数学描述为

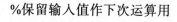

$$u_c = \begin{cases} s_1 & u_\tau > 0 \\ s_2 & u_\tau < 0 \end{cases}$$

相应框图及程序都比较简单，读者可以自行画出、
编程。

　　以上几种非线性环节的共同特点是都只需一个
参数 s_1 就能反映出该环节的非线性特性，表达非常
简练。如饱和环节中 s_1 就表示环节的饱和值；死区
环节中 s_1 却表示环节的死区值；而在滞环环节中 s_1
又表示环节的滞环宽度值。不过要注意到，各环节

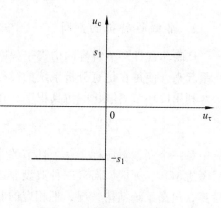

图 4.23　继电非线性环节

的放大系数规定均为 1，若不为 1，则设法合入其前后的线性环节中，这样做也是为了建立模
型方便的需要，而且在实际中并不困难。

　　（5）其他非线性。

　　常见的非线性环节还有如图 4.24～图 4.27 所示的一些形式，这些非线性环节比前几种要
相对复杂些，但只要正确列出数学模型表达式，尽可能用最少的参数表示出其特性，就不难
画出程序框图、编制仿真程序并添加到主程序中去。

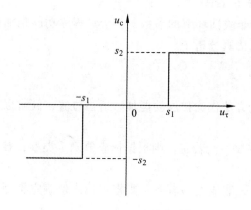

图 4.24　带死区三位继电非线性环节　　　　图 4.25　带滞环三位继电非线性环节

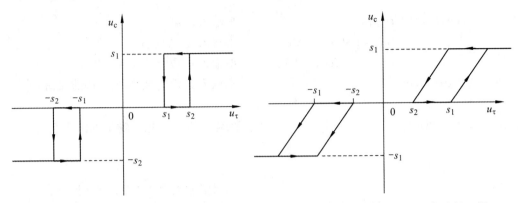

图 4.26　带死区滞环复杂继电非线性环节　　图 4.27　带死区的复杂滞环非线性环节

2.　非线性特征的判断

反映非线性环节特性的仿真子程序模块编制好后，还应设法将它们与仿真主程序有机地联系起来，使得在仿真分析系统的过程中能方便地调用它们。

利用按环节离散化的仿真程序，在输入数据时，设立非线性标志向量

$$Z = [z_1,\ z_2,\ \cdots,\ z_n]$$

其中每一个元素对应标志一个环节的非线性特征，n 为环节序号。本程序中为说明问题方便，只考虑饱和、死区、滞环三种典型非线性特征，并规定非线性环节不单独作为一个环节进行运算，根据系统结构情况，把相应的非线性特征添加在某线性环节之前或之后，为此约定标志如下：

$z_i = 0$　　　　　线性环节

$z_i = 1$　　　　　线性环节前有饱和非线性，应修正 U(i)

$z_i = 2$　　　　　线性环节前有死区非线性，应修正 U(i)

$z_i = 3$　　　　　线性环节前有滞环非线性，应修正 U(i)

$z_i = 4$　　　　　线性环节后有饱和非线性，应修正 Y(i)

$z_i = 5$　　　　　线性环节后有死区非线性，应修正 Y(i)

$z_i = 6$　　　　　线性环节前有滞环非线性，应修正 Y(i)

再设立一个参数向量单元 S，专门用来存储非线性环节的参数 s_i。于是程序功能稍加扩展，就可用来对含有典型非线性环节的系统进行仿真分析了。

3.　程序功能扩展

在按环节离散化系统的仿真程序中，将以上方法作为扩展功能加入适当位置，就可以方便地分析和研究非线性系统了。

（1）求得 u_k 后，由 z_i 判断各环节入口有无非线性。若有，则根据标志值确定类型，转相应处理程序，修正 u_k 值。

（2）求得 y_{k+1} 后，再由 z_i 判断各环节出口有无非线性。若有，则根据标志值确定类型，转相应处理程序，修正 y_{k+1} 值。

（3）各种非线性特性按前节给出的程序，自定义为函数形式，以函数文件格式存储起来，

由主程序在运行时调用。

4. 程序框图及仿真实现

程序框图如图 4.28 所示。

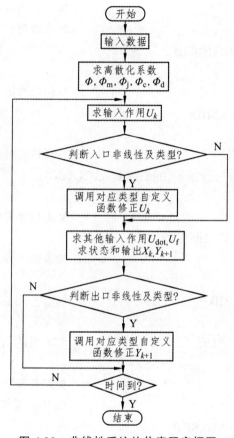

图 4.28　非线性系统的仿真程序框图

MATLAB 程序清单如下：

filename：sp3_4.m

（1）数据输入及连接矩阵的形成均与程序 sp3_2.m 相同，同样应注意本程序中输入幅值要用 Y0 表达。

（2）各环节离散系数求取与程序 sp3_3.m 相同。

（3）求解运行部分程序为

```
%…………filename:sp3_4.m 非线性系统的仿真程序…………
Y=zeros(n,1);X=Y;y=0;Uk=zeros(n,1);Ubb=Uk;    %设立一个向量单元 Ubb 存储非线性
%环节输出的前一时刻值 ucb
t=T0:h*L1:Tf;N=length(t);
for k=1:N-1
    for 1=1:L1
```

```
                    Ub=Uk;                              %多设立一个向量单元 U_b 存储非线性
                                                        %环节输入 u_k 前一时刻值
             Uk=W*Y+W0*Y0;                             %求当前 u_k 值
  for i=1:n
  if(Z(i)~ = 0)                                        %判各环节入口有否非线性
            if(Z(i) = = 1)                             %若是饱和,调用饱和自定义函数
                Uk(i)=satu(Uk(i),S(i));
  end
      if(Z(i) = = 2)                                   %若是死区,调用死区自定义函数
        Uk(i)=dead(Uk(i),S(i));
                end
  if(Z(i) = = 3)                                       %若是滞环,调用滞环自定义函数
        [Uk(i),Ubb(i)]=backlash(Ubb(i),Uk(i),Ub(i),S(i));
         end
       end                                             %入口无非线性环节
      end%n 个环节入口判断完毕
      Udot=(Uk-Ub)/h;                                  %求输入作用
      Uf=2*Uk-Ub;
      X=FI'.*X+FIM'.*Uk+FIJ'.*Udot;                    %求各环节状态
      Yb=Y;                                            %设立 Y_b 向量单元存储 y_k 前一时刻值
      Y=FIC'.*X+FID'.*Uf;                              %求当前 y_k 值
  for i=1:n
         if(Z(i)~ = 0)                                 %判各环节出口有否非线性
  if(Z(i) = = 4)                                       %若是饱和,调用饱和自定义函数
              Y(i)=satu(Y(i),S(i));
            end
  if(Z(i) = = 5)                                       %若是死区,调用死区自定义函数
              Y(i)=dead(Y(i),S(i));
       end
  if(Z(i) = = 6)                                       %若是滞环,调用滞环自定义函数
  [Y(i),Ubb(i)]=backlash(Ubb(i),Y(i),Yb(i),S(i));
          end
  end                                                  %出口无非线性环节
      end                                              %n 个环节出口判断完毕
      end                                              %时间间隔到
      y=[y,Y(nout)];                                   %存储系统输出环节各时刻值
    end                                                %计算时间到
```

（4）输出结果同前。

例 4-2 控制系统如图 4.29 所示,设输入阶跃函数幅值 $Y_0 =10$,滞环非线性参数 $s_4 =1$(滞

环宽度）。① 不考虑非线性环节影响时，求解 $y(t)$ 的阶跃响应；② 考虑非线性环节影响，其余参数不变，求解 $y(t)$ 并与线性情况所得结果进行比较。

解　（1）不考虑非线性环节影响时，求解过程如下：

① 先将环节编号标入图 4.29 中。

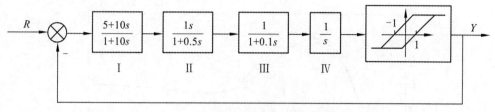

图 4.29　例 4-2 控制系统结构图

② 在 MATLAB 命令窗口下（以下语句前符号 ">>" 即表示 MATLAB 命令窗口环境），按编号依次将环节参数输入 P 阵，由图很显然有

>>P=[1　10　5　10; 1　0.5　1　0; 1　0.1　1　0; 0　1　1　0];

③ 按各环节相对位置和连接关系，有连接矩阵：

$$W = \begin{bmatrix} 0 & 0 & 0 & -1 \\ 1 & 0 & 0 & 0 \\ 0 & 1 & 0 & 0 \\ 0 & 0 & 1 & 0 \end{bmatrix}; \quad W_0 = \begin{bmatrix} 1 \\ 0 \\ 0 \\ 0 \end{bmatrix}$$

程序中只需输入非零元素 w_{ij}，即按

$$W_{IJ} = \begin{matrix} i & j & w_{ij} \\ \begin{bmatrix} 1 & 0 & 1 \\ 2 & 1 & 1 \\ 3 & 2 & 1 \\ 4 & 3 & 1 \\ 1 & 4 & -1 \end{bmatrix} \end{matrix}$$

输入即可。

>>WIJ = [1　0　1; 2　1　1; 3　2　1; 4　3　1; 1　4　－1];

④ 各环节初始值为

>>X0 = [0　0　0　0];

⑤ 由于不考虑非线性影响，则非线性标志向量和参数向量均应赋零值；

>>Z = [0　0　0　0];　S = [0　0　0　0];

⑥ 输入运行参数；开环截止频率 w_c 约为 1，故计算步长 h 取经验公式值，即 $h \leqslant 1/(50 w_c)$ =0.02，取 h=0.01；每 0.25s 输出一点，故取 L_1=25。

>>h=0.01; L1=25;

>>n=4;

>>T0=0;

```
>>Tf=10;
>>nout=4;
>>Y0=10;
```

⑦ 运行 sp3_4.m，求解环节 Ⅳ 输出的 y_4 数值解的数据和响应曲线，如图 4.30 所示。

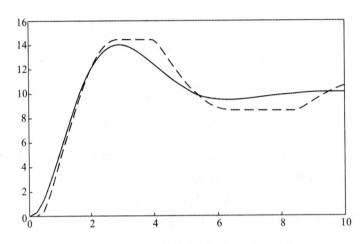

图 4.30　例 4-2 控制系统输出 y_4 响应曲线

```
>>sp3_4
```

（2）考虑非线性环节 N 影响时，只需将非线性标志向量 Z、参数向量 S 的相应分量正确输入即可。其余参数均保持不变，以便与线性情况比较。

① 由图 4.29 知，N 为环节 Ⅳ 之后的滞环非线性，滞环宽度 $s_4 = 1$。于是

```
>>Z = [0  0  0  6]; S = [0  0  0  1];
```

② 运行 sp3_4.m，仍求取 y_4 输出数据和响应曲线，如图 4.30 中虚线所示。

```
>>sp3_4
```

仿真结果清楚地表明了滞环非线性环节 N 对线性系统输出响应的影响。

综上可见，通过运用已掌握的仿真方法，又有 MATLAB 这样功能丰富、方便齐全的仿真软件作为手段，对常见的含有典型非线性环节的、复杂连接的控制系统仿真问题就能够很快得到所需的仿真实验结果。

4.4　问题与探究——一类非线性控制系统数字仿真的效率问题

4.4.1　问题提出[5]

起重机作为一种搬运工具，在工业生产中发挥着重要作用。但是，由于起重机自身结构的原因，使得货物在吊运过程中不可避免会产生摆动。如何有效地消除货物在吊运过程中的摆动以提高起重机的工作效率是长期以来国内外控制领域研究的一个典型问题[6]。变结构控制理论是一种非线性控制理论，自 20 世纪 50 年代于莫斯科诞生以来，经过了半个多世纪的

完善和发展。特别是近年来，滑模变结构控制理论得到了国内外控制界普遍关注和重视。滑模变结构控制器控制规律简单，对系统的数学模型精确性要求不高，可以有效地调和动、静态之间的矛盾且鲁棒性较高，近年来已被广泛应用处理一些复杂的非线性、时变、多变量耦合及不确定系统[7]。

实际的起重机系统比较复杂，除了元件的非线性外，还受到各种干扰，如小车与导轨之间的摩擦、风力的影响等。为了便于分析，这里对实际系统进行简化，如图 4.31 所示为典型的起重机系统物理模型。针对绳长固定情况，这里讨论时采用二维滑模变结构控制器，同时对起重机的水平位置和摆绳角度进行控制。控制系统的 Simulink 仿真模型[8] 如图 4.32 所示。

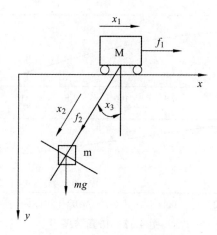

图 4.31　起重机的物理模型

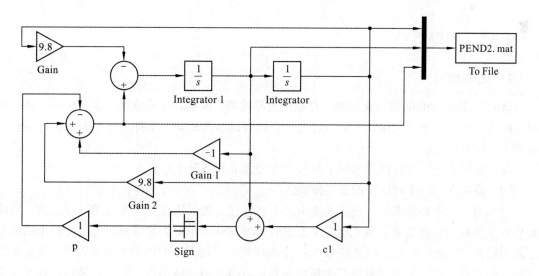

图 4.32　二维滑模变结构控制器仿真模型

采用 Variable-step 的 ODE45 算法进行 Simulink 仿真，结果如图 4.33 所示。可见，当系统仿真时间在 1 s 左右时，速度非常慢，仿真过程停滞不前。

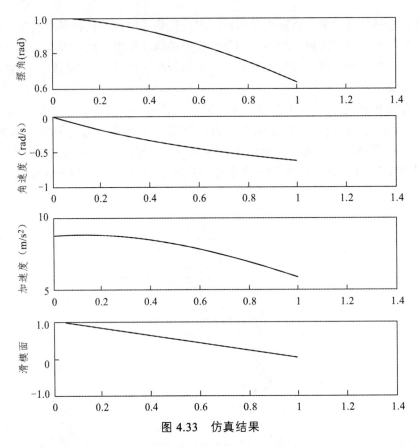

图 4.33　仿真结果

本节将针对上述现象与问题，讨论一类非线性控制系统数字仿真的效率问题。

4.4.2　问题分析

1.　过零检测[2]

MATLAB/Simulink 在仿真过程中存在"过零检测"问题。过零检测是通过在系统和求解器之间建立对话的方式工作，对话包含的一个内容是事件通知。事件由过零表示。过零在下列两个条件下产生：

（1）信号在上一个时间步改变了符号（含变为 0 和离开 0）。

（2）模块在上一个时间步改变了模式。

过零是一个重要的事件，表征系统中的不连续性。如果仿真中不对过零进行检测，可能会导致不准确的仿真结果。当采用变步长求解器时，Simulink 能够检测到过零（使用固定步长的求解器，Simulink 不检测过零）。当一个模块通知系统前一时间步发生了过零，变步长求解器就会缩小步长，即便绝对误差和相对误差是可接受的。缩小步长的目的是判定事件发生的准确时间。当然，这样会降低仿真的速度，但这样做对有些模块来讲是至关重要和必要的，因为这些模块的输出可能表示了一个物理值，它的零值有着重要意义。事实上，只有少量的 Simulink 模块能够发出过零事件通知，如图 4.34 所示。

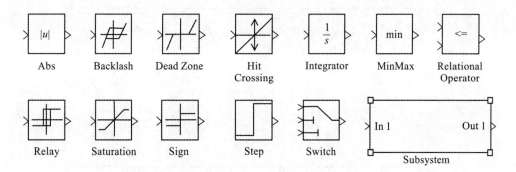

图 4.34　能够产生过零通知的 Simulink 模块

2. 系统仿真停滞的原因

由图 4.32 可知，系统仿真模型中存在不连续模块 Signum，当系统于 1s 左右到达滑模面（$s=0$）时，Signum 模块向系统发出过零通知。而当采用变步长求解器时，Signum 能够检测到过零状态。如图 4.35、图 4.36 所示，由于滑模面在 1 s 处不能正常归零，所以 Signum 模块就反复过零，同时一直向求解器发出过零通知。求解器便相应地一直不停地缩小步长，如图 4.37 所示，系统大约经过 12 个仿真步到达 1 s 处时，步长急剧缩小至接近于零。这样，由于仿真步长太小，系统便在不连续处形成了过多的点，超出了系统可用的内存和资源，使得系统进展缓慢，仿真停滞不前[8]。

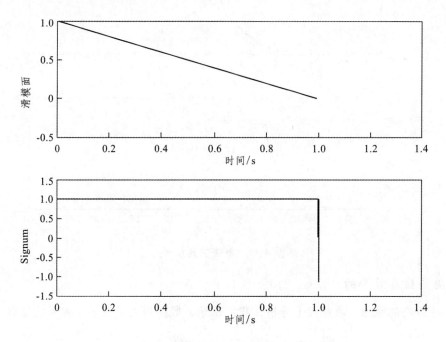

图 4.35　滑模面和 Signum 模块的时域响应

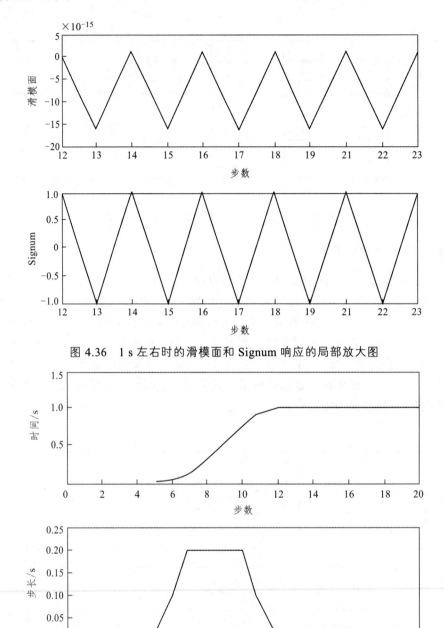

图 4.36　1 s 左右时的滑模面和 Signum 响应的局部放大图

图 4.37　系统仿真步长

3. 提高仿真效率的方法

（1）速度慢的原因。通过以上分析，我们总结、概括得出了以下几种系统仿真速度慢的原因：

①　系统方程中存在不连续函数 sign（s）。

②　Simulink 仿真模型中存在能够产生过零通知的 Signum 模块。

③　采用的变步长求解器具有零检测并自动调整步长的功能。

（2）解决策略。基于以上原因，我们提出了以下四种解决策略；

① 采用不能够产生过零通知的 Fcn 函数模块。

② 取消 Zero crossing detection 功能。

③ 采用 fixed-step 求解器。

④ 柔化 sgn（s）函数，使其连续化。

这四种解决策略，单独任何一种或几种都可行。如图 4.38 所示为采用策略①的系统 Simulink 仿真模型，如图 4.39、图 4.40 所示为仿真结果。

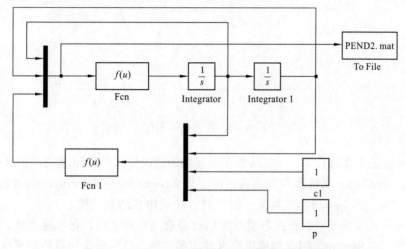

图 4.38　采用 Fcn 函数模块后的系统仿真模型

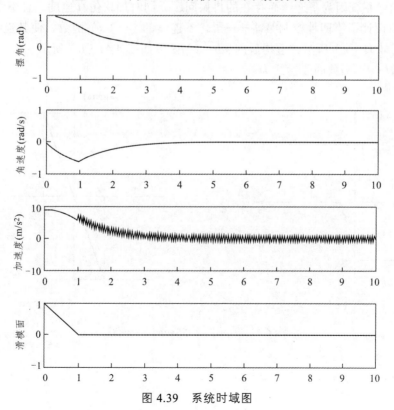

图 4.39　系统时域图

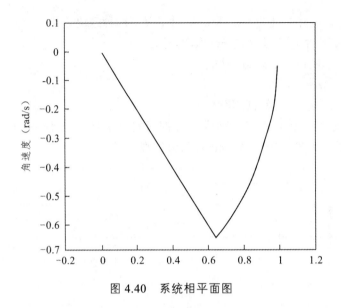

图 4.40　系统相平面图

　　因为 Fcn 模块不支持过零，所以系统在不连续的情况下仍然能迅速完成仿真。除此之外，我们还采用了 fixed-step 求解器和变步长情况下置 Zero crossing detection 为 off 的仿真方法，其结果如图 4.39、图 4.40 所示。可见，前三种方法的仿真结果一样。

　　由上面的仿真结果可以看出：取消系统的过零检测功能之后，仿真速度快；但是由于仍然存在不连续模块 Signum，因此加速度存在较大的抖振。抖振现象使得控制系统难以工程实现，为了能消除系统因为不连续而存在的抖振问题，同时加快仿真速度，且不影响系统的仿真效果，我们设计了第四种控制策略——柔化不连续的 $sgn(s)$ 函数，使其连续化。原 $sgn(s)$ 函数如图 4.41（a）所示，重构后的 $sat(s)$ 函数如图 4.41（b）所示。

　　其中，$sat(s)$ 函数的表达式为

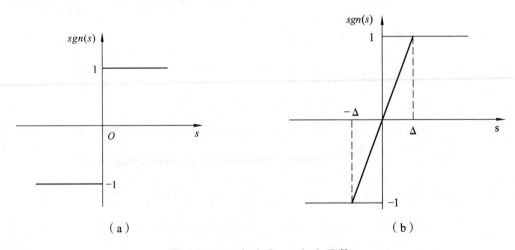

（a）　　　　　　　　　　　　　　　　（b）

图 4.41　$sgn(s)$ 和 $sat(s)$ 函数

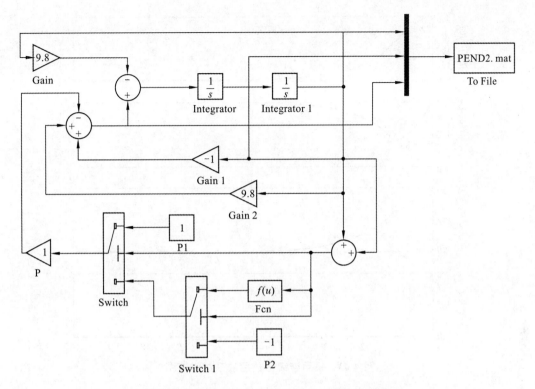

图 4.42　柔化 *sgn*（*s*）函数后的系统仿真模型

$$sat(s) = \begin{cases} 1 & s > \dfrac{\pi}{\sqrt{2}}\varepsilon \\[2mm] \sin\left(\dfrac{s}{\sqrt{2}\varepsilon}\right) & s > \dfrac{\pi}{\sqrt{2}}\varepsilon \\[2mm] -1 & |s| \leqslant \dfrac{\pi}{\sqrt{2}}\varepsilon \end{cases}$$

式中，ε 为大于零的正数，且 $\Delta = \dfrac{\pi}{\sqrt{2}}\varepsilon$。当 ε 取无穷小时，*sat*（*s*）函数便非常逼近 *sgn*（*s*）函数。采用 *sat*（*s*）函数来代替 *sgn*（*s*）函数后的系统仿真模型如图 4.42 所示，系统仿真结果如图 4.43 所示。

通过以上仿真可以看出，采用连续函数 *sat*（*s*）代替不连续函数 *sgn*（*s*）后，系统仿真速度加快，不影响系统控制效果，且加速度不存在抖振现象，易于工程实现，能满足我们所期望的结果。

针对上述所提出的四种提高仿真效率的解决策略，其性能比较如表 4.4 所示。

因此，在控制算法中，如果出现了像 Signum 这样一类的非连续性模块而影响系统仿真速度和效率，建议采用以下方法处理：

① 最好将 Signum 函数进行连续化，这样可以使系统仿真速度快且仿真效果好，无抖振，易于工程实现。

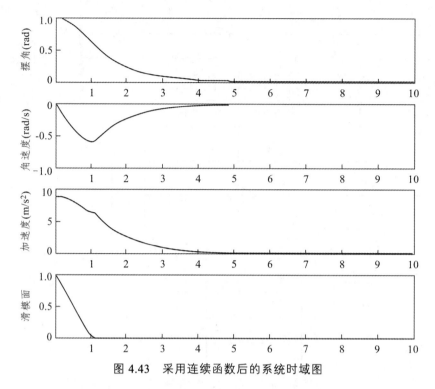

图 4.43 采用连续函数后的系统时域图

表 4.4 四种提高仿真速度策略的性能比较

方法＼指标	过零检测	步长	算法选择	连续性	有无抖振	仿真速度	仿真精度	实用性	推荐等级
Fcn 函数模块法	on	变	ODE45	不连续	有	较快	较低	较差	Ⅲ
无过零检测法	off	变	ODE45	不连续	有	较快	较高	较好	Ⅱ
fixed-step 求解器法	on	定	ODE1	不连续	有	快	低	差	Ⅳ
柔化 *sgn*（*s*）函数法	on	变	ODE45	连续	无	快	高	好	Ⅰ

② 可以直接采用 fixed-step 法或者无过零检测法，以仿真速度快。但是这种方法可能忽略一些重要的过零信息，同时由于仍然存在非连续性问题而导致系统存在抖振。

③ 也可以采用 Fcn 函数模块，将运动学方程写成符合 C 语言规范的表达式，但是由于 Fcn 模块不支持过零，结果一些不连续的拐角被漏掉了。所以在精度要求较高的场合，不宜采用 Fcn 函数模块。

4.4.3 几点讨论

（1）你了解 Simulink 仿真运行的原理吗？

（2）常用的 Simulink 仿真算法有哪些？分别适用于解决什么问题？

（3）有哪些环节/过程影响 Simulink 仿真的效率？有何解决策略？

习 题

4-1 思考题：

（1）控制系统的结构形式用图论中的拓扑描述有何优点？

（2）连接矩阵的作用是什么？阵中元素 w_{ij} 有几种形式，分别表示什么意义？

（3）典型一阶环节式（4-5）中，若 $B_i = 0$，会造成什么问题？

（4）试从系统稳定性角度阐述按环节离散化（离散相似法）仿真步长 h 对系统动态响应数值解的影响。

（5）为什么称计算机控制系统为采样控制系统或离散控制系统？其仿真有何特点？

4-2 设典型闭环结构控制系统如图 4.44 所示，当阶跃输入幅值 $R=20$ 时，用 sp3_1.m 求取输出 $y(t)$ 的响应。

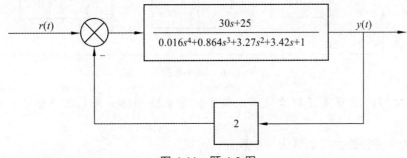

图 4.44 题 4-2 图

4-3 试说明系统中纯比例环节、纯微分环节对式（4-10）中 Q 阵的逆的存在有何影响。

4-4 系统结构图如图 4.45 所示，写出该系统的连接矩阵 W 和 W_0，并写出连接矩阵非零元素阵 W_{IJ}。

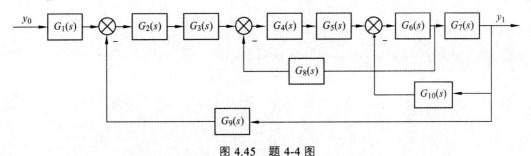

图 4.45 题 4-4 图

4-5 图 4.45 中，若各环节传递函数已知为

$$G_1(s) = \frac{1}{1+0.01s} \;; \quad G_2(s) = \frac{1+0.17s}{0.085s} \;; \quad G_3(s) = \frac{1}{1+0.01s} \;;$$

$$G_4(s) = \frac{1+0.15s}{0.051s} \;; \quad G_5(s) = \frac{70}{1+0.0067s} \;; \quad G_6(s) = \frac{0.21}{1+0.15s} \;;$$

$$G_7(s) = \frac{130}{s} \; ; \quad G_8(s) = \frac{0.1}{1+0.01s} \; ; \quad G_9(s) = \frac{0.0044}{1+0.01s} \; ;$$

但 $G_{10}(s) = 0.212$ ；重新列写连接矩阵 W 、W_0 和非零元素阵 W_{IJ} ，用程序 sp3_2.m 求输出 y_7 的响应曲线。

4-6　若系统为如图 4.5（b）双输入-双输出结构，试写出该系统的连接矩阵 W 、W_0 ，说明应注意什么？

4-7　用离散相似法仿真程序 sp3_4.m 重求题 4-5 输出 y_7 的数据与曲线，并与四阶龙格-库塔法比较精度。

4-8　求图 4.46 非线性系统的输出响应 $y(t)$ ，并与无非线性环节情况进行比较。

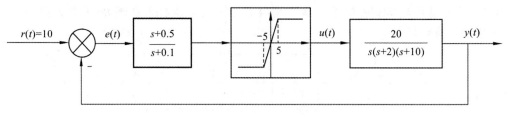

图 4.46　题 4-8 图

4-9　以 MATLAB 语言函数文件形式编写如图 4.25 所示带滞环三位继电特性非线性环节的仿真程序。

提示：非线性特性由两个非线性参数 s_1 、s_2 描述。

第5章 控制系统 CAD

5.1 概　述

控制系统计算机辅助设计是一门以计算机为工具进行控制系统设计与分析的技术，简称控制系统 CAD[9]。

20 世纪 50 年代，频域法在控制系统分析与设计中得到迅速发展，而时域法相对处于停滞状态。其主要原因在于拉普拉斯变换将时域中的微分方程求解转化为频域中的代数运算，而工程师只能通过手工计算和一些图标的帮助来进行控制系统的粗略设计。在这一时期，为了得到复杂系统在时域中的解曾广泛采用了模拟计算机仿真的方法。模拟计算机具有编程方便、运算并行、模块形象等优点，使得它在控制系统 CAD 的历史上占有重要地位。但是，由于数字计算机的迅速发展，模拟机在精度、柔性以及价格等方面的弱点终于无法与数字机抗衡，因此已逐渐被淘汰。

20 世纪 60 年代，数字计算机开始被应用于控制系统的计算机辅助设计，在数字仿真理论、数值算法以及各种应用程序的设计与开发等方面取得了许多建设性的成果。

20 世纪 70 年代，开始出现了控制系统计算机辅助设计的软件包，英国的 H.H.Rosenbrock 学派将线性单变量控制系统的频域理论推广到多变量系统，随后曼彻斯特（Manchester）大学的控制系统中心完成了该系统的计算机辅助设计软件包。日本的古田胜久主持开发的 DPACS-F 软件，在处理多变量系统的分析和设计上也很有特色。同时，国际自动控制领域的知名学者，瑞典隆德（Lund）大学的 K.J.Astron 和他的学生用状态空间法发展了多变量系统控制理论，其在控制系统 CAD 软件结构上克服了刻板的提问与回答的限制，提出了命令式的人机交互界面，在控制系统 CAD 中给设计者以主动权，将"人机交互"技术提高到了一个新阶段。他们先后完成了由 Idpac、Intrac、Modpac、Polpac、Simnon 和 Synpac 等六个软件组成的一整套软件系统，在国际上具有重要影响。

20 世纪 80 年代以来，在众多仿真语言和仿真软件包的基础上，美国的 Mathwork 公司推出了 MATLAB 软件系统，它具有模块化的计算方法，可视为与智能化的人机交互功能，丰富的矩阵运算、图形控制、数据处理函数、基于模型化图形组态的动态系统仿真工具 Simulink 等优点，而且 Mathwork 公司密切注意科技发展的最新成果，及时地与不同领域的知名专家合作，推出了多组控制系统 CAD 的"工具箱"，被人们誉为"巨人肩上的工具"。

现在，MATLAB 已从单纯的"矩阵实验室"渗透到科学与工程计算的许多领域，成为控制系统 CAD 领域最受欢迎的软件系统。

本章以 MATLAB 及 Simulink 为工具，就经典控制理论和现代控制理论中的一些具体问题进行回顾与讨论，从而使大家进一步体会"控制系统 CAD"技术在控制系统分析、设计及理论学习中的作用和意义。

5.2 经典控制理论 CAD

把用频率法研究单输入-单输出线性定常系统，用传递函数描述控制系统，用根轨迹、频率特性等试凑法设计和分析控制系统的理论与方法，称为经典控制理论。本节我们将讨论其中的固有特性分析、系统设计（校正）方法以及控制系统优化设计等问题。

5.2.1 控制系统固有特性分析

当控制系统的数学模型建立以后，就可以采用 CAD 的方法来分析系统自身的性能了。常用的分析方法有时域分析、频域分析和根轨迹三种方法。

1. 时域分析

利用时域分析能够了解控制系统的动态性能，这可以通过系统在输入信号作用下的过渡过程来评判。Simulink 非常适合于做系统的时域分析，下面举例说明之。

例 5-1 二阶系统的动态性能分析。

解 为分析方便，通常将二阶系统的闭环传递函数写成如下标准形式：

$$\varphi(s) = \frac{\omega_n^2}{s^2 + 2\xi\omega_n s + \omega_n^2}$$

式中，ξ 为阻尼比；ω_n 为无阻尼自振角频率。随着阻尼比的不同，系统闭环极点的位置也不同，它可以分为以下四种情况：① 欠阻尼，即 $0 < \xi < 1$；② 临界阻尼，即 $\xi = 1$；③ 过阻尼，即 $\xi > 1$；④ 无阻尼，即 $\xi = 0$。

分别取 $\xi = 0$，0.4，0.8，1.0，1.4，$\omega_n = 1.0$，二阶系统单位阶跃响应的图形组态及仿真结果如图 5.1 所示。

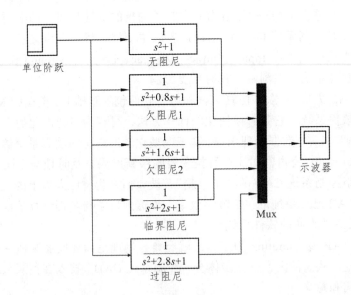

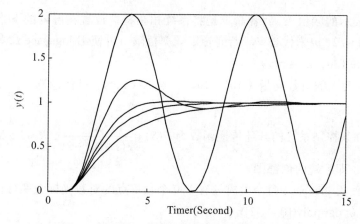

图 5.1　二阶系统单位阶跃响应的图形组态及仿真结果

由图中的仿真结果可以看出，二阶系统在单位阶跃函数作用下，随着阻尼比的减少，振荡程度越来越严重，当 $\xi = 0$ 时出现了等幅震荡。当 $\xi \geqslant 1$ 时，二阶系统的过渡过程具有单调上升的特性。

在欠阻尼 $(0 < \xi < 1)$ 特性中，对应 $\varepsilon = 0.4 \sim 0.8$ 时的过渡过程不仅具有比 $\xi = 1$ 时更短的响应时间，而且振荡程度也不是很严重。因此，通常希望二阶系统能够工作在 $\varepsilon = 0.4 \sim 0.8$ 的欠阻尼状态。

2. 频域分析

以频率特性作为数学模型来分析、设计控制系统的方法称为频率特性法，它是频率特性分析的主要方法。

频率特性具有明确的物理意义，计算量较小，一般可以采用作图的方法或实验的方法求出系统或元件的频率特性，这对于机理复杂或机理不明确而难以写微分方程的系统或元件，具有重要的实用价值。这也正是频率特性法的优点，使得它在工程技术领域得到广泛应用。

实际应用时，由于频率特性 $G(j\omega)$ 的代数表达式较复杂，所以总是采用图形表示法，直观的表达 $G(j\omega)$ 的幅值与相角随频率变化的情况，从中可以分析得出系统的静态与动态性能情况。最常用的频率特性图是对数坐标图（即伯德图）。MATLAB 语言中提供了绘制伯德图的专用命令：bode，其表达式有如下几种：

>>bode（num，den）

>>[mag，phase，w]=bode（num，den）

>>[mag，phase]=bode（num，den，w）

其中，w 表示频率 ω，第一种命令在屏幕中的上下两个部分分别生成幅频特性和相频特性；第二种命令可自动生成一行矢量的频率点；第三个命令可定义为所需的频率范围。同时，要绘制伯德图还需要下述命令：

>>subplot（2，1，1），semilogx（w，20*log10（mag）），

>>subplot（2，1，2），semilogx（w，phase），

其中，前者的第一个命令把屏幕分成两部分，并把幅频特性放在屏幕的上半部；第二个命令（即 semilogx）可生成一个半对数坐标图（横轴是以 10 为底的对数值坐标轴，而纵轴则

是以 dB 为单位表示的幅值）；后者命令是将系统相频特性放置在屏幕的下半部分。若想以 Hz 为单位，可用 $w/2*pi$ 来代替 w。若要指定频率范围，可使用 logspace 命令：

>>w=logspace（m，n，npts）

可生成一个以 10 为底的对数向量（ $10^m \sim 10^n$ ），点数（npts）可任意选定。下面举例说明伯德图的绘制过程。

例 5-2 已知某控制系统的开环传递函数为 $G(S) = \dfrac{K}{s(s+1)(s+2)}$ ，$K =1.5$ 试绘制系统的开环频率特性曲线，即系统的伯德图。

解 下面是使用 logspace 命令生成具有 100 个频率点的对数坐标频率特性程序：

K=1.5; ng=1.0; dg=poly([0,-1,-2]);
w=logspace(-1,1,100);
[m,p]=bode(K*ng,dg,w);
subplot(2,1,1);semilogx(w,20*log10(m));
grid; ylabel('Gain(dB)');
subplot(2,1,2);semilogx(w,p);grid;
xlabel('Frequency(rad/s)');ylabel('Phase(deg)');

其执行结果如图 5.2 所示，从中可见，系统的幅值裕量和相角裕量分别为 10 dB 与 45°。

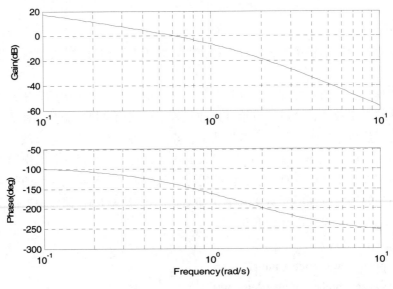

图 5.2　开环系统伯德图

此外，使用 nyquist 与 nichols 命令可以得到系统的另外两种频率响应特性，即复平面上的奈奎斯特图形与尼克尔斯图形。

3. 根轨迹

根轨迹是 W.R.Evans 提出的一种求解闭环系统特征根的非常简便的图解方法。由于控制系统的动态性能是由闭环零极点共同决定的，而控制系统的稳定性又是由闭环系统极点唯一确定的。因此，在分析控制系统动态性能时，确定闭环系统的零极点在 S 平面上的位置就显得特别重要。

MATLAB 语言提供了绘制单输入-单输出系统根轨迹的命令 rlocus，其基本形式如下：

>>rlocus（num,den）

>>rlocus（num,den,k）

执行该命令，根轨迹图会自动生成。如果 k 值给定，则将按照给定的参数绘制，否则增益是自动确定的。

在系统的分析过程中，常常希望确定根轨迹上某一点处的增益值，MATLAB 为此提供了 rlocfind 命令。其首先要得到系统的根轨迹，然后执行如下命令：

>>[k,poles]=rlocfind（num,den）

执行该命令后，将在屏幕上的图形中生成一个十字光标，使用鼠标器移动它至所希望的位置，然后敲击左键即可得到该极点的位置坐标值以及它所对应的增益 k 值。下面举例说明根轨迹的绘制过程。

例 5-3 已知某负反馈系统的开环传递函数为 $G(s)H(s) = \dfrac{K}{s(s+1)(s+2)}$，试绘制系统的根轨迹。

解 执行语句：ng = 1.0; dg = ploy{[0,−1,−2]}; rlocus(ng,dg)，即可生成如图 5.3 所示的系统根轨迹。从中可见，根轨迹的分支数是 3 个，三条根轨迹的起点分别是 $(0, j_0), (−1, j_0), (−2, j_0)$，终点均为无穷远。

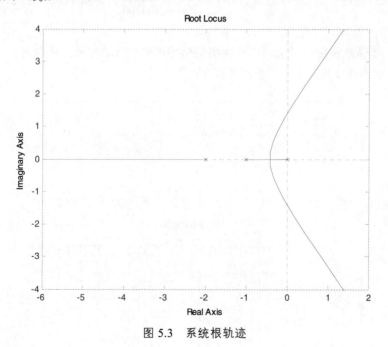

图 5.3 系统根轨迹

5.2.2 控制系统的设计方法

所谓控制系统的设计就是在系统中引入适当的环节，用以对原有系统的某些性能（如上升时间、超调量、过渡过程时间等）进行校正（又称综合），使之达到理想的结果，故又称之为系统的校正与综合。对于采用传递函数描述的控制系统，常用的经典设计方法是根轨迹与频域法。下面介绍几种常用的系统校正方法的计算机辅助设计实现。

1. 超前校正

控制系统中常用的校正装置是带有单一零点与一个极点的过滤器，其传递函数描述为 $K(s) = K_c \dfrac{s+a}{s+b}$。若其零点出现在极点之前（即 $0 < a < b$），则称 $K(s)$ 为超前校正，否则称之为滞后校正，其最大的相位补偿点为 $\omega = \sqrt{ab}$。

所有的校正装置都将影响闭环系统的动态性能。一般来讲，超前校正会使系统的相角裕量增加，从而提高系统的相对稳定性，致使闭环系统的频带扩宽，这也正是我们所不希望的。

在频域法中，采用伯德图进行设计是最常见的，其基本思想是：改变原有系统开环频率特性的形状，使其具有希望的低频增益（满足稳态误差的要求）、希望的增益穿越频率（满足响应速度的要求）和充分的稳定裕量。在伯德图设计方法中，为方便起见常常采用如下形式的传递函数的校正装置：

$$K(s) = K_c \frac{\alpha TS + 1}{TS + 1}$$

下面举例说明系统的超前校正方法。

例 5-4 已知被控对象的传递函数 $G(s) = \dfrac{400}{s(s^2 + 30s)200}$，系统的设计指标如下：① 速度误差常数为 10；② 相角裕量为 45°。

解 由速度误差常数的要求，可绘制出的伯德图如图 5.4 所示，从中可见，此时系统相角的稳定裕量大约为 32°，因此需要再补偿 13°。

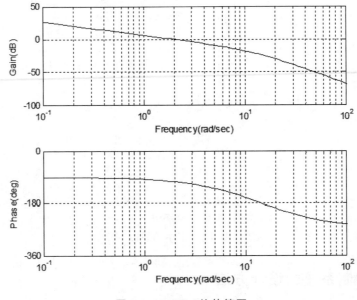

图 5.4　$K_c G(\mathrm{j}\omega)$ 的伯德图

在计算 α 时，应再将 ϕ 加上 $5°$ 的裕量，则可得 $\alpha = 1.89$。由此可进一步求得：

$-10\log\alpha = -2.77\,\text{dB}$ ，　$\omega_{\text{gc}} = 9\,\text{rad/s}$ ，　$T = \dfrac{1}{\sqrt{\alpha}\,\omega_{\text{gc}}} = 0.08\,\text{s}$ 。由上得校正装置传递函数为

$$K(s) = 5 \times \frac{0.15s + 1}{0.08s + 1}$$

不难求得校正后的相角裕量为 $41°$，接近系统设计要求。校正前后系统的模型及动态仿真结果如图 5.5 所示，从中可见，校正后系统的动态响应速度明显加快，这与理论分析结果是相符的。

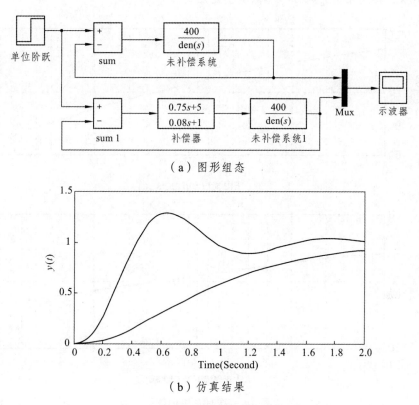

（a）图形组态

（b）仿真结果

图 5.5　系统图形组态及仿真结果

2. 滞后校正

在上述校正装置中若零点出现在极点之后（即 $a>b>0$），则 $K(s)$ 即为滞后校正。由于滞后校正装置给系统加入了滞后的相角，因而将会使得系统的动态稳定性变差。如果原有系统的稳定性已经较差（相角裕量较小），则系统校正中不宜采用滞后校正方法。

滞后校正可降低系统稳态误差。这一点可以假想校正装置在极点非常小（趋于零）的情况下，滞后校正装置将近似于一个积分器，它使得原系统增型，因而可以降低系统的稳态误差。

滞后校正将使得闭环系统的带宽降低（ω_{gc} 减小），从而使系统的动态响应速度变慢，这有利于减小外部噪声信号对系统的影响。

下面的例子说明了滞后校正的实现过程。

例 5-5 已知单位负反馈系统固有部分的传递函数为

$$G(s) = \frac{K}{s(s+1)(0.5s+1)}$$

若要求系统满足如下性能指标：开环放大倍数 $K_v = 5$，相角裕量 $r(\omega_c) \geq 40°$，幅值裕量 $K_g \geq 10$ dB，试设计校正装置。

解 原有系统的伯德图如图 5.6 所示，从中可见，当 $\omega = 1$ 时 $20\log K_v = 20\log 5 = 14$ dB，$\omega_{c0} = 2.1$ rad/s，相角裕量 $r_0 = -20°$（系统不稳定）。

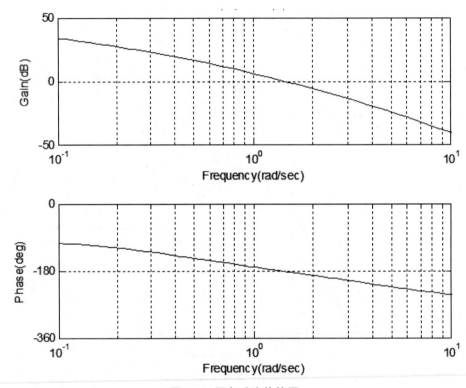

图 5.6 原有系统伯德图

由所要求的校正后 $r(\omega_c) \geq 40°$，可以解析求得：$\alpha = 0.1$, $T = 100$ s，则可得出滞后校正装置为

$$G_c(s) = \frac{10s+1}{100s+1}$$

校正后系统的开环传递函数为

$$G(s) = G_c(s)G_0(s) = \frac{5(10s+1)}{s(s+1)(0.5s+1)(100s+1)}$$

其伯德图如图 5.7 所示，系统图形组态及仿真结果如图 5.8 所示。从中可见，校正后系统具有良好的动态响应过程，而校正前系统动态是不稳定的。

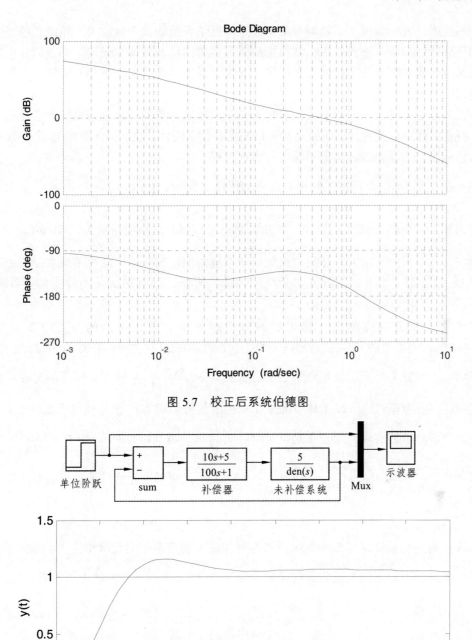

图 5.7　校正后系统伯德图

图 5.8　系统图形组态及仿真结果

3. 滞后-超前校正

超前校正是用超前相角对系统实现校正的，其优点是可以改善系统的动态性能（加宽系统频带，提高了系统的响应速度）。但同时一方面，使系统放大倍数有所衰减，不利于改善系统的稳态性能；另一方面，系统频带的增加也降低了系统的抗干扰能力。而滞后校正是用高频段的衰减特性对系统进行校正，其作用是改善系统的稳态性能。但同时一方面，引进了滞后相位而对改善系统的动态性能不利；另一方面，系统的频带有所减小，降低了系统的动态响应速度，但增加了系统的抗干扰能力。

从以上分析可见，若同时引入超前校正和滞后校正，可同时改善系统的动态性能与稳态性能，两者的优点得到发挥，而缺点又可以相互补偿。因此，在实际工作中滞后-超前校正也常被人们采用。下面通过具体例子说明其实现过程。

例 5-6 已知单位负反馈系统固有部分的传递函数为 $G_0(s) = \dfrac{K}{s(s+1)(0.5s+1)}$，要求系统满足如下指标：开环放大倍数 $K_v = 10$，相角裕量 $r(\omega_c) \geqslant 40°$，幅值裕量 $K_g \geqslant 10\ \mathrm{dB}$。

解 首先根据所要求的开环放大倍数绘制系统的伯德图（略），从中不难求得校正系统的相角裕度为 $-33°$，而 $\omega_g = 1.4\ \mathrm{rad/s}$，$K_g < 0\ \mathrm{dB}$。所以，此时系统是不稳定的，需要进行校正。

首先为了保证响应速度，校正后的剪切频率不应离校正前的剪切频率太远，取 $\omega_c = 1.4\ \mathrm{rad/s}$，则此时有 $\angle G_0(j\omega_c) = -180°$，$r_0(\omega_c) = 0°$，这样所需要达到的相角裕量 $r(\omega_c) \geqslant 40°$，就完全由滞后校正环节给出。根据 $\dfrac{1}{T_2} = \left(\dfrac{1}{5} \sim \dfrac{1}{10}\right)\omega_c$ 原则，即可确定滞后校正参数，其中还需要考虑到滞后校正环节部分在校正后的剪切频率 ω_c 处的相角不能小于 $-5°$，以及所涉及校正环节的实现问题。在这里，取 $\dfrac{1}{T_2} = \dfrac{\omega_c}{10} = \dfrac{1.4}{10} = 0.14\ \mathrm{rad/s}$，则 $T_2 = \dfrac{1}{0.14}s = 7.14\ \mathrm{s}$；再取 $\beta = 10$，$\dfrac{1}{\beta T_2} = 0.014\ \mathrm{rad/s}$，则 $T_2 = \dfrac{1}{0.14}\mathrm{s} = 7.14\ \mathrm{s}$；则所设计的滞后校正装置的传递函数为 $G_{c1}(s) = \dfrac{7.14s+1}{71.4s+1}$。

其次，确定超前校正环节参数的原则是要保证校正后系统剪切频率为 $1.4\ \mathrm{rad/s}$。同理，我们可以解得如下的超前校正装置的传递函数为 $G_{c2}(s) = \dfrac{1.43s+1}{0.143s+1}$。从上可得滞后-超前校正环节之传递函数为

$$G_c(s) = G_{c1}(s)G_{c2}(s) = \frac{(1.43s+1)(7.14s+1)}{(0.143s+1)(71.4s+1)}$$

校正后闭环系统的单位阶跃响应及其图形组态如图 5.9 所示，从中可见，校正后系统具有良好的动态响应，比原系统的性能有明显改善。

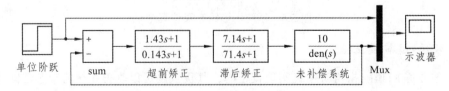

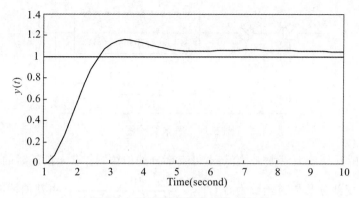

图 5.9 系统图形组态及仿真结果

4. 反馈校正

改善控制系统的性能，除采用上述三种串联校正方案以外，反馈校正也是广泛采用的系统设计方法之一。

对于前向通道上传递函数为 $G_0(s)$ 的单位闭环负反馈控制系统，所谓反馈校正就是在反馈通道上设置一校正装置 $H_c(s)$，在满足 $|G_0(j\omega) H_c(j\omega)| \gg 1$ 的条件下，则在我们感兴趣的频段里，就可以用 $\dfrac{1}{H_c(j\omega)}$ 取代原有闭环系统的特性，进而消除 $G_0(s)$ 中参数变化对系统性能的影响，当然 $H_c(s)$ 中的参数要有一定的稳定性和精度。通常称上述感兴趣的频段为接受校正频段。

控制系统采用反馈校正，除了能够获得与串联校正相同的效果外，还可赋予控制系统一些有利于改善系统控制性能的特殊功能。例如，比例负反馈可以减小其所包围环节的惯性，从而扩展系统频带；可以减小原有系统参数变化对系统性能的影响；可以消除系统不可变部分中不希望的特性等。

下面通过一具体的例子说明反馈校正的实现过程。

例 5-7 已知某位置随系统动态结构如图 5.10 所示，若要求满足如下性能指标：① 开环放大倍数 $K_v = 100$。② 超调量 $\delta \leqslant 23\%$。③ 过渡过程时间 $t_s \leqslant 0.6s$。试设计反馈校正装置 $H_c(s)$。

解 为便于确定 $H_c(s)$ 的参数，将图 5.10 等效成图 5.11 所示形式，并令 $sH_c(s) = H_c'(s)$，首先设计 $H_c'(s)$，然后确定 $H_c(s)$ 的参数。

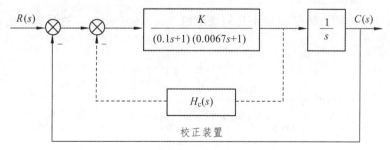

图 5.10 位置随动态系统结构图

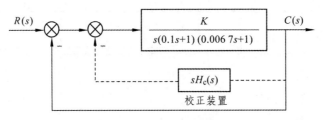

图 5.11　等效结构图

（1）按要求的开环放大倍数 K_v 绘制不可变部分的伯德图，求未校正时的相角裕量与幅值裕量。此时不可变部分的传递函数为 $G_0(s) = \dfrac{100}{s(0.1s+1)(0.067s+1)}$，由其伯德图（略），可求得

$\omega_{c0} = 31\ \mathrm{rad/s}$。进而，可经计算求得 $r_0(\omega_{c0}) = 6.3°$，$\omega_g = \sqrt{\dfrac{1}{0.1 \times 0.0067}}\ \mathrm{rad/s} = 38\ \mathrm{rad/s}$。可见，原系统是稳定的，但其动态指标不符合要求，需进行校正处理。

（2）求取期望频率特性。对于给定的时域指标 δ、t_s 可转化为相应的频域指标，即由

$$\begin{cases} M_r = 0.6 + 2.5\delta = 0.6 + 2.5 \times 0.23 = 1.175 \\ \sin r(\omega_c) = \dfrac{1}{M_r} \end{cases}$$

可求得 $r(\omega_c) = 58°$，由

$$\begin{cases} k = 2 + 1.5(M_r - 1) + 2.5(M_r - 1)^2 = 2.34 \\ \omega_c = \dfrac{k\pi}{t_s} = \dfrac{2.34 \times 3.14}{0.6}\ \mathrm{rad/s} = 12.246\ \mathrm{rad/s} \end{cases}$$

可近似取 $\omega_c = 12\ \mathrm{rad/s}$，由

$$\begin{cases} h = \dfrac{M_r + 1}{M_r - 1} = 12.4 \approx 12 \\ \omega_3 \geqslant \dfrac{2h}{h+1} \cdot \omega_c = 22\ \mathrm{rad/s} \\ \omega_2 \leqslant \dfrac{\omega_3}{h} = 6.9\ \mathrm{rad/s} \end{cases}$$

取 $\omega_3 = 83\ \mathrm{rad/s}$，$\omega_2 = 5\ \mathrm{rad/s}$。

另外，低频段的转折频率 ω_1 可由几何法求取，$\omega_1 = 0.6\ \mathrm{rad/s}$。这样即可确定校正后系统的开环传递函数为

$$G_c(s) = \frac{100}{s\left(\dfrac{1}{0.6}s+1\right)(0.0067s+1)} \cdot \frac{\left(\dfrac{1}{5}s+1\right)}{\left(\dfrac{1}{83}s+1\right)}$$

（3）校验性能指标。采用传统的计算方法不难验证：校正后系统的 $r(\omega_c) = 57.5°$，$K_v = 100s^{-1}$，δ 与 t_s 也满足设计要求。图 5.12 给出了校正前/后的图形组态及动态仿真结果，

从中可见,校正后的系统动态性能明显得到改善,超调量 $\delta < 23\%$,但过渡过程时间大于 0.6 s ,约为 0.8 s ,这是传统设计方法中存在一定误差所造成的,实际中可再适当做一些微调,以使指标达到要求。

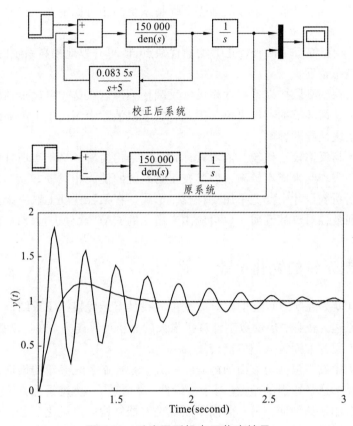

图 5.12　系统图形组态及仿真结果

（4）确定校正装置的 $H_c(s)$ 参数。因为低于 ω_1 和高于 ω_3 的频段不需进行校正,所以只需考虑 $\omega_1(= 0.6\ \text{rad}/\text{s}) \sim \omega_3(= 83\ \text{rad}/\text{s})$ 的校正频段。由原系统频率特性及校正后系统的希望特性,可推得: $H_c'(s) = \dfrac{K_n s^2}{\dfrac{1}{5}s + 1} = \dfrac{K_n s^2}{0.2s + 1}$, $K_n = \dfrac{1}{K_v \omega_1} = 0.0167$,进而求得反馈校正装置的传递函数为

$$H_c(s) = \frac{H_c'(s)}{s} = \frac{0.0167s}{0.2s + 1}$$

5. 设计方法小结

本节所述的设计方法属于经典控制理论的范畴,其实质上是用试探的方法来研究单输入-单输出线性定常系统的设计问题,因此设计方案并不是绝对唯一的。概括起来有如下几点:

（1）超前校正是利用超前校正环节（*PD* 或近似 *PD* 的控制规律）所提供的超前相角,增加校正后系统的相角裕度,并改变系统伯德图的中频段,使剪切频率增加,从而拓宽了系统的频带,提高了系统的快速性和相对稳定性。

（2）滞后校正是利用滞后校正环节（或近似 *PI* 的控制规律）较小的转折频率来改变系统的中低频段特性，使固有部分的伯德图下移，剪切频率较小，频带宽度减小，利用固有部分所提供的相角裕度满足稳定裕度的设计要求，因此其适用于对快速性要求不高的系统。滞后校正可以在增加系统开环放大倍数的前提下保持系统的相对稳定性，在效果上可以提高系统的稳态精度。

（3）滞后-超前校正综合了两种校正方法的优缺点，既可有效地提高系统的动态响应速度，又可提高系统的稳态精度。

（4）反馈校正在中频段按期望特性来设计反馈环节，以在这一可校正频段上使闭环系统的频率特性主要由反馈环节的特性决定。因此，它可以消除中频段中不需要的特性并可有效抑制参数变化对系统性能的影响。

（5）串联校正与反馈校正比较。前者设计容易、结构简单、易于实现且成本较低，而后者设计略显复杂，实现起来成本较高，但其校正后系统的性能相对较好。

总之，在控制系统设计中究竟采用哪种校正形式，在某种程度上取决于具体系统的结构及对系统的要求和被控对象的性质，也可应用专门化的 CAD 软件进行设计与分析。

5.2.3　控制系统的优化设计

所谓优化设计就是在所有可能的设计方案中寻找具有最优目标（或结果）的设计方法。它以一定的数学原理为依据，借助数字计算机强大的分析计算能力，在自动控制、机械设计、经济管理和系统工程等方面为人们广泛应用。

控制系统的优化设计包括两方面的内容：一方面是控制系统参数的最优化问题，即在系统构成确定的情况下选择适当的参数（对于非线性、时变系统、传统设计方法是难于实现的），以使系统的某种性能达到最佳；另一方面是系统控制器结构的最优化问题，即在系统控制对象确定的情况下选择适当的控制结构（或控制规律），以使系统的某种性能达到最佳。

本小节只讨论控制系统参数的优化设计问题。

1．优化设计中的几个概念

一般情况下，由于优化设计是相对某些具体设计要求或某一人为规定的优化指标来寻优的，所以优化设计所得结果往往是相对的最优方案。图 5.13 给出了优化设计的流程框图，下面简要介绍其中的几个概念。

图 5.13　优化设计框图

（1）设计变量。在优化设计中，将某些有待选择的量值称为设计变量（如系统参数）。通常，设计变量的初始值（可任意设定）不影响优化的结果，但影响优化设计的效率（计算时间）。

（2）约束条件。在优化设计中，某些设计变量的结果可能超出了某些设计要求的限制（不满足工程技术的要求）；计算机应能自动抛下不合理的设计方案，而去继续寻找最优化方案，以提高优化设计的效果。这些限制条件在数学上称之为约束条件。

（3）目标函数。实际上，真正意义上的"最优"是很难寻求的，我们所说的"最优"是指在一定"条件"下的最优，目标函数就是人们设计的一个"条件"。目标函数的选择是整个优化设计过程中的最重要的决策之一，其选择得如何直接影响最终结果。

（4）目标函数值的评定与权函数（罚函数）。在优化设计中，往往有几种方案可以被选择，如果各方案都满足约束条件的话，则目标函数值最小的即为最优方案。但是，在一个优化设计问题中，约束条件往往有好几项，而各种方案所满足的约束条件往往不一致，在这种情况下，怎样评判各个方案的优劣呢？这就需要把几个约束条件统一起来考虑再进行评判，在数学上有如下的综合目标函数

$$OBJ(\alpha) = OBJ_0(\alpha) + \sum_{i=1}^{m} C_i g_i^2(\alpha)$$

式中，$OBJ_0(\alpha)$ 为不考虑约束的目标函数；$g_i(\alpha)$，$i = 0, 1, \cdots, m$，为 m 个约束条件；C_1 为大于零的数，表示第 i 个约束在设计所占的比重，称为权；$\sum_{i=1}^{m} C_i g_i^2(\alpha)$ 为权函数。

2. 优化设计原理——单纯形法

优化设计就是要寻找一组最优的设计变量以使目标函数取值最小（或最大），所以从数学上讲就是求取函数的极值问题，在工程上称之为"寻优问题"。但是，在工程上的一些实际问题很难列写出其函数表示关系，因此常规由函数导数寻优的方法（梯度法）在许多工程问题上（如非线性时变控制系统中参数的优化）是不适用的。

在经典的优化设计方法中还有一类不必计算目标函数梯度的直接搜索方法，称之为随机实验法（或探索法）。大家可能都有这样的直观感觉，若能计算出（或测试出）若干点（即设计变量）处的函数值，然后将它们进行比较，从它们之间的关系就可以判断出函数变化的大致趋势，以作为搜索方向的参考。常见的这一类优化方法有黄金分割法（又称 0.618 优选法）、单纯形法及随机射线法等，其中单纯形法以其概念清晰、实现便利等优良性能广泛为人们所采用，下面就其优化设计原理做一简要介绍。

（1）单纯性。所谓单纯性是指变量空间内最简单的规则物体。如在二维平面内正三角形即为单纯性，而在三维空间内正四面体为单纯形。

（2）单纯形法的寻优原理。为便于说明，现以二维情况加以讨论。如图 5.14 所示，设初始单纯形 3 个顶点 A、B、C 的坐标值为 (x_{1i}, x_{2i})，$i = 1,2,3$，它相当于三个设计方案（例如为 PI 调节器参数的三种方案），可以分别计算出（或实验出）相应的三个目标函数值，比较大小，称目标函数值最大的点为"坏点"，次之为"次坏点"，最小的点为"好点"。这样，单纯形法的寻优过程可概括

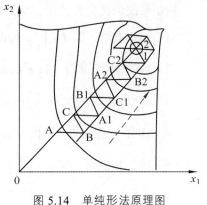

图 5.14　单纯形法原理图

为如下几点：

① 寻优原则。设 ΔABC 的 A 点为坏点，于是抛弃 A 点，将三角形沿 BC 边翻转，得到一个新的 $\Delta A_1 BC$。重复这一过程，即不断地抛弃坏点，建立新点。若坏点重复，则应抛弃次坏点，继续上述过程。

② 终点判别。当三角形逐渐接近峰顶（最优值）时，会出现三角形绕同一"好点"转圈的情况，即出现好点重复的现象。若用 T 表示三角形绕最优点翻转的次数，N 表示变量的维数，则当 $T \geqslant 1.65N$ 时说明三角形已达到峰顶（极值点）。

③ 精度调整。如果对所设计变量的精度要求较高，可将单纯的边长 a 值缩小，而后继续上述寻优过程，直到满意为止。

单纯形法最终所得到的"好点"即为最优设计方案，对应的变量值为最优化设计参数。

④ 单纯形顶点的坐标计算。单纯性的翻转具有一个特点，即新得到的单纯形仅增加一个新点，其余各顶点不变。所以单纯形顶点的坐标计算关键在于求解新点的坐标，这是一个几何问题，不难推导 n 个变量时的新点坐标计算公式如下

$$新点坐标 = \frac{2}{n} \times (留下 n 点坐标之和) - (抛弃点的坐标)$$

3. 目标函数的选取

对于不同的优化设计问题，其目标函数的选取方式是不一样的。下面所述目标函数的选取方式是针对如图 5.15 所示的控制系统而言的。

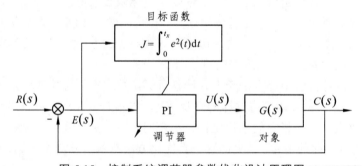

图 5.15　控制系统调节器参数优化设计原理图

控制系统的优化设计中，常用的目标函数有如下几种：

（1）IAE 准则，即 $J = \int_0^{t_s} |e(t)| \mathrm{d}t$

（2）ISE 准则，即 $J = \int_0^{t_s} e^2(t) \mathrm{d}t$

（3）ITAE 准则，即 $J = \int_0^{t_s} t|e(t)| \mathrm{d}t$

（4）ITSE 准则，即 $J = \int_0^{t_s} te^2(t) \mathrm{d}t$

（5）ISTAE 准则，即 $J = \int_0^{t_s} t^2 |e(t)| \mathrm{d}t$

（6）ISTSE 准则，即 $J = \int_0^{t_s} t^2 e(t) \mathrm{d}t$

这些目标函数对于同一个优化问题，其优化结果是不相同的，使控制系统所具有的动态性能也不一样（如快速性、超调量等），具体应用哪一种目标函数还需在实际应用中适当地加以选择，下面举例说明之。

例 5-8　对于位置伺服系统，一般要求具有"快速-无超调"的阶跃响应特性，试选择优化设计的目标函数。

解　经验表明，ITAE 准则可使控制系统具有快速响应特性，因此所选目标函数中应包含有 ITAE 准则。如何达到系统动态响应"无超调"的目的呢？我们只需在目标函数中加入对系统超调量的约束即可，即系统参数优化的目标函数为

$$J = \int_0^{t_s} t\,|e(t)|\,\mathrm{d}t + \alpha \int_0^{t_s} E(t)\,\mathrm{d}t$$

式中，$E(t) \in \left[(r(t)-c(t)) < 0\right]$；$\alpha$ 为 $E(t)$ 的加权系数。实际应用表明，只要适当选取 α 值，参数优化后系统可以达到"快速-无超调"的目的。

4. 实例分析

对基于单纯形法的无限定多变量优化问题，MATLAB 提供了可直接应用的函数，其语句格式为

$$X = \mathrm{fmins}('函数名'，初值)$$

下面通过例题说明其具体用法。

例 5-9　已知如图 5.15 所示系统中，调节器为 PI 结构，对象传递函数 $G(s) = \dfrac{1}{10s+1}e^{-s}$，若希望系统对单位阶跃给定具有快速响应特性，试确定调节器参数 K_p、K_i 值。

解　首先，设计一个函数，定名为 optm.m，在这个函数中以 K_p、K_i 为自变量，ITSE 准则下的目标函数为输出；采用命令行仿真方式进行计算，其仿真函数为 sim( )，调用格式为

$$[\mathrm{t,x,y}] = \mathrm{sim}('.mdl文件名'，仿真时间，仿真初值)$$

式中，t 是仿真的时间变量；x 为状态变量矩阵；y 为 .mdl 文件的输出。

其次，使用 Simulink 建立仿真模型文件（命名为 optzhang.mdl），如图 5.16 所示。

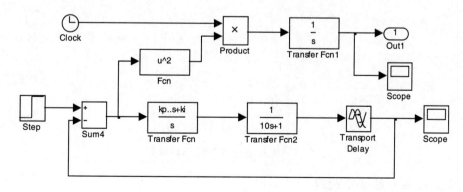

图 5.16　单纯形法优化设计的图形组态

上述设计的源程序如下：

主程序：tryopt.m

```
global kp；
global ki；
global i；
i=1；
result=fmins（'optm'，[2    1]）；
```

优化的目标函数：optm.m

```
function    ss=optm（x）
global    kp；
global    ki；
global    i；
kp=x（1）；
ki=x（2）；
i= i+1；
[tt，xx，yy]=sin（'optzhang',40，[]）；
yylong=length（yy）；
ss=yy（yylong）；
```

优化计算时，在 MATLAB 的命令窗口运行主程序即可得到优化的参数 K_p 及 K_i，而优化后系统的动态性能可以利用 MATLAB 的各种手段进行观察与处理，图 4.17 给出了优化设计的时域仿真结果，其中曲线 1 为优化前的动态响应（$K_p = 2, K_i = 1$），曲线 2 为优化后系统的动态响应（$K_p = 6.9461, K_i = 0.58827$）。可见，系统的动态响应速度提高了很多，而且超调量也很低，显然系统动态性能得到有效的改善。

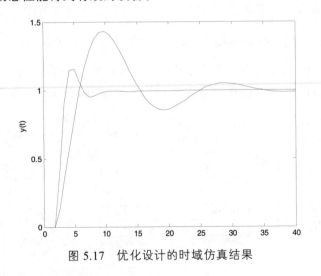

图 5.17　优化设计的时域仿真结果

5．实际应用中的几个问题

（1）优化设计结果的有效性问题。尽管人们总是在设法使系统性能指标达到最优化，但在实际问题中还要考虑效果是否显著。比如，采用不同的目标函数进行优化设计所得到的最优参数值对控制系统固有的参数变化的敏感程度就不完全相同（如 ISE 不很灵敏，ITAE 较灵敏）。通常是将不太灵敏的指标函数应用于系统固有参数值不是太确切的优化设计中。因此，有时我们宁可让所得参数适当地偏离"最优"值，以求得其他指标的改善。

（2）局部最优与全局最优问题。在优化设计过程中应注意所得到的解可能为局部极值点，而不是所求的全局范围内的极值点。一般情况下，如果从不同的初点开始寻优，而得到相同的结果，则称这一结果为全局最优解，否则就是局部最优解。

（3）寻优速度问题。尽管单纯形法非常适合于非线性控制系统的参数优化问题，但其寻优速度并不理想，相对较慢，在某种程度上影响了它的应用。通常人们是在初值、步长与精度三方面进行协调，以使寻优速度（或优化设计效率）得以提高，具体方法大家很容易想出，这里就不做详谈。

（4）"在线"应用问题。通常情况下，由于优化设计计算方法比较烦琐、收敛速度不理想等，使得优化设计仅停留在"离线"应用的水平上，即只是在计算机上做理论分析与设计。现在，由于数字计算机在硬件及软件水平上都已有较大进步，尤其是网络技术在控制系统（如分布式控制系统）中的逐步应用为优化技术的"在线"应用开辟了广阔前景。优化设计技术现已在"参数自整定温度控制器""位置伺服系统的自寻最优控制"及"电气控制系统运行状态的自动诊断"等问题上得到实际应用。经验表明[9]，对于一类具有重复运动特性的位置伺服系统（如定位测试系统），只要初值选择得当，基于单纯形法的调节器参数自整定方法具有良好的收敛特性，完全可以"在线"应用，以实现系统运行状态的自寻最优控制。

第 6 章　Simulink 基础

Simulink 是 MATLAB 的一个附加组件，为用户提供了一个建模与仿真的工作平台。由于它的许多功能都是基于 MATLAB 软件平台的，而且必须是在 MATLAB 环境下运行，有人也将 Simulink 称之为 MATLAB 的一个工具箱（Toolbox）。它能够实现动态系统建模与仿真的环境集成，且可以根据设计及使用的要求，对系统进行修改与优化，以提高系统工作的性能，实现高效开发系统的目的。

6.1　系统仿真（Simulink）环境

前面介绍的 MATLAB 仿真编程是在文本窗口中进行的，编制的程序是一行行的命令和 MATLAB 函数，而在 Simulink 仿真环境中[11, 13]，由于它与用户交互接口是基于 Windows 的模型化图形输入，所以用户可以通过单击拖动鼠标的方式绘制和组织系统，并完成对系统的仿真。在 Simulink 环境中，系统的各元件的模型都用框图来表达，框图之间的连线则表示了信号流动的方向。对用户来说，只需要知道这些功能模块的输入输出、功能模块的功能以及图形界面的使用方法，就可以很方便地使用鼠标和键盘进行系统仿真，而不必通过复杂的编程去完成系统的动态仿真，这无疑是很受欢迎的。本节将介绍 Simulink 工作环境及其模型库。

Simulink 是 Simulation 和 Link 两个英文单词的缩写，意思是仿真链接，MATLAB 模型库都在此环境中使用，从模型库中提取模型放到 Simulink 的仿真平台上进行仿真。所以，有关 Simulink 的操作是仿真应用的基础。

Simulink 作为面向系统框图的仿真平台，它具有如下特点：

（1）以调用模块代替程序的编写，以模块连成的框图表示系统，单击模块即可以输入模块参数。以框图表示的系统应包括输入、输出和组成系统本身的模块。

（2）搭建系统模型，设置好仿真参数，即可启动仿真。这时 Simulink 会自动完成仿真系统的初始化过程，将系统模型转换为仿真的数学方程，建立仿真的数据结构，并计算输出。

（3）系统运行的状态和结果可以通过波形和曲线观察，等效于实验室中用示波器观察。

（4）系统仿真数据可以用*.mat 格式的文件保存，便于用其他数据处理软件进行处理。

（5）如果系统模型搭建不完整或仿真过程中出现计算不收敛的情况，就会给出一定的出错提示信息。

6.1.1　Simulink 工作环境

1. 进入 Simulink 的方法

从 MATLAB 窗口进入 Simulink 环境有以下三种方法：

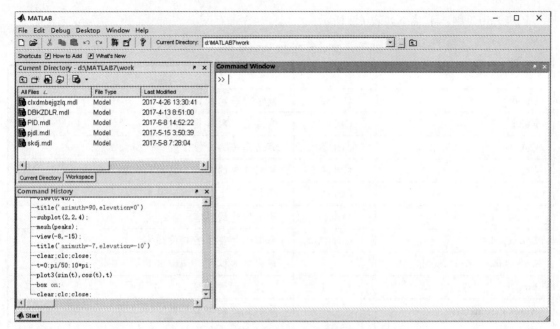

图 6.1　从 MATLAB 窗口进入 Simulink 环境

（1）在 MATLAB 菜单栏上单击"File"，并在下拉菜单中的"New"选项下单击"Model"。

（2）在 MATLAB 工具栏上单击如图 6.1 所示的按钮，然后在打开的模型库浏览器窗口菜单上单击按钮；

（3）在 MATLAB 的命令窗口输入"Simulink"后回车，然后在打开的模型库浏览器窗口菜单上单击按钮。

2．Simulink 窗口菜单命令

Simulink 窗口中各菜单下的主要命令如表 6.1~表 6.6 所示。

（1）File（文件）菜单如表 6.1 所示。

表 6.1　File 文件菜单

选　项	快捷键	说　明
New	Ctrl+N	创建新的 Simulink 工作窗口
Open	Ctrl+O	打开已经存在的 Simulink 模型文件
Close	Ctrl+W	关闭当前的 Simulink 工作窗口
Save	Ctrl+S	保存当前的模型文件，文件的路径和文件名保持不变
Save As		将当前的模型文件按新的路径、文件名保存
Source Control		登记编辑文件的文件名及路径等到源系统中
Model properties		模型属性
Preferences		选项
Print	Ctrl+P	打印模型文件
Print setup		打印设置
Exit MATLAB	Ctrl+Q	退出 MATLAB

（2）Edit（编辑）菜单如表 6.2 所示。

表 6.2　Edit 编辑菜单

选　项	快捷键	说　明
Undo	Ctrl+Z	撤销前一次操作
Redo	Ctrl+Y	恢复前一次操作
Cut	Ctrl+X	剪切选定的内容，并放到剪贴板上
Copy	Ctrl+C	复制选定的内容，粘贴到光标所在位置
Paste	Ctrl+V	将剪贴板上的内容粘贴到光标所在位置
Delete	Delete	清除所选的内容
Select All	Ctrl+A	全部选定整个窗口的内容
Copy Model To Clipboard		将窗口的模型复制到剪贴板上
Find	Ctrl+F	寻找目标的位置
Block Parameters		显示选定模块的参数
Block Properties		显示选定模块的属性
Create Subsystem	Ctrl+G	创建分支模块，将选定的部分系统模型打包，以一个模块显示
Mask Subsystem	Ctrl+M	封装分支模块
Look Under Mask	Ctrl+U	显示分支模块的内容
Update Diagram	Ctrl+D	更新模型框图的外观

（3）View（查看）菜单如表 6.3 所示。

表 6.3　View 查看菜单

选　项	快捷键	说　明
Toolbar		显示或隐藏工具栏
Statebar		显示或隐藏状态栏
Model Browser Options		模型浏览器选项
Block Data Tips Options		设置模块数据的选项
System Requirements		设置与系统的连接
Library Browser		将剪贴板上的内容粘贴到光标所在位置
Model Explorer	Ctrl+H	汇总显示与该仿真文件有关的各种信息
MATLAB Desktop		返回 MATLAB 界面
Zoom out		缩小模型显示
Zoom in		放大模型显示
Fit system to view		自动选择合适的显示比例
Normal		标准显示比例

（4）Simulink（仿真）功能菜单如表 6.4 所示。

表 6.4　Simulink 仿真功能菜单

选　项	快捷键	说　明
Start（Pause）	Ctrl+T	启动（暂停）仿真
Stop		停止仿真
Configuration Parameters	Ctrl+E	仿真参数设置
Normal		用标准模式仿真
Accelerator		仿真加速器
Rapid Accelerator		快速仿真加速器
External		外部模式仿真

（5）Format（模块格式）菜单如表 6.5 所示。

表 6.5　Format 模块格式菜单

选　项	快捷键	说　明
Font		字体设置
Text Alignment		标题定位
Flip Name		移动模块名
Flip Block	Ctrl+I	模块顺时针旋转 180°
Rotate Block	Ctrl+R	模块顺时针旋转 90°
Hide（Show）Name		隐藏（显示）模块名
Hide（Show）Drop Shadow		显示（隐藏）模块的阴影
Hide（Show）Port Labels		显示（隐藏）子系统标签
Foreground Color		设置前景颜色
Background Color		设置背景颜色
Screen Color		设置屏幕颜色
Align Blocks		设置模块排列方式
Distribute Blocks		设置模块分布方式
Resize Blocks		设置各模块大小

（6）Tools（工具）菜单如表 6.6 所示。

表 6.6 Tools 工具菜单

选　项	说　明
Simulink Debugger	Simulink 调试程序
Fixed-Point	定点运算设置
Model Advisor	模型指导
Model Dependency	模型从属查看器
Lookup Table Editor	查询表编辑器
Date Class Designer	数据类型设计
Bus Editor	总线编辑器
Profiler	优化 M 文件的工具
Coverage Setting	模型设置
Requirements	要求
Design Verifier	设计验证
Inspect Logged Signals	检查已有的信号
Signal & Scope Manager	信号 & 示波器管理
Real-Time Workshop	实时工作间选择
External Model Control Panel	外部模式控制板
Control Design	控制设计
Parameter Estimation	参数估计
Report Generator	模型文件设置清单
HDL Coder	硬件描述语言编码器
Data Object Wizard	数据对象向导

6.1.2 Simulink 的基本操作

对 Simulink 中功能模块的基本操作，主要包括对它们进行提取、移动、复制、删除、转向、改变大小、模块命名、颜色设定、参数设定、属性设定、模块输入输出信号的设定等基本操作。下面将对它们的操作方法逐一进行说明。

1. 模块的提取

用 Simulink 对系统进行仿真，第一步就是将所需模块从模型库中提取出来，并放到 Simulink 的仿真平台上去（Simulink 窗口的中间空白区）。方法有以下两种：

（1）在模型浏览器中用鼠标单击选中需要的模块，选中的模块名会变色，然后单击鼠标右键选择"Add to 文件名"，这时选中的模型会出现在 Simulink 的仿真平台上。

（2）将光标指针移动到需要的模块上，按住鼠标左键将模型图标拖曳到 Simulink 的平台上，然后松开鼠标即可。

2. 模块的移动、放大和缩小

为了使绘制的系统比较美观，需要将各个调用的模块放到合适的位置上，也需要调整模块的大小比例，可以进行如下操作。

（1）移动模块仅需要将光标指针移到该模块上，单击鼠标左键，拖曳该模块到相应位置即可。也可以在选中模块后用键盘上的上、下、左、右键移动模块。若要脱离线而移动，可按住"Shift"键，再进行拖曳。

（2）放大或缩小模块只需选中功能模块，此时该模块将出现 4 个黑色标记，用鼠标对这4 个黑色标记进行拖曳，即可调节该模块的大小。

3. 模块的复制和粘贴

已经放到 Simulink 平台上的模块，如果系统中需要用到多个，则可以复制；如果要将平台上的模块或模型转移到另一个系统的仿真中使用，也可以采用复制的方法，其操作步骤如下：

（1）选中模块，然后在"Edit"菜单下选择"复制"命令（Copy），再用"粘贴"命令（Paste）就可以将它复制到其他地方。

采用这种方法不仅可以复制一个模块，并且可以同时复制几个不同的模块，或者复制仿真模型的一部分乃至全部，然后转移到其他地方使用。后者只需要按下鼠标左键拖拉鼠标，平台上即出现一个虚线的方框，松开鼠标，曾被虚线方框包围的所有模块四角都会出现小黑块，即表示已被选中，然后使用复制和粘贴命令就可以复制或转移到其他地方使用。

（2）在同一模型中需要复制某一模块，可以用更简捷的办法，就是在选中模块的同时按下"Ctrl"键拖拉鼠标，选中的模块上会出现一个小"+"号，继续按住鼠标和"Ctrl"键不动，移动鼠标就可以将该模块拖拉到模型的其他地方复制出一个相同的模块，同时该模块名后会自动加"1"，因为在同一仿真模型中，不允许出现两个名字相同的模块。

4. 模块的删除和恢复

对放在平台上的模块，如果不再需要则可以将其删除。操作步骤是选中要删除的模块后，使用键盘的"Delete"键来删除。如果要删除已经构建了的模型的某一部分或全部，可以在要删除的部分上单击鼠标左键拖拉出一个方框，框内的全部模块和连线将被选中，然后按"Delete"键，这部分模型包括连线就将被删除。被删除的模块和内容可以用"Edit"菜单下的"Undo"命令或"撤销"按钮恢复。

5. 模块的转向

为了能够顺序连接功能模块的输入和输出端，功能模块有时需要旋转。在"Format"菜单中选择"Flip Block"（快捷键 Ctrl+I）顺时针旋转 180°，旋转"Rotate Black"（快捷键 Ctrl+R）顺时针旋转 90°。也可选中该模块后，单击鼠标右键，进行相同操作。

6. 模块名的修改和移动

在每个模块的下方都有一个模块名，模块名可以修改、移动和隐藏。首先用鼠标单击该模块名，单击后模块名的外侧出现小框，这时可以和文本框一样，修改模块名称。

模块名的放置位置可以调整，但只能是在模块的上方或下方，这仅需在单击模块名时不松开鼠标，直接将模块名拖动到模块的上下方即可。如果不需要显示模块名，则首先选中模块，然后在"Format"菜单下单击"Hide Name"命令即可，这时模块名被隐藏起来。如果需要重新显示模块名，同样选中模块后，在菜单下选择"Show Name"命令，隐藏的模块名会重新显示出来。

7. 模块颜色的改变

菜单"Format"中的"Foreground Color"/"Background Color"分别改变功能模块的前景/背景颜色，而"Screen Color"可改变模型窗口的颜色。

8. 模块的参数设置

Simulink 模型库里的模块放到仿真窗口之后，在使用前大多数模块都需要设置模块的参数。模块参数的设置很简单，双击模块图标，这时就会弹出参数对话窗口，如图 6.2 所示，为一个常数输入模块及其对话框。对话框中上部是模块功能的简要介绍，下面是模块参数设置栏，在设置栏中可以按要求键入参数。如果对参数设置有不清楚的地方，可以使用对话框下方的 Help 按钮取得帮助，这时会打开该模块的说明书。参数设好后，单击"OK"按钮关闭对话框，模块参数设置完毕。模块参数在仿真进行过程中是不能修改的。

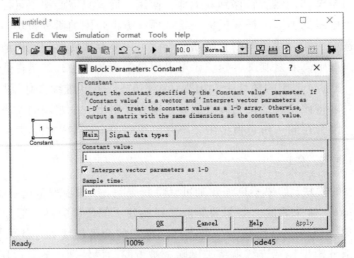

图 6.2　模块参数对话窗口

9. 模块的属性设定

若打算修改模块属性，可右键单击该模块，单击"Block Properties"，从而进入模块属性设定对话框，如图 6.3 所示（Block Properties：Transfer Fcn），包括 Description 属性、Priority 优先级属性、Tag 属性、Block Annotation 属性、Callbacks 属性等。

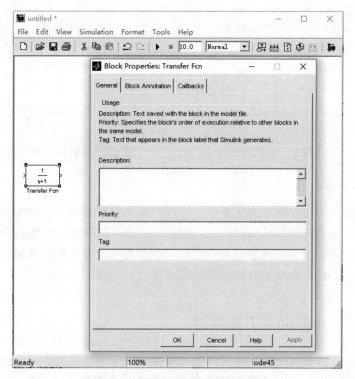

图 6.3　模块的属性设定对话框

10. 模块的连接

使用 Simulink 仿真，系统模型是由多个模块组成的，模块与模块间需要用信号线连接。连接的方法是，将光标箭头指向模块的输出端，对准后光标变 "+" 字星，这时按下鼠标左键，拖曳 "+" 字星到另一个模块的输入端后松开鼠标左键，在模块的输出和输入端之间就出现了带箭头的连线，并且箭头指示了信号的流向。

如果要在信号线的中间拉出分支连接另一个模块（见图 6.4 和图 6.5），可以先将光标移向需要分岔的地方，同时按下键盘中的 "Ctrl" 键和鼠标则可拖拉出一根支线，然后将支线引到另一输入端口松开鼠标即可，如图 6.6 所示。

11. 连线的弯折、移动和删除

如果信号线中间需要弯折，如图 6.7 所示，只需要在拉出信号线时，在需要弯折的地方松开鼠标停顿一下，然后继续按下鼠标左键改变鼠标移动方向就可以画出折线。要移动信号线的位置，首先选中要移动的线条，再将光标指向线条上需要移动的那一段，拖动鼠标即可。若要删除已画好的信号线，只需在选中信号线后，按键盘上的 "Delete" 键即可。

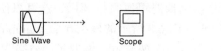

图 6.4　两个功能模块连接前

图 6.5　两个功能模块连接后

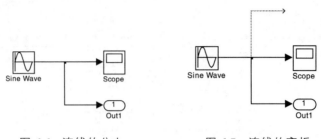

图 6.6　连线的分支　　　　　图 6.7　连线的弯折

12.　批处理方法

当所分析的系统的仿真模型构建完毕，可以对每个模块的每个参数逐个修改，也可以批量修改，其操作方法为：全部选中模块，右键单击所选择的模块，弹出它们的属性参数设置按钮，单击"format"，可以完成包括修改字体大小和型号、模块旋转和翻转等基本操作，单击"Background Color"，修改所有模块的背景颜色。

6.1.3　创建 Simulink 仿真模型

对初学者来说，Simulink 的快速入门是最为关心的事情。下面将通过典型应用实例，帮助读者加深对在 Simulink 中建立仿真模型的基本方法与步骤的理解和学习。

例如，已知某直流比较仪的输出特性曲线的表达式为 $I_1=kI_2+I_0$，式中 I_1 和 I_2 分别为一次电流和二次电流，I_0 为比较仪的偏置系数，k 为比较仪的灵敏度，且已知 k=50 和 I_0=80 mA，试用 Simulink 绘制该比较仪的输出特性曲线。

现将分析和创建模型的方法和步骤讲述如下。

1.　调用功能模块

首先确定需要哪些功能模块，并找到它们所在的模块库。分析该直流比较仪的输出特性曲线的表达式可知，它由 I_0 和 kI_2 组成。如图 6.8 所示，经过分析，该表达式需要以下几个功能模块。

（1）Simulink\Sources\Ramp 模块：产生 I_2 信号；

（2）Simulink\Sources\Constant 模块：产生常数 I_0；

（3）Simulink\Sources\Gain 模块：将输入信号乘上 k；

（4）Simulink\Sources\Sum 模块：把两个量 I_0 和 kI_2 加起来；

（5）Simulink\Sources\Scope 模块：相当于示波器，显示比较仪输出特性曲线的结果。

2.　创建并保存模型文件

建好的仿真模型可以保存起来，以便下次需要时可以直接调用，这可以使用"File"菜单下的"Save"命令或工具栏上的按钮💾，将如图 6.8 所示的模型存为 example.mdl。如果是一个新的尚未命名的仿真模型，这时系统会提示给模型命名，模型名的后缀为.mdl。模型一般保存在 MATLAB 下的 work 文档中，当然也可以保存到其他地方。如果要调用一个已经存在的模型，可以使用"File"菜单下的"Open"命令或菜单上的按钮📂。当然已经存在的模型或者修改后的模型也可以另外保存，这可以使用"File"菜单下的"Save As"命令，这时可以给模型取一个新的名字并保存起来。

3. 连接模块并设置参数

将各个功能模块按照如图 6.8 所示的示意图，进行连线并设置各个功能模块的参数：

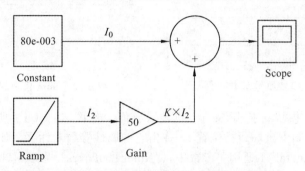

图 6.8　某直流比较仪输出特性曲线的仿真模型

（1）双击 Constant 模块，弹出它的属性参数对话框，如图 6.9 所示，在"Constant value"输入栏中键入"80e-3"，因为 $I_0 = 80$ mA，单击"OK"按钮。

（2）双击 Ramp 模块，弹出它的属性参数对话框，如图 6.10 所示。"Slope"表示斜坡函数的斜率，默认值为 1，即 $\tan(\theta) = 1$，$\theta = 45°$；"Start time"表示斜坡函数的时间偏移（time offset），默认值为 0；"Initial output"表示斜坡函数的起始值，默认值为 0。本例均用它的默认值，单击"OK"按钮。

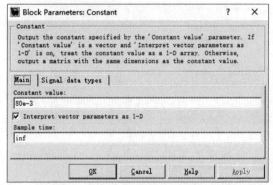
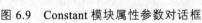
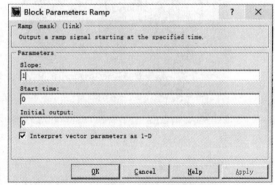

图 6.9　Constant 模块属性参数对话框　　　图 6.10　Ramp 模块属性参数对话框

（3）双击 Gain 模块，弹出它的属性参数对话框，如图 6.11 所示，在"Gain"输入栏中键入"50"。因为 $k = 50$，单击"OK"按钮。

（4）双击 Sum 模块，弹出它的属性参数对话框，如图 6.12 所示，单击"Icon shape"栏（设定功能模块的外观）右边的下拉滚动条，可以改变 Sum 模块的外形，在 Simulink 中，Sum 模块的外形被默认为 round（圆形），也可选择"rectangular"（矩形），将 List of signs 栏置为"++"，然后单击"OK"按钮。

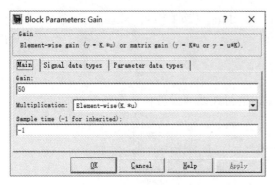

图 6.11　Gain 模块属性参数对话框

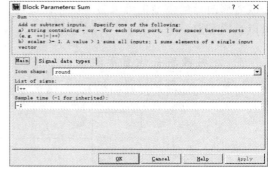

图 6.12　Sum 模块属性参数对话框

（5）双击 Scope 模块，打开 Scope 的显示界面，如图 6.13（a）所示。单击左上角的"Parameters"按钮（图中鼠标所指位置），弹出它的属性参数对话框，如图 6.13（b）所示。在 Scope 模块的"General"（通用）参数中，"Number of axes"为显示轴数，默认数为 1，如需显示两个参数的波形，将显示轴数改为 2（Number of axes=2）即可，在 Scope 模块的"Data history"（数据显示）参数中，如果要将仿真生成的数据存到 MATLAB 中 Workspace 中去，就需要将"Save data to workspace"选择栏勾上（√），且需要给这个变量取名字，默认名为 Scopedata，读者可以根据需要自行修改。注意取名需遵循变量命名原则，否则会出错。数据的保存格式可以根据需要进行选择，如图 6.13（c）所示。

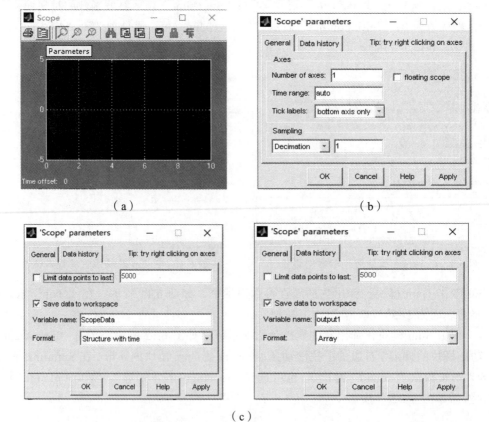

图 6.13　Scope 模块属性参数对话框

4. 设置仿真参数

仿真参数的设定和仿真解算器的选择方法讲述如下。

单击"example.mdl"窗口的菜单"Simulation",如图 6.14 所示,单击"Simulation Parameters"按钮,弹出名为"Simulation Parameters:example"的窗口,如图 6.15 所示。其次,看到"solver"(仿真解算器)的对话框,它允许用户设置仿真的开始和结束时间,选择解算器类型、解算器参数以及一些输出选项,使用方法如下:

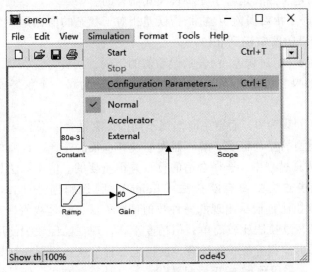

图 6.14　打开仿真参数的设定对话框

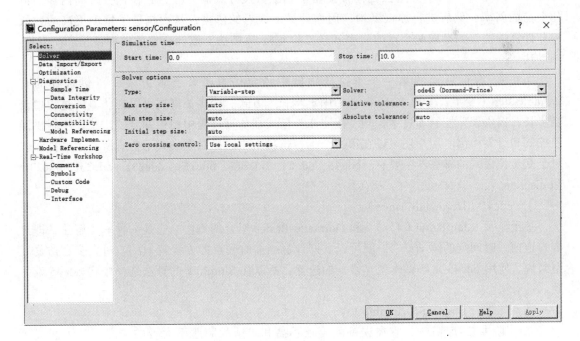

图 6.15　仿真参数的设定对话框

（1）Simulation Time（仿真时间）。

左边为 Simulation Time（仿真时间）的 Start Time（起始时间），右边为 Scope Time（结束时间）。

（2）Solver Options（解算器选项）。

在 Simulation Time 下面，就是 Solver options（解算器）的输入栏，即设置解算器的参数和选择一些输出选项，如 Relative tolerance（相对误差）和 Absolute tolerance（绝对误差）。上述两种仿真精度的定义方式是对于变步长模式而言的。

Relative tolerance（相对误差）：它是指误差相对于状态的值，是一个百分比，默认值为1e-3，表示状态的计算值要精确到 0.1%。

Absolute tolerance（绝对误差）：表示误差值的门限，或者是说在状态值为零的情况下，可以接受的误差。如果它被设成了 auto，那么 Simulink 为每一个状态设置初试绝对误差为1e-6。

一般仿真开始时间设为 0，而结束时间视不同的因素选择。总体来说，执行一次仿真要耗费的时间依赖于模型的复杂程度、解算器类型及其步长的选择、计算机时钟的速度等。

在 Simulink 的仿真过程中，选择合适的算法是很重要的。仿真算法是求常微分方程解的数值计算方法，这些方法主要有欧拉法（Euler）、阿达姆斯法（Adams）龙格-库塔法（Rung-Kutta）等。欧拉法是最早出现的一种数值计算方法，它是数值计算的基础，它用矩形面积来近似积分计算，欧拉法比较简单，但精度不高，现在已经较少使用。阿达姆斯法是欧拉法的改进，它用梯形面积近似积分计算，所以也称梯形法。梯形法计算每步都需要经过多次迭代，计算量较大，采用预报-校正后只迭代一次，计算量减少，但是计算时要用其他算法计算开始的几步。龙格-库塔法是间接使用泰勒级数展开式的方法，它在积分区间内多预报几个点的斜率，然后进行加权平均，用作计算下一点的依据，从而构造了精度更高的数值积分计算方法。如果取两个点的斜率就是二阶龙格-库塔法，取四个点的斜率就是四阶龙格-库塔法。

用户在 Type 后面的第一个下拉选项框中指定仿真步长选取方式，可供选择的有Variable-step（变步长）和 Fixed-step（固定步长）方式。变步长模式可以在仿真的过程中改变步长，提供误差控制和过零检测。固定步长模式在仿真过程中提供固定的步长，不提供误差控制和过零检测。用户还可以在第二个下拉选项框中选择对应模式下仿真所采用的算法。对于变步长模式的解算器主要有：ode45，ode23，ode113，ode15s，ode23s，ode23t，ode23tb和 discrete。

① ode45（Dormand-Prince）。

基于显示 Rung-Kutta（4，5）和 Dormand-Prince 组合的算法，它是一种一步解法，即只要知道前一时间点的解 $y(t_{n-1})$，就可以立即计算当前时间点的方程解 $y(t_n)$。对大多数仿真模型来说，使用 ode45 来解算模型是最佳的选择，所以在 Simulink 的算法选择中将 ode45 设为默认的算法。

② ode23（Bogacki-Shampine）。

二/三阶龙格-库塔法，它在误差限要求不高和求解的问题不太难的情况下，可能会比ode45 更有效。它也是一个单步解算器。

③ ode113（Adams）。

ode113 是一种阶数可变的解算器，它在误差允许要求严格的情况下通常比 ode45 有效。ode113 是一种多步解算器，也就是在计算当前时刻输出时，它需要以前多个时刻的解。

④　ode15s（Stiff/NDF）。

ode15s 是一种基于数字微分公式的解算器（NDFs），也是一种多步解算器。适用于刚性（stiff）系统，当用户估计要解决的问题是比较困难的，或者不能使用 ode45，或者即使使用效果也不好时，就可以用 ode15s。

⑤　ode23s（Stiff/Mod.Rosenbrock）。

ode23s 是一种单步解算器，专门应用于刚性（stiff）系统，在弱误差允许下的效果优于 ode15s。所以若在解算一类带刚性的问题时用 ode15s 处理不行，可以用 ode23s 算法。

⑥　ode23t（Mod.Sdff/Trapezoidal）。

ode23t 是一种采用自由内插方法的梯形算法。如果模型有一定刚性，又要求解没有数值衰减时，可以使用这种算法。

⑦　ode23tb（stiff/TR-BDF2）。

ode23tb 采用 TR-BDF2 算法，即在龙格-库塔法的第一阶段用梯形法，第二阶段用二阶的 Backward Differentiation Formulas 算法。从结构上讲，两个阶段的估计都使用同一矩阵。在容差比较大时，ode23tb 和 ode23t 都比 ode15s 要好。

⑧　discrete（No Continuous States）。

这是处理离散系统（非连续系统）的算法，当 Simulink 检查到模型没有连续状态时使用它。

对于固定步长模式的解算器主要有 ode5，ode4，ode3，ode2，ode1 和 discrete。

①　ode5：它是仿真参数对话框的缺省值，是 ode45 的固定步长版本，适用于大多数连续或离散系统，不适用于刚性（stiff）系统。

②　ode4：四阶龙格-库塔法，具有一定的计算精度。

③　ode3：固定步长的二/三阶龙格-库塔法。

④　ode2：改进的欧拉法。

⑤　ode1：欧拉法。

⑥　discrete：是一个实现积分的固定步长解算器，它适合于离散无连续状态的系统。

对于变步长模式，用户可以设置最大的和推荐的初始步长参数，缺省情况下为 auto，步长自动确定。

Max step size（最大步长参数）：它决定了解算器能够使用的最大时间步长，它的默认值为"仿真时间/50"，即整个仿真过程中至少取 50 个取样点，但这样的取法对于仿真时间较长的系统可能带来取样点过于稀疏的情况，而使仿真结果失真。一般建议对于仿真时间不超过 15 s 的采用默认值即可，对于超过 15 s 的每秒至少保证 5 个采样点，对于超过 100 s 的，每秒至少保证 3 个采样点。

Initial step size（初试步长参数）：一般建议使用"auto"默认值即可。初次使用时，建议按照如图 6.15 所示的设置方法进行参数设置，其中绝大部分使用"solver"的默认设置。

（3）Data Import/Export。

单击如图 6.15 所示左侧"Data Import/Export"，设置 Simulink 与 MATLAB 工作空间交换数值的有关选项。

① Load from workspace。

选中前面的复选框即可从 MATLAB 工作空间获取时间和输入变量，一般时间变量定义为 t，输入变量定义为 u，Initial state 用来定义从 MATLAB 工作空间获得的状态初始值的变量名。

② Save to workspace。

用来设置存往 MATLAB 工作空间的变量类型和变量名，选中变量类型前的复选框使相应的变量有效。一般存往工作空间的变量包括输出时间向量（Time），状态向量（States）和输出变量（Output）。Final state 用来定义将系统稳态值存往工作空间所使用的变量名。

③ Save option。

用来设置存往工作空间的有关选项。Limit data points to last 用来设定 Simulink 仿真结果最终可存往 MATLAB 工作空间的变量规模，对于向量而言就是向量维数，对于矩阵而言就是矩阵秩；Decimation 设定了一个亚采样因子，它的缺省值为 1，也就是对每一个仿真时间点产生值都保存。若为 2，则是每隔一个仿真时刻才保存一个值。Format 用来说明返回数据的格式，包括数组 Array、结构 Structure 以及带时间的结构 structure with time。初次使用时，建议使用它的默认设置。下面会专门论述数据格式参数的修改对于利用其他软件绘制仿真结果时的重要影响。其他对话框，在一般的仿真过程中很少用到，建议使用它的默认设置。

在本例中，因为该直流比较仪涉及输出量程问题，即它不可能测量无穷大的直流。特将 Simulation Parameters 的 Start time 设置为 0，Stop time 设置为 400e-3（表示二次电流不超过 400 mA），其他为仿真器的默认参数。

5．运行仿真并显示仿真结果

单击"仿真"按钮 ▶ 便可以开始仿真，如图 6.16 所示。

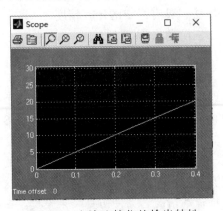

图 6.16 直流比较仪的输出特性

双击 Scope 模块，便弹出输出结果，如图 6.16 所示，MATLAB 中的 Scope 模块相当于实验室的示波器，能够观察仿真结果图形。图 6.16 中左上角有 8 个按钮，分别是：① Print：打印；② Parameters：Scope 模块属性；③ Zoom：整体放大；④ Zoom X-axis：放大 X 轴；⑤ Zoom Y-axis：放大 Y 轴；⑥ Autoscale：自动定标；⑦ Save current axes settings：保存当前坐标轴设置；⑧ Restore saved axis settings：载入已保存的坐标轴设置。

在 Scope 模块输出波形图中单击右键，可以给波形添加标题等，如图 6.17 所示。

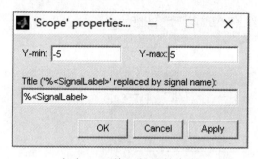

（a）Title 输入栏原始内容　　　　（b）Title 输入栏新内容

图 6.17　给 Scope 模块输出波形添加标题（Title）

6. 导出仿真数据的操作技巧

有时候需要将 Simulink 仿真获得的数据导出，利用其他画图软件（如 EPW、Origin、Excel 等软件）绘制仿真图形，或者对数据另行处理。将 Simulink 获得的仿真数据导出来的操作方法与基本步骤如下。

（1）单击图 6.13（b）Scope 模块属性参数对话框中的"Data history"按钮，弹出如图 6.13（c）所示的有关 Scope 模块数据显示属性参数设置对话框，勾上"Save data to workspace"，将"Format"项的参数设置为 Array，接着给输出数据取名，将 Variable name（变量名）设置为新的名字"output1"，如图 6.13（c）所示，单击"仿真"按钮开始仿真。

（2）返回到 MATLAB 主窗口，可以看到 output1 变量名显示在 Workspace 窗口中，如图 6.18 所示。单击 output1，弹出 output1 的数据矩阵，如图 6.19 所示。

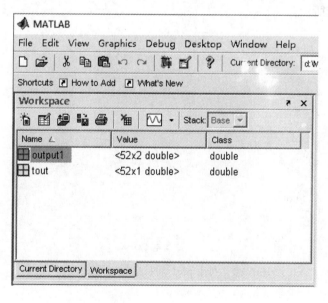

图 6.18　output1 在 Workspace 中的显示

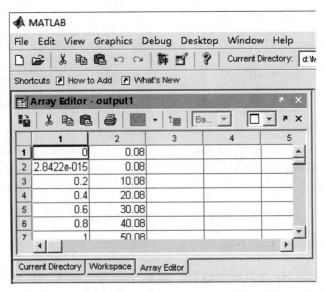

图 6.19　在内存数组编辑器 Array Editor 中修改 output1

（3）在 MATLAB 的命令窗口中键入命令语句：

save　　D:\data output1 -ascii

MATLAB 软件便将 output1 存储到 D：\data.txt 文件中。可以在 MATLAB 的命令窗口键入以下命令语句：

x=output1(:,1);　 y=output1(:,2);

plot(x,y)

title（'直流比较仪输出特性曲线'）; xlabel（'二次电流 I_2/mA'）; ylabel（'一次电流 I_1/A'），执行结果如图 6.20 所示。

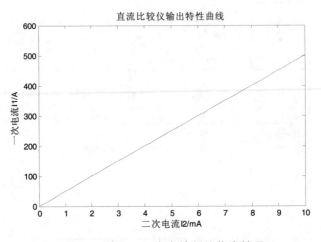

图 6.20　利用 plot 命令绘制的仿真结果

6.1.4　创建 Simulink 仿真模型的子系统

当模型规模很大且很复杂时，可以通过把一些模块组合成一个子系统来简化模型。建立子系统有以下 3 个优点：

（1）可以减少模型窗口显示的模块数，使得模型窗口条理清晰、层次分明，也方便连线；

（2）可以将功能相关的模块放在一起，用户可以用建立子系统创建自己的模块库；

（3）可以生成层次化的模型图表，即子系统在一层，组成子系统的模块在另一层。这样用户在设计模型时，既可采用自上而下的设计方法，也可以采用自下而上的设计方法。

在 Simulink 中创建子系统的途径主要有以下两种：

（1）采用 Ports & Subsystems 端口和子系统模块库的 Subsystem 功能模块：增加一个子系统模块到另一个的模型中，并在打开的模型的编辑区设计组合新的功能模块，以建立子系统；

（2）将现有的多个功能模块连接好，再组合起来，然后再把这些模块组合成新的功能模块，以建立子系统。

下面将对它们的操作方法逐一进行讲述。

1. 利用 Ports & Subsystems 功能模块

（1）将 Ports & Subsystems\Subsystem 模块复制到新模型窗口中；

（2）双击 Subsystem 功能模块，进入自定义功能模块窗口，从而可以利用已有的基本功能模块设计出新的功能模块。

例如，现需要创建一个三相电压波形的子系统，如图 6.21 所示，即

$V_a=220\sin(50\times2\times\pi\times t)$ V；

$V_b=220\sin(50\times2\times\pi\times t-120°)$ V；

$V_c=220\sin(50\times2\times\pi\times t-240°)$ V。

需要以下几个模块，如下所述。

Simulink\Sources\Sine Wave 模块：产生正弦波形；

Simulink\Continuous\Transport Delay 模块：产生波形延迟；

Simulink\Sinks\Scope 模块：显示波形曲线。

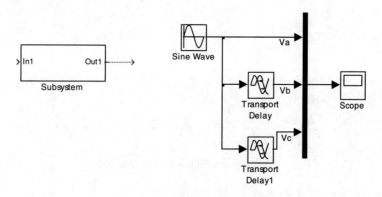

图 6.21　三相电压波形的子系统

接下来设置上述功能模块的仿真参数。

① 设置 Sine Wave 模块。

双击 Sine Wage 模块，弹出 Sine Wave 模块的参数设置对话框，设置 Amplitude（幅值）为 220，Frequency（频率）为 314rad/s，Phase（相位 rad）为 0，然后单击"OK"按钮。

② 设置 Transport Delay 模块。

双击 Delay 模块，弹出 Transport Delay 的参数设置对话框，设置它的 Delay time（延迟时间）为 0.02/3，单击"OK"按钮。

③ 设置 Transport Delay1 模块。

双击 Delay1 模块，弹出 Transport Delay1 的参数设置对话框，设置 Time delay 为 0.02/3*2，然后单击"OK"按钮。

④ 设置 Scope 模块参数。

首先勾上"Save data to workspace"，同时将"Data history"对话框中的"Format"项设置为 Array，接着给输出数据取名为 sine。

⑤ 连线并设置仿真参数。

将 Simulation Parameters 的 Start time 设置为 0，Stop time 设置为 40e-3（即 40ms），单击"仿真"按钮，启动仿真。

⑥ 分析仿真结果。

在 MATLAB 的命令窗口中键入以下命令语句：

>>plot(sine(:,1),sine(:,2),'+-k',sine(:,1),sine(:,3),':r',sine(:,1),sine(:,4),'-m');

>>title('三相电压波形');

>>xlabel('时间 t/ms');

>>ylabel('电压 Va,Vb,Vc/V');

>>legend('Va','Vb','Vc');

执行结果如图 6.22 所示。到此为止，产生三相电压波形的子系统就算创建成功。

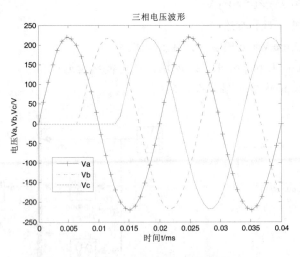

图 6.22　三相电压波形仿真结果

2. 由功能模块组合成子系统

例如，构建如图 6.23 所示的子系统。

用鼠标选中要自定义功能模块的那些功能模块，如图 6.23 所示，单击鼠标右键，弹出右键菜单，单击 Create subsystem，便形成如图 6.24 所示的已经完成封装的子系统。单击子系统下面的名称（图中圆圈处），可以重新命名。

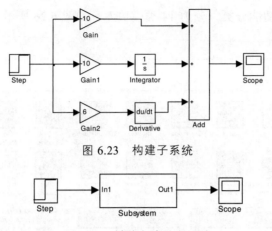

图 6.23　构建子系统

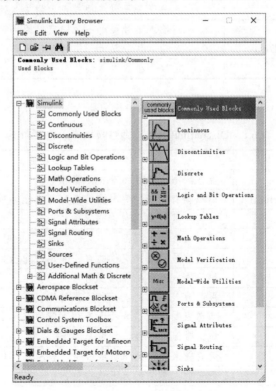

图 6.24　封装完毕的子系统

6.2　认识 Simulink 的重要模块库

从 MATLAB 窗口进入 Simulink 环境后,会弹出模型库浏览器(Simulink Library Browser)窗口,如图 6.25 所示。窗口左部的树状目录是各分类模型库的名称。在分类模型库下还有二级子模型库,单击模型库名前带 " + " 的小方块,则可展开二级子模型库的目录;单击模型库名前带 " – " 的小方块,则可关闭二级目录。

图 6.25　模型库浏览器(Simulink Library Browser)窗口

Simulink 模型库按功能分类，分为 14 类模块库，如图 6.26 所示。下面就其常用部分做简要介绍。

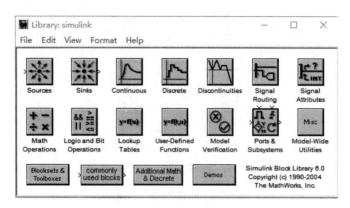

图 6.26　Simulink 模型库

（1）Continuous（连续模块），如表 6.7 所示。

表 6.7　Continuous（连续模块库）主要功能

模块名	主要功能
Derivative	对输入信号微分运算
Integrator	对输入信号积分运算
State-Space	建立状态方程
Transfer Fcn	分子分母以多项式表示的传递函数
Transport Delay	输入信号延时一个固定时间再输出
Variable Time/Transport Delay	输入信号延时一个可变时间再输出
Zero-Pole	以零极点表示的传递函数模型

（2）Discontinuties（非线性模块库），如表 6.8 所示。

表 6.8　Discontinuties（非线性模块库）主要功能

模块名	主要功能
Backlash	模拟间隙非线性环节（如齿轮）
Coulomb & Viscous Friction	模拟含有粘滞和静摩擦特性的非线性环节
Dead Zone	设定死区范围
Dead Zone Dynamic	设定动态死区范围
Hit Crossing	检测信号穿越设定值的点，穿越时输出置"1"
Quantizer	根据输入产生阶梯输出信号
Rate Limiter	限制输入信号的上升和下降的变化率
Rate Limiter Dynamic	动态限制输入信号的上升和下降的变化率
Relay	模拟带滞环特性的继电器环节
Saturation	设置输入信号的正负限幅值，模拟环节的饱和特性
Saturation Dynamic	设置输入信号的上下饱和值，<下限取下限值，>上限取上限值
Wrap To Zero（）	如果输入越限，则输出置 0

（3）Discrete（离散模块库），如表 6.9 所示。

表 6.9 Discrete（离散模块库）主要功能

模块名	主要功能
Difference	表示差分
Discrete Derivative	对输入进行离散微分
Discrete Filter	离散滤波器
Discrete FIR Filter	离散 FIR 滤波器
Discrete State-Space	建立离散的状态空间系统模型
Discrete Transfer Fcn	表达一个离散的传递函数
Discrete Zero-Pole	表达一个零极点形式的离散传递函数
Discrete-Time Integrator	输出为输入信号的离散时间积分
First-Order Hold	实现一阶采样和保持器
Integer Delay	输入信号延时 N 个采样周期再输出
Memory	存储上一时刻的状态值
Tapped Delay	输入延时固定个采样周期，输出全部的延时量
Transfer Fcn First Order（一阶传递函数）	实现输入的离散时间一阶传递信号
Transfer Fcn Lead or Lag	超前或滞后传递函数
Transfer Fcn Real Zero	零极点传递函数
Unit Delay	信号采样后保持一个采样周期后再输出
First-Order Hold	实现一阶采样和保持器
Zero-Order Hold	实现零阶采样和保持器

（4）Logic and Bit Operations（逻辑与位操作模块库），如表 6.10 所示。

表 6.10 Logic and Bit Operations（逻辑与位操作模块库）主要功能

模块名	主要功能	模块名	主要功能
Bit Clear	按位清除	Detect Increase	检测增大
Bit Set	按位设置	Detect Rise Nonnegative	检测非正增加
Bitwise Operator	按位进行运算	Detect Rise Positive	检测正增加
Combinatorial Logic	组合逻辑	Extract Bits	位提取
Compare To Constant	和常数比较	Interval Test	测试时间间隔
Compare To Zero	和零比较	Interval Test Dynamic	测试动态时间间隔
Detect Change	检测变化	Logical Operator	进行逻辑运算
Detect Decrease	检测衰减	Relational Operator	进行关系运算
Detect Fall Negative	检测负减少	Shift Arithmetic	进行移位运算
Detect Fall Nonpositive	检测非负减少		

（5）Lookup Tables（查询表模块库），如表 6.11 所示。

表 6.11　Lookup Tables（查询表模块库）主要功能

模块名	主要功能
Cosine	余弦
Direct Lookup Table（n-D）	检索 n 维表，以重新获得标量、向量或 2 维矩阵
Interpolation Using Prelookup	内插查表
Lookup Table	使用指定的查表方法近似一维函数，即建立输入信号的查询表
Lookup Table（2-D）	使用指定的查表方法近似二维函数，即建立两个输入信号查询表
Lookup Table（n-D）	执行 n 个输入定常数、线性或样条插值映射
Lookup Table Dynamic	动态查询表
Prelookup	在设置的断点处为输入执行检索查找和小数计算
Sine	正弦

（6）Math Operations（数学运算模块库），如表 6.12 所示。

表 6.12　Math Operations（数学运算模块库）主要功能

模块名	主要功能
Abs	对输入信号求绝对值
Add	可加减标量、向量和矩阵
Algebraic Constraint	代数环限制
Bias	偏置
Complex to Magnitude-Angle	由复数输入信号转为幅值和相角输出
Complex to Real-Imag	由复数输入信号转为实部和虚部输出
Divide	对输入信号求商运算
Dot Product	点积运算
Gain	增益，即输入信号乘以常数
Magnitude-Angle to Complex	由幅值和相角输入信号转为复数输出
Math Function	包括指数、对数、求平方、开根号等常用数学运算函数
MinMax	输出输入信号的最小值和最大值
Polynomial	多项式
Product	对输入信号求积运算
Product of Elements	元素相乘
Real-Imag to Complex	由实部和虚部输入信号转为复数输出
Rounding Function	四舍五入
Sign	显示输入信号的符号
Sine Wave Function	正弦函数
Slider Gain	可以用滑动条来改变增益
Subtract	求差
Sum	求和
Sum of Elements	元素求和
Trigonometric Function	三角函数，包括正弦、余弦、正切等

（7）Model Verification（模型验证模块库），如表 6.13 所示。

表 6.13　Model Verification（模型验证模块库）主要功能

模块名	主要功能
Assertion	检验输入信号是否为零
Check Discrete Gradient	检验连续采样的离散信号的微分绝对值是否小于上限
Check Dynamic Gap	是否存在不同宽度的间隙
Check Dynamic Lower Bound	检验一个信号是否总是小于另外一个信号
Check Dynamic Range	检验信号是否总是位于变化的幅值范围内
Check Dynamic Upper Bound	检验一个信号是否总是大于另外一个信号
Check Input Resolution	检验输入信号是否有指定的标量或向量精度
Check Static Gap	检验信号的幅值范围内是否存在间隙
Check Static Lower Bound	检验信号是否大等于指定的下限
Check Static Range	检验输入信号是否在相同的幅值范围内
Check Static Upper Bound	检验信号是否小等于指定的上限

（8）Model-Wide Utilities（模块实用模块库），如表 6.14 所示。

表 6.14　Model-Wide Utilities（模块实用模块库）主要功能

模块名	主要功能
Doc Block	创建和编辑描述模型的文本，并保存文本
Model Info	在模型中显示版本控制信息
Timed-Based Linearization	在指定时间，生成线性模型
Trigger-Based Linearization	当触发时，生成线性模型

（9）Ports & Subsystems（端口和子系统模块库），如表 6.15 所示。

表 6.15　Ports ＆ Subsystems（端口和子系统模块库）主要功能

模块名	主要功能
In1	为子系统或外部输入创建一个输入端口
Out1	为子系统或外部输入创建一个输出端口
Trigger	为子系统添加一个触发端口
Enable	为子系统添加一个使能端口
Subsystem	子系统
Triggered Subsystem	由外部输入触发执行的子系统
Enabled Subsystem	由外部输入使能执行的子系统
Enabled and Triggered Subsystem	由外部输入使能和触发执行的子系统

（10）Signal Attributes（信号属性模块库），如表 6.16 所示。

表 6.16　Signal Attributes（信号属性模块库）主要功能

模块名	主要功能
Data Type Conversion	将输入信号转化为模块中参数指定的数据类型
Data Type Duplicate	将所有输入换成同一种数据类型
IC	设置信号初始值
Signal Conversion	信号转换
Rate Transition	处理以不同采样率的模块之间的数据传输
Bus to Vector	将输入的多路信号合并为向量
Width	输出所输入信号的宽度
Probe	输出信号的属性，包括宽度、采样时间和（或）信号类型

（11）Signal Routing（信号路由模块库），如表 6.17 所示。

表 6.17　Signal Routing（信号路由模块库）主要功能

模块名	主要功能
Bus Creator	将输入的多路信号转为总线输出
Bus Selector	从输入总线中输出各路信号
Mux	将几个输入信号组合为向量或总线输出信号
Demux	将向量信号分解后输出
Data Store Memory	定义数据存储器
Data Store Read	从数据存储器读出数据
Data Store Write	将数据写入数据存储器
Environment Controller	环境控制器
From	从 Goto 模块接收信号并输出
Goto	接收信号并发送到标签相同的 From 模块
Selector	从向量或矩阵信号中选择输入分量
Switch	根据门槛电压，选择开关的输出
Manual Switch	双击该开关，输出即改变输入的位置

（12）Sinks（接收器模块库），如表 6.18 所示。

表 6.18　Sinks（接收器模块库）主要功能

模块名	主要功能
Display	数字方式显示信号
Floating Scope	可以选择显示的信号（基本同 Scope）
Out1	分支系统输出端子
Scope	观察信号波形
Stop Simulation	满足条件即终止仿真
Terminator	用以封闭信号
To File	将输出写入.mat 文件
To Workspace	将输出写入工作空间
XY Graph	将输入作为 X/Y 轴变量进行绘制

（13）Sources（输入源模块库），如表 6.19 所示。

表 6.19　Sources（输入源模块库）主要功能

模块名	主要功能
Band-Limited White Noise	产生白噪声
Chirp Signal	产生频率不断增加的正弦波信号
Clock	产生时间信号
Constant	产生常数信号
Counter Limited	限值计数器
Digital Clock	按照指定采样间隔生成仿真时间
From File	从.mat 文件读出数据
From Workspace	从工作空间读出数据
In1	为子系统或外部输入生成一个输入端口
Pulse Generator	产生规则的脉冲信号
Ramp	产生一常数增加或减小的信号，即斜坡函数信号
Random Number	产生一个标准高斯分布的随机信号
Repeating Sequence	产生一个时基和高度可调的周期信号
Signal Builder	产生任意分段的线性信号
Signal Generator	产生正弦、方波、锯齿波及随意波
Sine Wave	产生幅值、频率、相位可设置的正弦信号
Step	产生幅值和起始时间可调的阶跃信号
Uniform Random Number	产生均匀分布的随机信号

（14）User-defined Functions（用户定义模块库），如表 6.20 所示。

表 6.20　User-defined Functions（用户定义模块库）主要功能

模块名	主要功能
Embedded MATLAB Function	编写一个 MATLAB 函数
Fcn	用自定义的函数（表达式）进行运算
MATLAB Fcn	利用 MATLAB 现有的函数进行运算
S-Function	调用自编的 S 函数的程序进行运算
S-Function Builder	构造 S 函数
S-Function Examples	提供了 S 函数的例子

6.3　S-函数的设计方法

Simulink 中的函数也称之为系统函数，简称 S-函数。它是为用户提供的一种 Simulink 功能的强大编程机制，是一种能够对模块库进行扩展的新工具。通过编写 S 函数，用户可以向 S 函数中添加自己的算法，该算法可以用 MATLAB 编写，也可以用 C 语言等其他编程语言进行编写。

1. S-function 的基本含义

S-function 是一个动态系统的计算机语言描述，它采用非图形化的方式（即计算机语言，区别于 Simulink 的系统模块）描述的一个功能块。在 MATLAB 里，用户可以选择用 M 文件编写，也可以用 S 或 MEX 文件编写，在这里只介绍如何用 M 文件编辑器编写 S-function。S-function 提供了扩展 Simulink 模块库的有力工具，它采用一种特定的调用语法，使函数和 Simulink 解算器进行交互联系。S-function 最广泛的用途是定制用户自己的 Simulink 模块。它的形式十分通用，能够支持连续系统、离散系统和混合系统。

一般情况下，S-函数应用在下面这几种场合：

（1）生成研究中有可能经常反复调用的 S-函数模块；

（2）生成基本硬件装置的 S-函数模块；

（3）由已存在的 C 程序构成 S-函数模块；

（4）在一组数学方程所描写的系统中，构建一个专门的 S-函数模块；

（5）构建用于图形动画表现的 S-函数模块。

S 函数模块存放在 Simulink 模块库中的 User-Defined Functions 用户定义模块库中，通过此模块可以创建包含 S-函数的 Simulink 模型。

2. S-函数基本工作原理

要创建 S-函数，就要先理解 S-函数，熟悉 Simulink 的动作方式。

在 Simulink 中，模型的仿真分两个阶段：初始化阶段和仿真阶段，如图 6.27 所示。

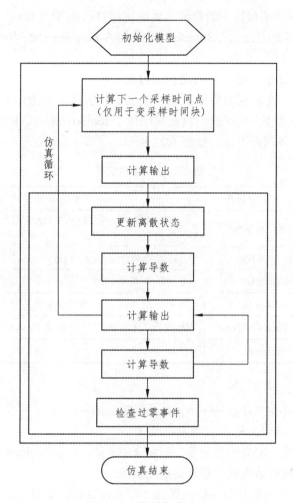

图 6.27　模型仿真流程

在初始化阶段，S-函数主要完成：

（1）把模型中各种多层次的模块"平铺化"，即用基本库模块展开多层次的封装模块。

（2）确定模型中各模块的执行顺序。

（3）为未直接指定相关参数的模块确定信号属性：信号名称、数据类型、数值类型、维数、采样时间和参数值等。

（4）配置内存。

模块初始化结束后，就进入"仿真环"过程。在一个"主时步"内要执行"仿真环"中的各运算环节，具体包括：

① 计算下一个主采样时间点（当含有变采样时间模块时）；

② 计算当前主时步上的全部输出；

③ 更新各模块的连续状态（利用积分实现）、离散状态以及导数；

④ 对连续状态进行"零穿越"检测。

综上所述，利用 MATLAB 已提供的 S-函数 M 文件的标准模板进行开发的步骤如下：

（1）对标准模板程序进行适当的修改，生成用户自己的 S-函数；

（2）把自编的 S-函数"嵌入"Simulink 提供的 S-function（框架）标准库模板中，生成自编的"S-函数"模板；

（3）对自编的"S-函数"模板进行适当的封装。

MATLAB 提供了一个 S-函数模板程序，在建立实际的 S-函数时，可在该模板必要的子程序中编写程序并输入参数。S-函数的模板程序位于 toolbox/Simulink/blocks 目录下，文件名为 sfuntmpl。S-函数的各部分组成，如表 6.21 所示。

表 6.21   S-函数组成

flag	调用 S-函数子程序	所处的仿真阶段
flag=0	mdlInitializeSizes	S-函数初始化，此结构用 sizes 来存储，然后再用 simsizes 指令提取
flag=1	mdlDerivatives	连续状态微分，输出值 sys 为状态的微分
flag=2	mdlUpdate	离散状态更新，输出值 sys 为状态值在下一时刻的更新
flag=3	mdlOutputs	计算输出矢量，输出值 sys 为输出值与状态值的函数
flag=4	mdlGet Times of Next	计算下一个采样时间，输出值 sys 为下一次被触发的时间
flag=9	mdlTerminate	仿真结束

S-函数调用格式为：

function   [sys,x0,str,ts]=sfuncname(t,x,u,flag,parameter)

其中 sfuncname 为用户自定义的 S-函数名。

输入参数：t 为时间，x 为状态变量，u 为输入向量，flag 为 Simulink 执行何种操作的阶段标，parameter 是通过对话框设置参数值的变量名。

返回参数：有 4 个，sys 为 S-函数根据 flag 的值运算得出的解，x0 为初试状态值，str 为对 M 文件形成的 S-函数，设置为空矩阵（可省略），ts 为两列向量，定义为取样时间及偏移量（可省略）。

在运用 S-函数进行仿真前，应当编制 S-函数程序，因此必须知道系统在不同时刻所需要的信息：

（1）仿真前，系统需要知道有多少个状态变量，其中哪些是连续的，哪些是离散的，以及这些变量的初始条件等。这些信息通过 S-函数中设置 flag=0 获取；

（2）若系统是严格连续的，则在每一步仿真时所需的信息为：通过 flag=1 获得系统状态导数；通过 flag=3 获得系统输出；

（3）若系统是严格离散的，则通过 flag=2 获得系统下一个离散状态；通过 flag=3 获得系统离散状态的输出。

flag=0、flag=1、flag=3 对应的三个子程序 mdlInitializeSizes、mdlDerivatives 和 mdlOutputs 是 S-函数不可缺少的部分，应当在 S-函数描述中给出。而 flag 其他取值对应的子程序则用于离散系统或复杂的系统。

例 6-1 下面通过学习单摆系统的例子来熟悉 S-函数的开发过程。单摆示意如图 6.28 所示。

（1）用 S-函数模块为单摆构造系统动力学模型，如图 6.28 所示。

（2）利用 Simulink 研究该单摆摆角 θ 的运动曲线。

（3）用 S-函数动画模块模拟单摆的运动。

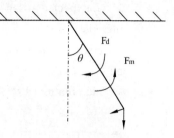

解　写出单摆的动力学方程

$$\ddot{\theta} = \frac{F_\mathrm{m}}{M} - \frac{F_\mathrm{d}}{M} - \frac{F_\mathrm{g}}{M} = f_\mathrm{m} - K_\mathrm{d}\dot{\theta} - K_\mathrm{g}\sin\theta$$

式中：f_m 为加在单摆上的等效外力；K_d 为等效摩擦系统；K_g 为等效重力系数。

图 6.28　单摆示意图

（1）把上述二阶方程写成状态方程组。

令 $x_1 = \dot{\theta}$，$x_2 = \theta$，$u = f_\mathrm{m}$，则方程可写为

$$\dot{x} = -K_\mathrm{d}x_1 - K_\mathrm{g}\sin\theta + u ; \quad \dot{x}_2 = x_1$$

（2）根据状态方程对模板文件进行修改，得到 simpendzzy.m。

找到 MATLAB 程序安装文件下的 toolbox\Simulink\blocks\sfuntmpl.m，改名为 simpendzzy.m，根据状态方程对文件进行修改，如下所述。

```
%   [simpendzzy.m]
function   [sys,x0,str,ts]=simpendzzy(t,x,u,flag,dampzzy,gravzzy,angzzy)
switch flag,

%   Initialization   初始化%
case   0,
    [sys,x0,str,ts]=mdlInitializeSizes(angzzy);

%   Derivatives   连续状态微分%
case   1,
    sys=mdlDerivatives(t,x,u,dampzzy,gravzzy);

%   Update   离散状态更新   %
case   2,
    sys=mdlUpdate(t,x,u);

%   Outputs   模板输出   %
case   3,
    sys=mdlOutputs(t,x,u);

%   Terminate   仿真结束   %
case   9,
    sys=mdlTerminate(t,x,u);
```

```
%    Unexpected    flag    %
otherwise
      error(['Unhandled flag=',num2str(flag)]);
end
%    end sfuntmpl


%================================================
%    mdlInitializeSizes
%    Return the sizes, initial conditions, and sample times for the S-function.
%================================================
function   [sys,x0,str,ts]=mdlInitializeSizes(angzzy)
sizes=simsizes;
sizes.NumContStates=2;
sizes.NumDiscStates=0;
sizes.NumOutputs=1;
sizes.NumInputs=1;
sizes.DirFeedthrough=0;
sizes.NumSampleTimes=1;    %at least one sample time is needed
sys=simsizes(sizes);

%    initialize the initial conditions
x0=angzzy;

%    str is always an empty matrix
str=[];

%    initialize the array of sample times
ts=[0,0];
%    end mdlInitializeSizes


%================================================
%    mdlDerivatives
%    Return the derivatives for the continuous states.
%================================================
function   sys=mdlDerivatives(t,x,u,dampzzy,gravzzy,angzzy)
dx(1)=-dampzzy*x(1)-gravzzy*sin(x(2))+u;
dx(2)=x(1);
sys=dx;
```

```
%    end mdlDerivatives


%===============================================
%    mdlUpdate
%    Handle discrete state updates, sample time hits, and major time stop
%    requirements.
%===============================================
function    sys=mdlUpdate(t,x,u)
sys=[];
%    end mdlUpdate


%===============================================
%    mdlOutputs
%    Return the block outputs.
%===============================================
function    sys=mdlOutputs(t,x,u)
sys=x(2);
%    end mdlOutputs


%===============================================
%    mdlTerminate
%    Perform any end of simulation tasks.
%===============================================
function sys=mdlTerminate(t,x,u)
sys=[];
%    end mdlTerminate
```

（3）构造名为 simpendzzy 的 S-函数模块。

① 新建模型窗口，保存为 pendulum.mdl，复制 Simulink 的 user-defined Function 字库中的 S-Function 框架模块到窗口中。

② 双击 S-Function 模块，弹出 Block Parameters：S-Function 的对话框。在 S-Function name 框中输入函数名 simpendzzy（注意不能输入扩展名）；在 S-Function parameters 框中输入 simpendzzy.m 的第 4、5、6 个变量名 dampzzy、gravzzy、angzzy，如图 6.29 所示。单击"OK"按钮，得到单摆 S-函数模块。

（4）单摆运动的仿真模型和动画实现。

首先用信号发生器产生作用力，然后用示波器观察摆角，并打开 toolbox\simulink\simdemos\simgeneral 子目录下的 simppend.mdl 模型，拖曳该模型中的 Animation Function、Pivot point for pendulum 和 x & theta 模块到 pendulum.mdl 窗口中，构成仿真模型，如图 6.30 所示。

信号发生器：Simulink\Sources\Signal Generator，信号取 square 波形，幅值为 1，频率为 0.1rad/sec。

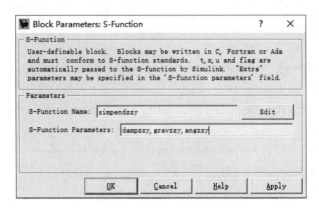

图 6.29　S-函数框架模块对话框

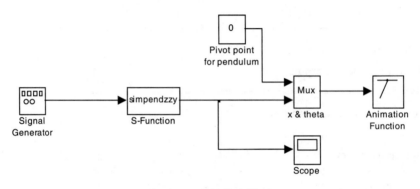

图 6.30　单摆仿真模型

示波器：Simulink\Sinks\Scope。

仿真时间设为 200。

在命令窗口 Command Window 中输入下列命令以设置 pendulum.mdl 模型运行所需的三个参数，分别为 dampzzy、gravzzy 和 angzzy：

clear

dampzzy=0.8;

gravzzy=2.45;

angzzy=[0;0];

然后，启动仿真，就可得到摆角运动曲线（见图 6.31）和单摆摆动动画（见图 6.32）。

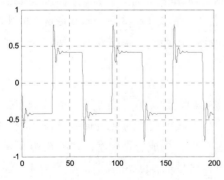

图 6.31　摆角运动曲线

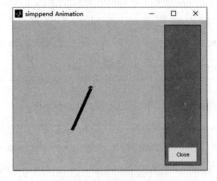

图 6.32 单摆摆动动画

6.4　SimPowerSystems 模型库

6.4.1　SimPowerSystems 模型库简介

SimPowerSystems 是在 Simulink 环境下进行电力电子系统建模和仿真的工具。与 PSPICE 和 SABER 等仿真软件进行器件级别的仿真分析不同，SimPowerSystems 中的模型更加关注器件的外特性，易于与控制系统相连接。SimPowerSystems 模型库中包含电源（Electrical source）、元器件（Element）、电机（Machines）、电力电子（Power Electronics）、测量（Measurements）、附加库（Extra Library）等模块组，使用这些模块进行电力电子电路系统、电力系统、电力传动等仿真，能够简化编程工作，以直观易用的图形方式对电气系统进行模型描述。

本节以 MATLAB7.0 为例介绍各模块组的内容，在安装 MATLAB 时选择 "SimPowerSystems"，则安装以后在模型库中会出现 SimPowerSystems，将它下拉展开，如图 6.33 所示。

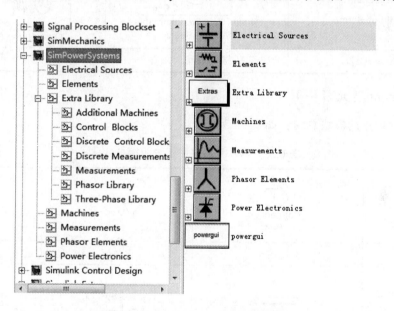

图 6.33　SimPowerSystems 模型库

SimPowerSystems 模型可与其他 Simulink 模块组连接，进行一体化的系统动态分析。但 SimPowerSystem 中的模块使用与 Simulink 的模块使用不同，前者的模块必须连接在电回路中使用，每一个模块都有输入输出端，在回路中流动的是电流，电流流过器件时会产生电压降。而 Simulink 模块组成的是信号流程，流入流出模块的信号没有特定的物理意义，其含义要视仿真模型的对象而定。在电力电子系统的仿真中，使用 Simulink 的模块组成控制电路，使用 SimPowerSystem 中的模块组成主电路和驱动电路，可以研究和观察在不同控制方案下的系统的动态和稳态响应，以为系统设计提供依据。

本节首先列出了 SimPowerSystem 中的所有器件和模块，然后对每一个库中的典型模块进行介绍。介绍每一个模块的参数设置，以此将该模块的功能与应用串起来。

6.4.2 SimPowerSystems 模型库内容

由图 6.33 可以看出，SimPowerSystems 库中有如下一些模型库。

1. Electrical Sources（电源）

将电源库中的模块总结，如表 6.22 所示。

表 6.22　电源模块图标与名称

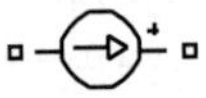 AC Current Source	 AC Voltage Source	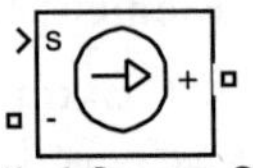 Controlled Current Source	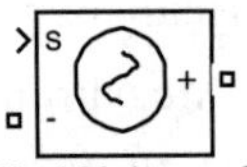 Controlled Voltage Source
交流电流源	交流电压源	可控电流电源	可控电压源
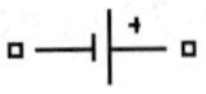 DC Voltage Source	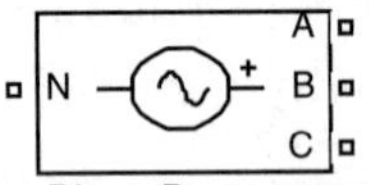 Three-PhaseProgrammable Voltage Source		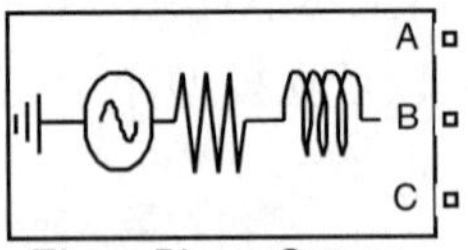 Three-Phase Source
直流电压源	三相可编程电压源		三相电压源

2. Elements（元器件）

将元器件库中的模块总结，如表 6.23 所示。

表 6.23　基本元器件库模块图标与名称

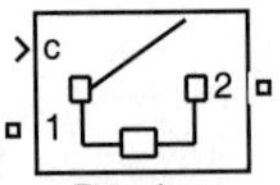 Breaker	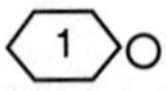 Connection Port	 node 10	
断路器	连接端子	中性点	接地
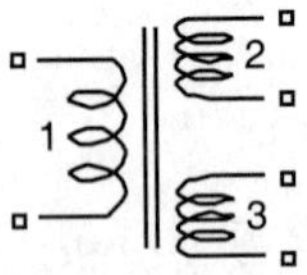 Linear Transformer	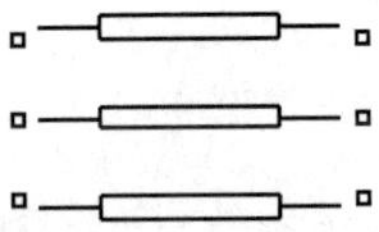 Distributed Parameters Line	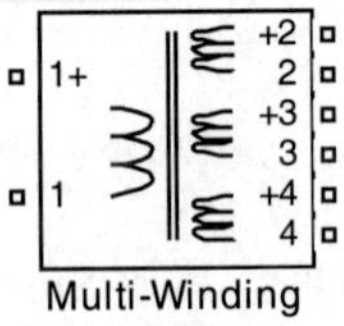 Multi-Winding Transformer	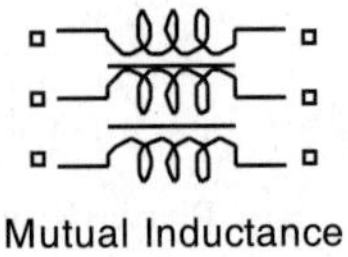 Mutual Inductance
线性变压器	分布参数传输线	多绕组变压器	互感器
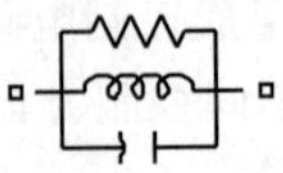 Parallel RLC Branch	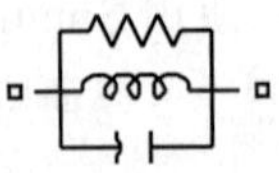 Parallel RLC Load	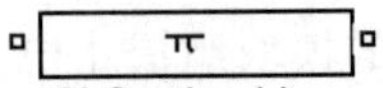 Pi Section Line	 Surge Arrester
并联 RLC 支路	并联 RLC 负载	π 型传输线	压敏电阻

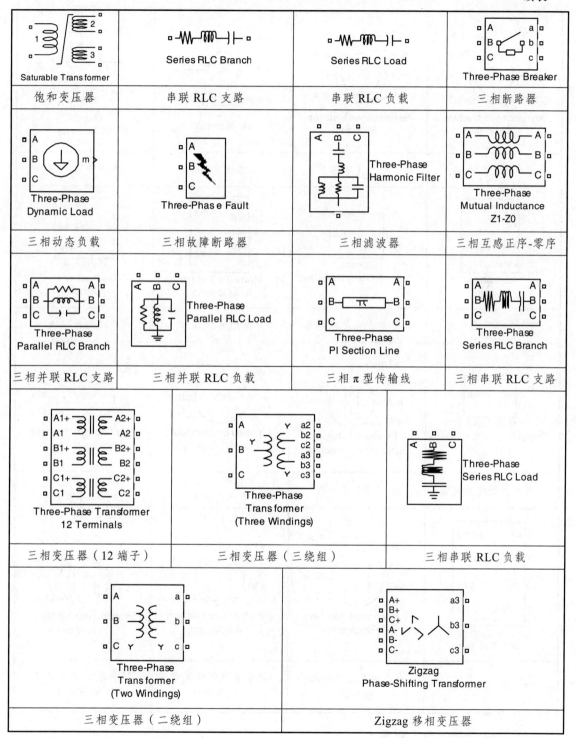

Saturable Transformer	Series RLC Branch	Series RLC Load	Three-Phase Breaker
饱和变压器	串联 RLC 支路	串联 RLC 负载	三相断路器
Three-Phase Dynamic Load	Three-Phase Fault	Three-Phase Harmonic Filter	Three-Phase Mutual Inductance Z1-Z0
三相动态负载	三相故障断路器	三相滤波器	三相互感正序-零序
Three-Phase Parallel RLC Branch	Three-Phase Parallel RLC Load	Three-Phase PI Section Line	Three-Phase Series RLC Branch
三相并联 RLC 支路	三相并联 RLC 负载	三相 π 型传输线	三相串联 RLC 支路
Three-Phase Transformer 12 Terminals	Three-Phase Transformer (Three Windings)	Three-Phase Series RLC Load	
三相变压器（12 端子）	三相变压器（三绕组）	三相串联 RLC 负载	
Three-Phase Transformer (Two Windings)	Zigzag Phase-Shifting Transformer		
三相变压器（二绕组）	Zigzag 移相变压器		

3. Machines（电机）

将电机库中的模块总结，如表 6.24 所示。

表 6.24　电机库模块图标与名称

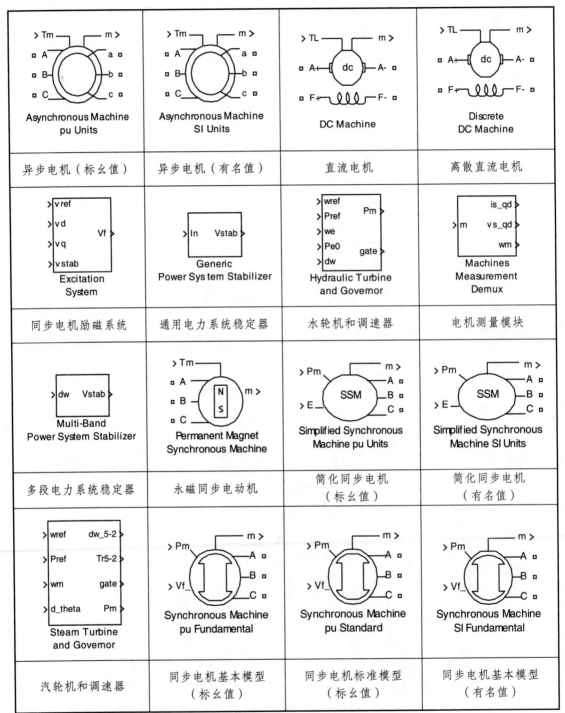

Asynchronous Machine pu Units	Asynchronous Machine SI Units	DC Machine	Discrete DC Machine
异步电机（标幺值）	异步电机（有名值）	直流电机	离散直流电机
Excitation System	Generic Power System Stabilizer	Hydraulic Turbine and Governor	Machines Measurement Demux
同步电机励磁系统	通用电力系统稳定器	水轮机和调速器	电机测量模块
Multi-Band Power System Stabilizer	Permanent Magnet Synchronous Machine	Simplified Synchronous Machine pu Units	Simplified Synchronous Machine SI Units
多段电力系统稳定器	永磁同步电动机	简化同步电机（标幺值）	简化同步电机（有名值）
Steam Turbine and Governor	Synchronous Machine pu Fundamental	Synchronous Machine pu Standard	Synchronous Machine SI Fundamental
汽轮机和调速器	同步电机基本模型（标幺值）	同步电机标准模型（标幺值）	同步电机基本模型（有名值）

4. Measurements（测量）

将测量库中的模块总结，如表 6.25 所示。

表 6.25 测量模块图标与名称

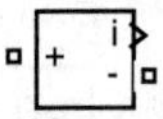 Current Measurement	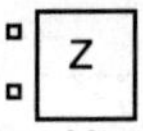 Impedance Measurement	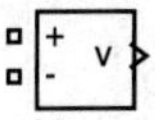 Voltage Measurement
电流测量	阻抗测量	电压测量
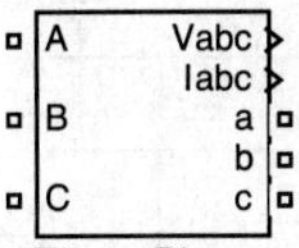 Three-Phase V-I Measurement	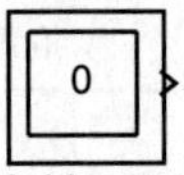 Multimeter	
三相电压电流测量	万用表	

5. Power Electronics（电力电子）

将电力电子库的模块总结，如表 6.26 所示。

表 6.26 电力电子库模块图标与名称

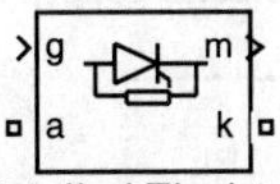 Detailed Thyristor	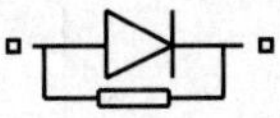 Diode	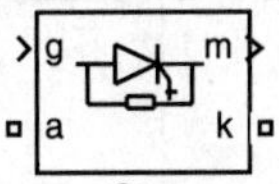 Gto	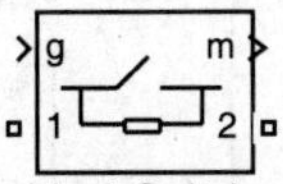 Ideal Switch	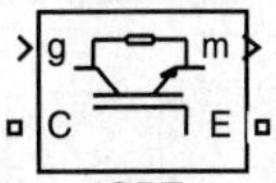 IGBT
详细模型晶闸管	二极管	Gto	理想开关	IGBT
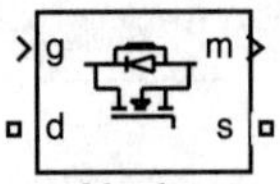 Mosfet	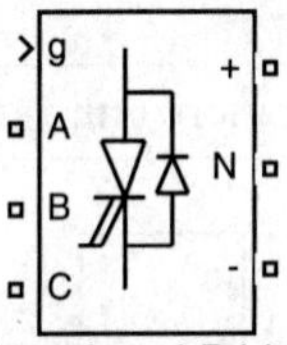 Three-Level Bridge		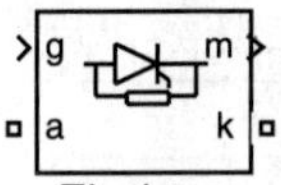 Thyristor	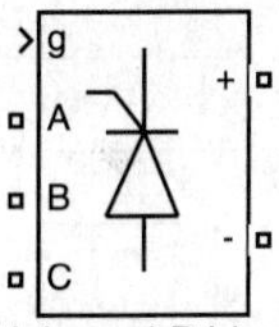 Universal Bridge
Mosfet	三电平桥		晶闸管	通用桥

6. Extra Library

将附加库的模块总结，如表 6.27 所示。

表 6.27 Extra Library 模块图标与名称

（1）Control Blocks				
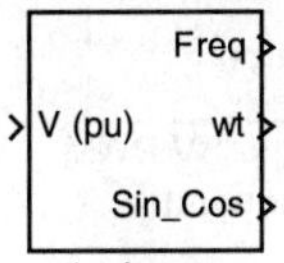 1-phase PLL	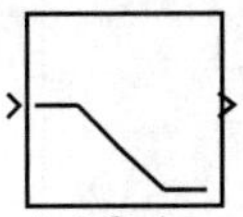 1st-Order Filter	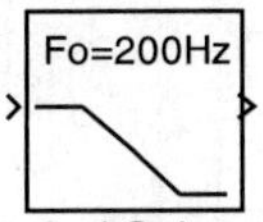 2nd-Order Filter	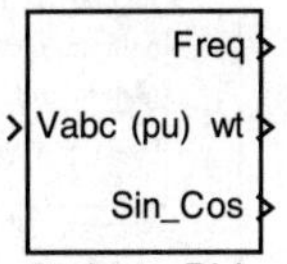 3-phase PLL	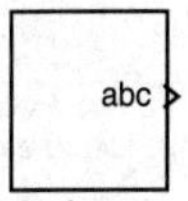 3-phase Programmable Source
单相锁相环	一阶滤波器	二阶滤波器	三相锁相环	三相可编程电源

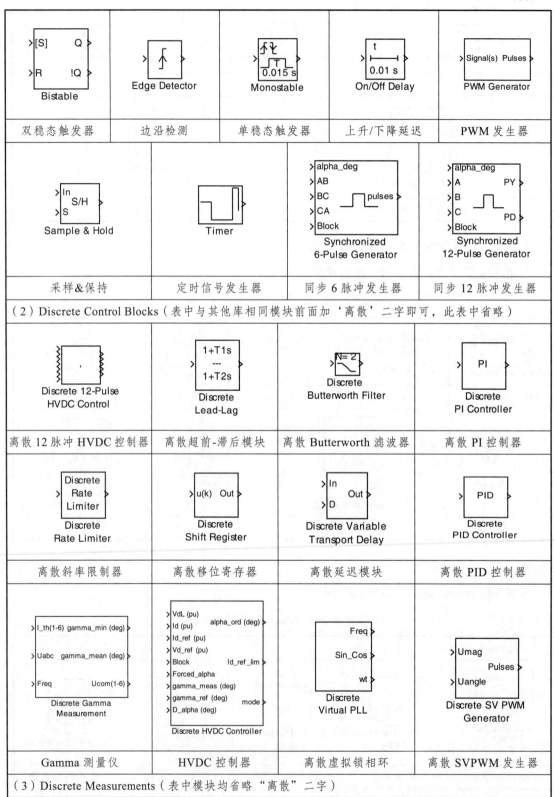

Bistable	Edge Detector	Monostable	On/Off Delay	PWM Generator
双稳态触发器	边沿检测	单稳态触发器	上升/下降延迟	PWM 发生器
Sample & Hold	Timer	Synchronized 6-Pulse Generator		Synchronized 12-Pulse Generator
采样&保持	定时信号发生器	同步 6 脉冲发生器		同步 12 脉冲发生器

（2）Discrete Control Blocks（表中与其他库相同模块前面加'离散'二字即可，此表中省略）

Discrete 12-Pulse HVDC Control	Discrete Lead-Lag	Discrete Butterworth Filter	Discrete PI Controller
离散 12 脉冲 HVDC 控制器	离散超前-滞后模块	离散 Butterworth 滤波器	离散 PI 控制器
Discrete Rate Limiter	Discrete Shift Register	Discrete Variable Transport Delay	Discrete PID Controller
离散斜率限制器	离散移位寄存器	离散延迟模块	离散 PID 控制器
Discrete Gamma Measurement	Discrete HVDC Controller	Discrete Virtual PLL	Discrete SV PWM Generator
Gamma 测量仪	HVDC 控制器	离散虚拟锁相环	离散 SVPWM 发生器

（3）Discrete Measurements（表中模块均省略"离散"二字）

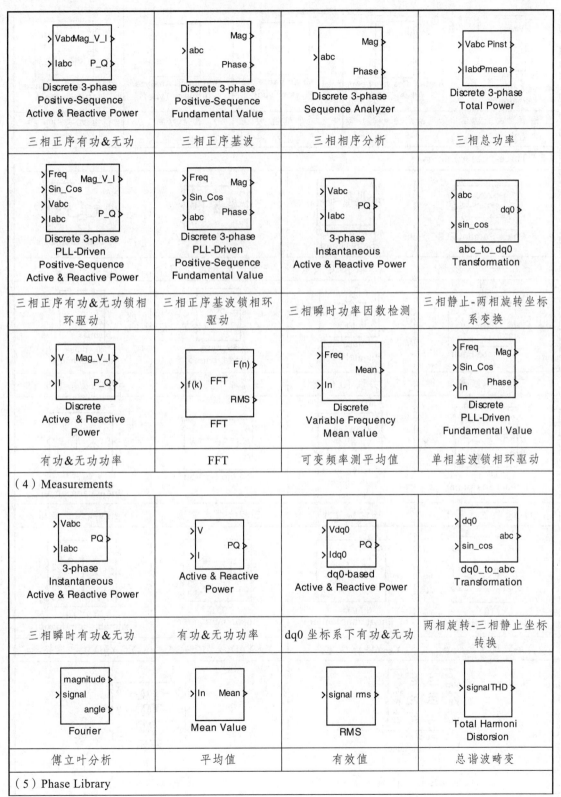

Discrete 3-phase Positive-Sequence Active & Reactive Power	Discrete 3-phase Positive-Sequence Fundamental Value	Discrete 3-phase Sequence Analyzer	Discrete 3-phase Total Power
三相正序有功&无功	三相正序基波	三相相序分析	三相总功率
Discrete 3-phase PLL-Driven Positive-Sequence Active & Reactive Power	Discrete 3-phase PLL-Driven Positive-Sequence Fundamental Value	3-phase Instantaneous Active & Reactive Power	abc_to_dq0 Transformation
三相正序有功&无功锁相环驱动	三相正序基波锁相环驱动	三相瞬时功率因数检测	三相静止-两相旋转坐标系变换
Discrete Active & Reactive Power	FFT	Discrete Variable Frequency Mean value	Discrete PLL-Driven Fundamental Value
有功&无功功率	FFT	可变频率测平均值	单相基波锁相环驱动

（4）Measurements

3-phase Instantaneous Active & Reactive Power	Active & Reactive Power	dq0-based Active & Reactive Power	dq0_to_abc Transformation
三相瞬时有功&无功	有功&无功功率	dq0 坐标系下有功&无功	两相旋转-三相静止坐标转换
Fourier	Mean Value	RMS	Total Harmoni Distorsion
傅立叶分析	平均值	有效值	总谐波畸变

（5）Phase Library

3-Phase Active & Reactive Power (Phasor Type)	Active & Reactive Power (Phasor Type)	Mean Value (Phasor Type)	Sequence Analyzer (Phasor Type)	Static Var Compensator (Phasor Type)
三相有功&无功功率（向量型）	有功&无功功率（向量型）	平均值（向量型）	相序分析（向量型）	静止无功补偿器（向量型）

（6）Three-Phasor Library

3- Phase Parallel RLC	3- Phase RLC Series Load	3- Phase Series RLC	3-Phase Breaker
三相并联 RLC 支路	三相串联 RLC 负载	三相串联 RLC 支路	三相断路器
3-Phase Fault	3-Phase RLC Parallel Load	6 - pulse diode bridge	6 - pulse thyris tor bridge
三相故障断路器	三相并联 RLC 负载	6 脉冲二极管桥	6 脉冲晶闸管桥
DYg linear trans former	Inductive source with neutral	PI Line Section	YgD linear trans former
D-Yg 线性变压器	中性感应源	三相 π 型传输线	Yg-D 线性变换器
YgY linear trans former	YgYD linear trans former	YgYgD linear transformer	YgYgD saturable transformer
Yg-Y 线性变换器	Yg-YD 线性变换器	Yg-YgD 线性变换器	Yg-YgD 饱和变换器

Three-phase Linear Transformer 12-terminals	Z1-Z0
三相线性变压器（12 端子）	正序-零序变压器

6.4.3　电源库

电源模块库在 SimPowerSystems/Electrical Sources 中，包含电路和电力系统中使用的交流、直流电源。下面介绍常用的直流电压源、交流电压源、三相交流电压源。

1．直流电压源（DC Voltage Source）

直流电压源的功能是提供一个理想的直流电压。直流电压源图标和参数设置对话框如图 6.34 所示。

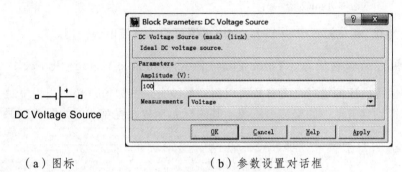

（a）图标　　　　　　　　　　（b）参数设置对话框

图 6.34　直流电压源图标和参数设置对话框

其参数设置简单，仅需设置一个直流电压值。图中参数设置对话框电压值为 100V，表示该直流电源输出 100V 的直流电压。对话框中的 Measurement 的下拉菜单可选"none"或"Voltage"，选"Voltage"表示对这个电压进行测量（需在模型中添加一个 Multimeter 方可进行测量），选"none"表示不进行测量，这个 Measurements 的设置需要有 Multimeter 等外部模块进行配合使用，电压源是理想的，因此实际上并不需要测量。在仿真的任意时刻，都可以改变直流电压的设定值。

2．直流电压源（AC Voltage Source）

交流电压源的功能是为电路提供一个理想的正弦交流电压。交流电压源图标和设置对话框如图 6.35 所示。

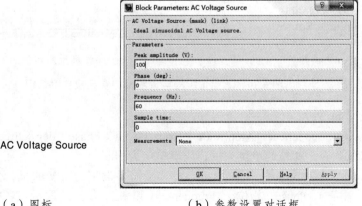

（a）图标　　　　　　　　　　（b）参数设置对话框

图 6.35　交流电压源图标和参数设置对话框

其参数设置主要有：

- Peak amplitude（V）：交流正弦电压的幅值，单位为 V，可设置成负值。
- Phase（deg）：相位，单位为度，可设置成负值。
- Frequency（Hz）：频率，单位为 Hz，不可以设置成负值。
- Sample time：采样时间，单位为秒（s），应用于连续模型是缺省值为 0。
- 下拉菜单 Measurement，其功能设置与直流电压源类似。

上面的参数，幅值用 A 表示，频率用 f 表示，则输出电压表示为：

$$u = A\sin(2\pi ft + \phi)$$

将频率设置为 0，相位设置成 90° 时，交流电源可作为直流电源使用。

3. 三相可编程电压源（Three-Phase Programmable Voltage Source）

三相可编程电压源通过设置参数可以得到基波分量的幅值、频率或相位时变的三相交流源，也可以得到含有谐波的交流电压源。其图标和参数设置对话框如图 6.36 所示。

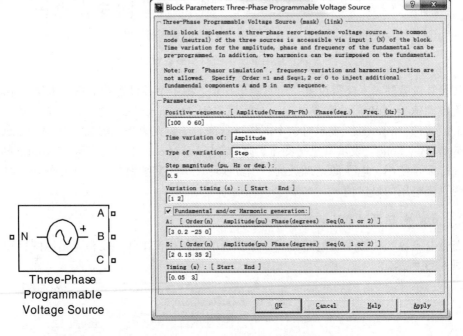

（a）图标 　　　　　　　　　　　　（b）参数设置对话框

图 6.36　三相可编程电源图标和参数设置对话框

参数设置如下：

（1）Positive-sequence：[Amplitude（Vrms Ph-Ph）Phase（deg）Freq（Hz）]：基波线电压有效值单位为 V；相位的单位为度；频率单位为 Hz。

（2）Time variation of：下拉菜单，可选择需要设定为时变的量，分别为 none（无）、Amplitude（幅值）、Phase（相位）、Frequency（频率）。仅当选取后三者的时候，有关变量的设置才会出现。

（3）Type of variation：时变类型，有 4 种可供选择的类型，分别是 step（阶跃）、ramp

（斜坡）、Modulation（调制度）、Table of amplitude-pairs（幅值表），各自的下面对应着相应的设置。图中 Time variation of 选中的是 Amplitude，Type of variation 选中的是 Step，应该设置的参数为 Step magnitude（阶跃跳变值）。Variation timing（时变量发生的时间），用于设置时变量发生的开始时间和结束时间。其他情况的设置类似。

（4）Fundamental and/or Harmonic generation：勾选框—基波和域谐波发生。选中以后可以在基波电压中注入两个频率的谐波 A: [Order Amplitude Phase Seq」和 B: [Order Amplitude Phase Seq]。两个谐波的设置是一样的。Order 是谐波的阶次，应该设置为正整数。Amplitude 是谐波幅值，设置为相对于基波的标量值。Phase 是谐波相位，单位为度。Seq 是相序，0 表示零序，1 表示正序，2 表示负序。谐波阶次数设为 1，相序设为 0 或 2 可实现不平衡的三相电压。

Electrical Sources 库中还有一个三相电压源是 Three-Phase Source，其设置比较简单，读者可以根据实际情况选择使用。

6.4.4　元器件库

元器件（Elements）库包含了各种常用的电器元件的模型，如断路器、电阻、电感、电容、变压器、传输线等。下面就几种仿真中经常用到的电器元件进行介绍。

1. 断路器（Breaker）

断路器的功能是在电路中作为开关通断电路使用，其开通关断信号可以使外部信号（由 Simulink 的信号给定，只能是 0 或 1），也可以是内部设定开通时间和关断时间。

断路器包含一个串联的 RC 缓冲电路，这个 RC 缓冲电路与断路器并联，如果断路器串联在感性电路中或者断路器与电流源串联，则必须在断路器中加入缓冲电路。其图标和参数设置对话框如图 6.37 所示。

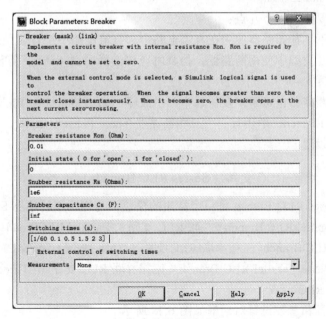

（a）图标　　　　　　　　　（b）参数设置对话框

图 6.37　断路器图标和参数设置对话框

参数设置如下：

（1）Breaker resistance Ron：断路器闭合时的等效内阻，单位为 Ω。这个电阻不能置为 0。为了减小它的影响，仿真时可将这个电阻设置得尽量小，也可根据实际应用时断路器的阻值来设置。

（2）Initial state（0 for 'open'，1 for 'closed'）：断路器的初始状态，设置为 0 表示关断，断路器的图标显示为断开；设置为 1 表示闭合，断路器的图标显示为闭合，如果断路器的初始状态为 1，则仿真模型自动将电路中各个电压电流量初始化，以使得仿真从稳态开始。

（3）Snubber resistance Rs，Snubber capacitance Cs：缓冲电阻 Rs，单位为 Ω，设为 inf（无限大），则忽略缓冲电路中的电阻。缓冲电容 Cs，单位为 F，设为 0 则被忽略。

（4）External control of switching times：开关时间由外部信号控制，若被选中，则断路器的闭合与关断由外部信号控制，且图标显示一个外部输入端。如未被勾选，则 Switching times 出现在对话框中。当外部信号为 1 时，断路器闭合，在离散系统中，此时需保持 3 个采样周期以上才能保证断路器正常闭合；当外部信号为 0 时，在断路器中的电流第一次过零点，断路器断开，这可以避免断开大电流时引起的电弧现象。

（5）Switching times：开关时间，单位为秒（s）。当断路器采用内部控制开关时间的模式时，Switching times 出现在对话框中，它的设置是以向量的形式，根据初始状态，断路器按照设定的时间依次动作。如图 6.37 所示，Switching times 设置为[1/60 0.1 0.5 2 3]，断路器初始设置为闭合，则在 1/60s 时断路器断开，0.1 时断路器闭合，0.5s 时断开，以此类推。

（6）Measurement：测量复选框，可以选择 none，Branch voltage，Branch current，Branch voltage and current。

需要注意以下几点：

· 不推荐断路器使用在直流电路中，直流电路中推荐使用理想开关。

· 在模型中使用断路器，仿真时应该选择刚性（stiff）算法，使用 ode23t 可得到较快的仿真速度。

· 断路器也可用来在仿真中产生故障，如三相系统的单相断路故障等。

在 Elements 中还有一个三相断路器 Three Phase Breaker，一个模块就可以实现三相系统断路的设置。

2. 串联 RLC 支路（Series RLC Branch）

Series RLC Branch 是一个常用的模块，与之相似的还有 Series RLC Load（串联 RLC 负载）、Parallel RLC Branch（并联 RLC 支路）、Parallel RLC Load（并联 RLC 负载）、Three-Phase Series RLC Branch（三相串联 RLC 支路）、Three-Phase Series PLC Load（三相串联 PLC 负载）、Three-Phase Parallel RLC Branch（三相并联 RLC 支路）、Three-Phase Parallel RLC Load（三相并联 RLC 负载）。

图标和参数设置对话框如图 6.38 所示。

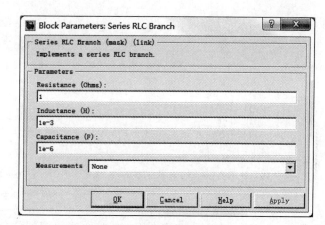

（a）图标　　　　　　　　　　　（b）参数设置对话框

图 6.38　串联 RLC 支路图标和参数设置对话框

参数设置如下：

（1）Resistance（Ohms）：电阻，单位为 Ω。

（2）Inductance（H）：电感，单位为 H。

（3）Capacitance（F）：电容，单位为 F。

（4）Measurements：测量复选框，可以选择 none，Branch voltage， Branch current，Branch voltage and current。

6.4.5　电力电子库

电力电子库中包含常用的电力电子元器件和电力电子组件，如二极管 Diode、MOSFET、IGBT、GTO、不控整流桥、两电平通用桥式电路、三电平桥式电路等。进行电力电子系统仿真时，主电路可以直接使用库里提供的桥式电路，也可以自己使用分立元件构建。下面就几种常用的电力电子器件的模型及其使用进行介绍。

1. 绝缘栅双极型晶体管（IGBT）

绝缘栅双极型晶体管（IGBT）是一种全控器件，门极为电压信号（在 SimPower System 的仿真模型中所有器件不区分电压控制型和电流控制型），在 SimPower System 里只关心 IGBT 的部分参数，如内阻、导通压降及 RC 缓冲电路等，而不考虑其电压电流等级，实际上 IGBT 的耐压和耐流能力是选取 IGBT 时要考虑的最基本问题。IGBT 在实际使用时多采用一个反并联二极管。

SimPowerSystem 中 IGBT 模块的内部结构如图 6.39 所示，c 为集电极，e 为发射极，g 为栅极（也可叫门极）。

IGBT 的伏安特性如图 6.40 所示，文字描述为：

当 Vce>Vf 且 Vg>0 时，IGBT 导通，在实际应用中一般要求开通信号 Vg 为 10V-15V。

当 Vce<Vf 或 Vg=0 时，IGBT 关断，在实际应用中一般要求 Vg 为一个稳定的负压（如 -10V）以使得 IGBT 可靠关断。

SimPowerSystem 中的 IGBT 模块图标和参数设置对话框如图 6.41 所示。

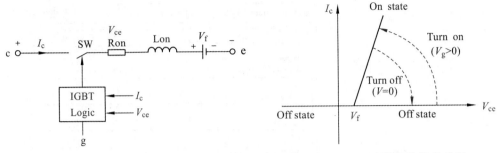

图 6.39　IGBT 模型的内部结构　　　　图 6.40　IGBT 模块的伏安特性

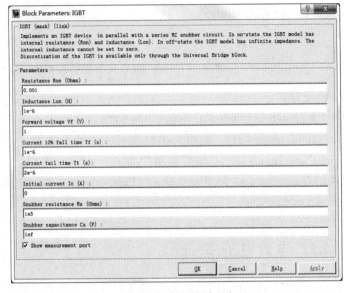

（a）图标　　　　　　　　　　（b）参数设置对话框

图 6.41　IGBT 图标和参数设置对话框

参数设置对话框说明如下：

（1）Resistance Ron：IGBT 管子内部电阻，单位为 Ω。主要是当 IGBT 导通时起作用。

（2）Inductance Lon：IGBT 内部电感，单位为 H。Ron 和 Lon 不能同时为 0。

（3）Forward voltage Vf：图 6.39 中的 Vf，单位为 V。

（4）Current 10% fall time Tf：电流下降时间，定义为电流 Ic 从最大值电流下降到 10% 时的时间，单位为秒（s）。

（5）Current tail time Tt：电流拖尾时间，电流从最大值的 10% 降为 0 这段时间。

（6）Initial current Ic：初始电流 Ic，单位为 A。这个值通常选择缺省值 0，表示仿真模型从 IGBT 关断的状态开始。如果设置为一个大于 0 的数，则仿真模型认为 IGBT 初始稳态是导通状态。

（7）Snubber resistance Rs：缓冲电路电阻 R，单位为 Ω。

（8）Snubber capacitance Cs：缓冲电路电感 L，单位为 F。

（9）Show measurement ports：显示测量端口。半导体器件都有这一选项，选中后在器件的图标中的输出端会出现一个 m，输出器件的端电压和电流，可以配合 Multimeter 或者 Bus Selector 使用。

2. 二极管（Diode）

二极管是不可控的单向导电型二端半导体器件，是一种重要的电力电子器件，功率等级范围很宽，其特性就是正向导通，反向截止。

SimPowerSystem 中 Diode 模块的内部结构如图 6.42 所示。

A 为阳极，K 为阴极，二极管模型由一个电阻、一个电感、一个直流电压、一个开关串联而成，同时并联了缓冲电路 RC。RC 参数可以设置，这和 IGBT 一样。二极管的状态由 I_{AK} 和 V_{AK} 控制，当 $V_{AK} > V_f$ 时，二极管导通。当电流 I_{AK} 变为 0，若 $V_{AK} < 0$，则二极管保持截止状态而不会导通，其伏安特性如图 6.43 所示。

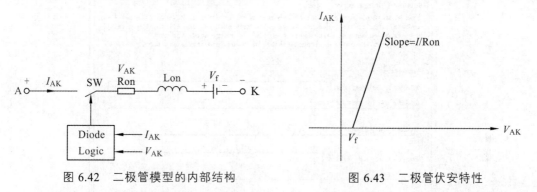

图 6.42　二极管模型的内部结构　　　　图 6.43　二极管伏安特性

二极管的图标和参数设理对话框如图 6.44 所示，各项参数设置可以参考 IGBT，两者差别不大。SimPowerSystem 中的二极管模型没有普通二极管、肖特基二极管、电力二极管等的区分。要得到不同的模型只需要在参数设置上有不同即可。二极管仿真模型并不对二极管开通关断过渡过程进行仿真，不考虑导通时的泄漏电流和反向恢复特性，这是由 MATLAB 工具箱的特点决定的，MATLAB/Simulink 是系统级的仿真，不对器件的具体瞬态动作过程进行仿真。

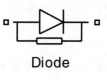

Diode

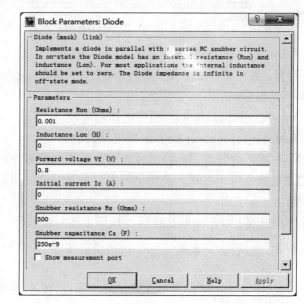

（a）图标　　　　　　　　（b）参数设置对话框

图 6.44　二极管图标和参数设置对话框

3. 通用桥式电路（Universal Bridge）

在进行整流器或者逆变器的仿真时，常常需要将几个半导体器件组合起来使用，SimPowerSystem 提供了一个两电平的桥式电路和一个三电平的桥式电路，可直接用作逆变器或整流器使用，这就像半导体器件厂商提供的模块组件一样，使用起来比分立元件更方便，也更可靠。桥臂中所有开关的电压电流均可测量。

Universal Bridge 参数设置对话框如图 6.45 所示。参数设置如下所述。

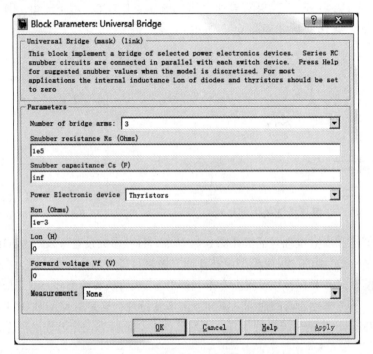

图 6.45　Universal Bridge 参数设置对话框

（1）Number of bridge aims：桥臂数目，可设置为 1、2、3，分别代表一个桥臂、两个桥臂、三个桥臂，各自包含 2 个开关器件、4 个开关器件、6 个开关器件。前两者实现单相变流，后者实现三相变流。

（2）Snubber resistance Rs：缓冲电路的电阻。

（3）Snubber capacitance Cs：缓冲电路的电容。

使用不可控器件的桥式电路或者在离散系统中使用桥式电路，必须设置合理的缓冲电路，否则易造成仿真系统不收敛，使用全控器件的反并联二极管作整流器使用时也需要做 RC 缓冲电路设置。

离散系统中 R、C 的参数选择可以按照下述公式进行：

$R > 2\dfrac{T_s}{C}$，R、C 时间常数大于 2 倍的采样周期；

$C > 2\dfrac{P_n}{1000 \times (2\pi f) \times V_n^2}$，当器件截止时，流过 RC 的基波电流小于额定电流的 0.1%。

式中：P_n 为变流器功率；V_n 为线电压；f 为基波频率；T_s 为采样周期。

（4）Power electronic device：电力电子器件类型。选择桥臂中所使用的电力电子器件，可以选择 Diode、Thyristors、GTO/Diodes、MOSFET/Diodes、IGBT/Diodes、Ideal Switches，分别如图 6.46 所示。

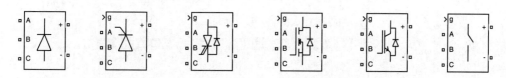

图 6.46　Universal Bridge 图标

（5）Ron：器件内阻。

（6）Lon：器件的内部电感，只有二极管和晶闸管的模型有这一项。在离散系统中，Lon 必须设置为 0，它的缺省值就是 0。

（7）Forward voltage Vf：当器件为二极管和晶体管时，器件导通压降。

（8）Forward voltages [Device Vf，Diode Vfd]：当器件选择 GTO/Diodes、MOSFET/Diodes、IGBT/Diodes 时，器件导通压降。

（9）[Tf（s）Tt（s）]：当器件为 GTO/Diodes、IGBT/Diodes 时，器件关断时的时间。

（10）Measurements：是否进行电气量测量，可以选择为 none（不进行测量）、Device voltages（器件电压）、Device currents（器件电流）、UAB UBC UCA UDC voltages（线电压 Uab，Ubc，Uca 和直流电压 Udc）、All voltages and currents（所有电压和电流）。其中测量的电流包括反并联二极管中的电流（如果有反并联二极管的话），但不包括缓冲电路中的电流。

6.4.6　其他模块库

当可控电力电子器件工作时，门极需要驱动信号，SimPowerSystem 中提供了这些控制信号。实际电路工作时，不同的开关器件需要不同的门极驱动信号。如晶闸管是电流控制型，IGBT、MOSFET 是电压控制型，IGBT 和 MOSFET 对门极信号的电压等级要求不同等。但在仿真模型中，门极驱动信号没有物理含义，仅仅在于信号的有无。Extra Library 库中包含各种控制模块和测量模块，在一个电力电子仿真模型中，这些模块是必不可少的。

1. 控制模块

控制模块分为两类：一类是用于连续系统的 Control Blocks，另一类是用于离散系统的 Discrete Control Blocks。两者的大部分模块存在对应关系。具体的使用按需而定，下面介绍几个典型的模块。

（1）PWM 发生器。

PWM Generator 是一个多功能模块，可以为 GTO、MOSFEP、IGBT 等自关断器件提供门极驱动 PWM 信号，其 PWM 产生机制是正弦脉宽调制，即 SPWM。其图标和参数设置对话框如图 6.47 所示。

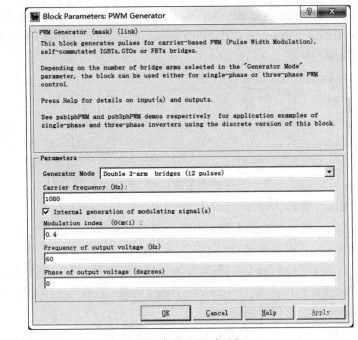

（a）图标　　　　　　　　（b）参数设置对话框

图 6.47　PWM 发生器图标和参数设置对话框

设置参数如下：

① Generator Mode：发生器模式，可以选择 1-arm bridge（2 pulses）、2-arm bridge（4 pulses）、3-arm bridge（6 pulses）、Double 3-arm bridges（12 pulses），分别对应一相桥臂（2 个脉冲）、两相桥臂（4 个脉冲）、三相桥臂（6 个脉冲）。三相桥臂（6 个脉冲）的 IGBT 电路驱动信号顺序如图 6.48 所示。其中开关管 TI-T6 的标号顺序对应着 PWM Generator 产生的门极驱动信号的顺序。

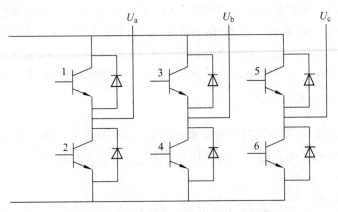

图 6.48　PWM 发生器输出脉冲的顺序

② Carrier frequency：SPWM 的三角载波频率，单位为 Hz。

③ Internal generation of modulating signal：是否选用内部调制信号。如果不选中，则门极信号端口需接外部的控制信号，外接信号数目应该和变流器的开关管数目对应，几个驱动

信号组合成一个向量接入变流器；如果选中该项，则在该对话框中自定义调制波的幅度和频率，即需要对以下参数进行设置。

● Modulation index（0<m<1）：调制度，即调制波基波的最大值。其大小在 0 与 1 之间，因为 PWM Generator 的三角载波幅值是 1。

● Frequency of output voltage：调制波基波频率。

● Phase of output voltage：调制波基波相位，单位为度。

对应的离散模型在 SimPowerSystem/Extra Library/Discrete Control Blocks 里。

（2）同步 6 脉冲发生器。

Synchronized 6-Pulse Generator（同步 6 脉冲发生器）用于产生三相桥式整流电路晶闸管的触发脉冲。在一个周期内，产生 6 个触发信号，每一个触发信号间隔 60°。其图标和参数设置对话框如图 6.49 所示。

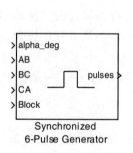
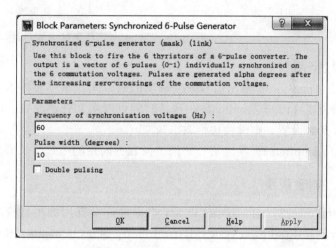

图 6.49　同步六脉冲发生器图标及参数设置对话框

输入端一共有 5 个信号。alpha_deg 控制移相角的大小，单位为度，设为 0 度时三相可控整流桥相当于不控整流桥；AB、BC、CA 用于接入信号的同步，同步的作用是使触发器产生的触发信号与整流主电路晶闸管需要被触发的时刻保持一致，并且保证三相桥 6 个晶闸管按照规定的顺序依次触发，因此同步信号要与晶闸管主电路的三相电源保持一定的相位关系；Block 是控制端口，如果输入 Block 的值大于 0，则输出被禁止，一般使 Block 接上 0 即可输出。

参数设置如下：

① Frequency of synchronization voltages：同步电压的频率，应该根据外部主电路的频率设定，也是为了使触发信号和主电路同步。

② Pulse width：脉冲宽度，单位为度。

③ Double pulsing：双脉冲信号。如果选中则每一个时刻产生的触发信号是双脉冲的形式，双脉冲在实际中也有应用，以保证晶闸管的可靠触发。

（3）可编程定时器。

在仿真中往往需要使用随时间变化的信号，使用其他源进行组合比较烦琐。SimPowerSystem 提供一个可编程的定时器（Timer），可方便地实现随时间变化的信号。

断路器或者理想开关的控制信号就可以用 Timer 实现。其图标和参数设置对话框如图 6.50 所示。

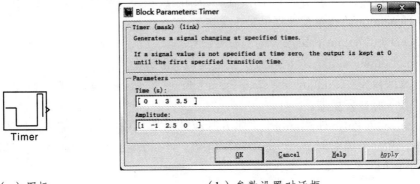

（a）图标　　　　　　　　　　（b）参数设置对话框

图 6.50　Timer 图标及参数设置对话框

参数设置如下：

①　Time（s）：输出信号改变输出值的时间，单位为秒（s）。将其设置为向量的形式，向量的长度应该与 Amplitude 一致，时间可以从 0 开始设置，也可以不从 0 开始设置，如果不从 0 开始设置，则模块初始输出为 0。

②　Amplitude：输出信号的值，设置为向量的形式，长度应与 Time（s）一致。

2. 测量模块

SimPowerSystem/Extra Library 中提供许多有用的测量模块，如平均值、有效值、FFt 等，分别在 SimPowerSystem/Extra Library/Measurements、SimPowerSystem/Extra Library/ Discrete Measurements、SimPowerSystem/Extra Library/PhaseLibrary 中，用户可以根据需要选择使用。

6.4.7　图形用户界面

Powergui（Power graphical user interface，电力图形用户界面）模块，是一种用于电路和系统分析的图形用户界面。本节将介绍它的使用方法和参数设置技巧。

1. 调用方法

首先，介绍它的调用方法：单击"SimpowerSystems"菜单栏，就可以看到 Powergui 模块，鼠标右键单击该功能模块，弹出对话框，单击"Add to untitled"，就可以将它复制到一个名为 psbpowergui 的模型窗口文件中（其后缀名为*.mdl）。双击该功能，将弹出它的属性参数对话框，如图 6.51 所示。

其次，Powergui 模块允许显示电路中被测电压和电流的稳态值，也可以显示所有其他状态变量值，如电感电流、电容电压等。

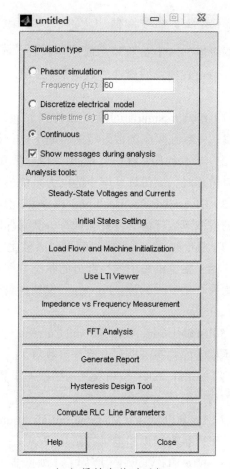

（a）外形封装形式　　　　　　　　（b）属性参数对话框

图 6.51　Powergui 的外形封装形式及属性参数对话框

再次，Powergui 模块允许修改初始状态，以便可以在任何初始条件下进行某个电路（系统）的仿真分析。状态变量的名称与该仿真电路（系统）中已经存在的电容、电感等模块的名称相一致，并且在名称前加上类似于"UC_"标签（表示电容电压）、"IL_"标签（表示电感电流）等专门标签以示区别。

另外，Powergui 模块还允许执行负载潮流，其初始化包含三相电机的三相网络，以便系统从稳态开始仿真计算。此选项可以应用于包含电机类型的以下电路（系统）：① 简化同步电机；② 同步电机；③ 异步电机模块。

当然，当阻抗测量模块应用于该仿真电路（系统）中时，Powergui 模块还可以绘制出"阻抗-频率"仿真结果图。

需要提醒的是，如果使用了控制系统工具箱（Control System Toolbox），Powergui 模块还可以生成系统的状态空间模型（SS），并且自动打开 LTI 浏览界面来观察时域和频域响应特性曲线。

Powergui 模块还可以生成一个报告文件，内容包括测量模块、电源、非线性模型和电路状态量的稳态值，该报告文件的后缀名为.rep。

2. 属性参数对话框

下面将 Powergui 模块的属性参数对话框的具体含义简单介绍一下。

Powergui 模块的属性参数对话框如图 6.51（b）所示。它的一些关键属性参数的含义分别为：

（1）Phasor simulation（相量仿真）：如果选中此项，则模型中的电力系统模块将执行相量仿真，并且在频率参数设定的频率下进行仿真计算和分析。

（2）Frequency（频率）：适中"相量仿真（Phasor simulation）"参数项，用于指定模型进行相量仿真时，该仿真系统中的电力系统模块的工作频率。

（3）Discretize electrical model（离散化电气模型）：如果选择此项，电力系统模块将在离散化的模型下进行仿真分析和计算，其采样时间由（Sample time）参数项给定。

（4）Sampletime（采样时间）："离散化电气模型（Discretize electrical model）"参数项被选中，用于指定电路中线性部分的状态空间矩阵被离散化时的采样时间。设定"采样时间"参数为一个比 0 大的值。Powergui 模块的封装外形图标的名称就显示了其采样时间值，如图 6.51（a）所示。

（5）Steady State Voltages and Currents（稳态电压和电流）：单击该选项，弹出一个窗口，可显示模型的稳态电压和电流等参数值。

（6）Initial states Setting（初始状态设置）：单击该选项，弹出一个窗口，可显示和修改模型的初始电压和电流。

（7）Load Flow and Machine Initializations（潮流和电机初始化）：单击该选项，弹出一个窗口，可以执行潮流和电机初始化。

（8）Use LTI Viewer（应用 LTI 浏览器）：单击该选项，弹出一个窗口，启动控制系统工具箱中（Control System Toolbox）的 LTI 浏览器。

（9）Impedance vs Frequency Measurements（阻抗-频率测量）：单击该选项，弹出一个窗口，允许读者显示模型中阻抗测量模块（Impedance Measurement）的阻抗-频率测量值。

（10）FFT Analysis（快速傅立叶分析）：单击该选项，弹出一个窗口，利用 Powergui 模块中的快速傅立叶（FFT）分析工具，可以方便读者对该仿真系统中的一些重要变量进行傅立叶分析。

（11）Generate Report（生成报告）：单击该选项，弹出一个窗口，生成稳态计算结果报告表。

（12）Hysteresis Design Tool（磁滞设置工具项）：单击该选项，弹出一个窗口，方便读者对饱和变压器、三相变压器等模块的饱和铁芯的磁滞特性参数进行设置。

3. 快速傅立叶分析工具窗口

Powergui 模块的 FFT Analysis Tool（FFT 分析）窗口，如图 6.52 所示。它的一些关键属性参数的含义简单介绍如下：

（1）Structure（结构）：列出呈现在工作空间中的时间结构变量（Structure with time）。时间结构变量由读者模型中的示波器模块（Scope）设置，其设置方法如下：

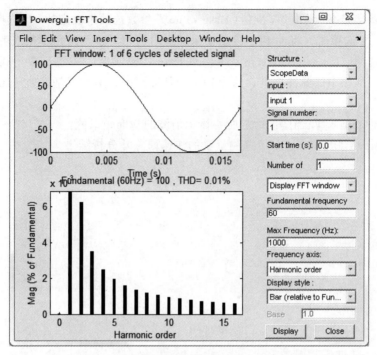

图 6.52　Powergui 的外形封装形式及属性参数对话框

　　双击 Scope 模块，弹出属性参数对话框后，单击它的"参数"（Parameters）按钮，弹出对话框，再单击该属性参数对话框中的 Data history，然后勾选"Save data to workspace"选项，将它的属性参数对话框激活，在 Variable name 栏键入需要进行 FFT 分析的变量名，Format（数据格式）栏中选取 Structure with time，便完成变量的 Structure 定义过程。

　　（2）Input（输入）：选择"结构（Structure）"参数选项中被选为时间结构变量，作为输入信号。当存在多个输入的时间结构变量时，可以由一个多输入示波器模块产生。

　　（3）Signal Number（信号编号）：指定"输入（Input）"参数选项中被选为输入信号的编号。

　　（4）Start Time（起始时间）：指定快速傅立叶分析的起始时间。

　　（5）number of cycles（周期数）：指定快速傅立叶分析的周期数。

　　（6）Display FFT window（显示 FFT 结果的窗口）：当选择"显示全部信号（Display entire signal）"选项时，表示要显示窗口图标中的全部被选信号；当选择"显示 FFT，窗口（Display FFT window）"选项时，表示仅仅显示应用 FFT 分析的信号部分。

　　（7）Fundamental frequency（基波频率）：指定 FFT 分析的基波频率。

　　（8）Max Frequency（最大频率）：指定 FFT 分析的最大频率。

　　（9）Frequency Axis（频率坐标轴）：当选择"赫兹（Hz）"选项时，则表示以 Hz 来显示 FFF 分析结果；当选择"谐波次序（Harmonic order）"选项时，则表示以相对于基波频率的谐波次序来显示 FFT 分析结果。

　　（10）Display style（显示类型）：当选择"bar（relative to Fund. or DC）"选项时，将使 FFT 分析结果被显示为相对于基波频率量或者直流量而言的条线图。当选择"bar（relative to specified base）"选项时，将使 FFT 分析结果被显示为相对于某特定的基准频率的条线图；该选项中的特定基准频率，是由"基准值（Base value）"参数选项来决定的。当选择"list（relative to Fund. or DC）"选项时，将使 FFT 分析结果被显示为相对于基波频率量或者直流量而言的脉冲序列。当选择"list（relative to specified Ease）"选项时，将使 FFT 分析结果被显示为相对于某特定基准频率的脉冲序列，这个特定的基准频率，是由"基准值（Base value）"参数选项来决定的。

（11）Base value（基准值）：指定所要显示谐波的基准频率值。

（12）Display（显示）：显示所选测量量的快速傅立叶分析结果。

第7章　AC–DC 电路的建模与仿真

交流-直流（AC-DC）变换电路，又称为整流电路或整流器，其功能是将交流电转换成直流电。整流电路[28, 29]有采用二极管的不控整流电路、采用晶闸管的相控整流电路以及采用全控器件的 PWM 整流电路。可控整流电路的一般结构如图 7.1 所示。本章将介绍几种常见的整流电路原理及仿真方法[30-34]。

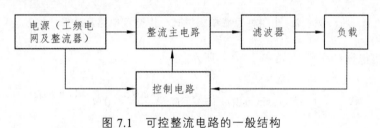

图 7.1　可控整流电路的一般结构

7.1　桥式相控整流电路的仿真

7.1.1　单相桥式全控整流电路

1. 电阻性负载单相桥式全控整流电路

单相全控桥式整流电路的线路如图 7.2（a）所示，晶闸管 VT$_1$ 和 VT$_4$ 组成一对桥臂，VT$_2$ 和 VT$_3$ 组成另一对桥臂。当交流电压 u_2 进入正半周时，a 端电位高于 b 端电位，两个晶闸管 VT$_1$ 和 VT$_4$ 同时承受正向电压，如果此时门极无触发信号 u_g，则两个晶闸管处于正相阻断状态，电源电压 u_2 将全部加在 VT$_1$ 和 VT$_4$ 上。在 $\omega t = \alpha$ 时刻，给 VT$_1$ 和 VT$_4$ 同时加触发脉冲，则两个晶闸管立即触发导通。当电流过零时，VT$_1$ 和 VT$_4$ 关断。在交流电源的正、负半周里，VT$_1$、VT$_4$ 和 VT$_2$、VT$_3$ 两组晶闸管轮流触发导通，触发脉冲在相位上应相差 180°，可将交流电源变成脉动的直流电源。改变触发脉冲出现的时刻，即改变 α 的大小，u_d、i_d 的波形和平均值随之改变。

由于负载在两个半波中都有电流流过，形成全波整流。从整流变压器副边绕组来看，两个半波电流方向相反，大小相等，因而变压器副边没有直流磁化问题，变压器的利用率也较高，这些都是桥式整流电路的优点。

图 7.2（b）是输出电压、晶闸管承受电压及输入电流的波形，可以看出晶闸管承受的最大反向电压为 $\sqrt{2}U_2$。

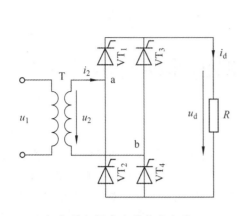
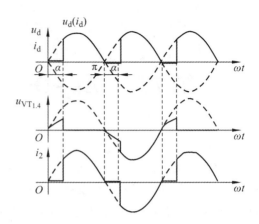

（a）单相桥式全控整流电路　　　　　（b）电压、电流波形

图 7.2　电阻性负载单相桥式全控整流电路及波形

整流器输出电压的平均值如式（7-1）所示。

$$U_\mathrm{d}=\frac{1}{\pi}\int_\alpha^\pi \sqrt{2}U_2 \sin \omega t \mathrm{d}(\omega t) = \frac{\sqrt{2}}{\pi}U_2 \frac{1+\cos \alpha}{2}=0.9U_2 \frac{1+\cos \alpha}{2} \tag{7-1}$$

即 U_d 为最小值时，$\alpha = 180°$；U_d 为最大值时，$\alpha = 0°$。所以单相桥式全控整流电路带电阻性负载时，α 的移相范围为 $0° \sim 180°$。当 $\alpha = 0°$ 时，晶闸管全导通，相当于不可控整流，此时输出电压为最大值 $U_\mathrm{d0} = 0.9U_2$。

整流器输出电压的有效值如式（7-2）所示。

$$U=\sqrt{\frac{1}{\pi}\int_\alpha^\pi \left(\sqrt{2}U_2 \sin \omega t\right)^2 \mathrm{d}(\omega t)}=U_2 \sqrt{\frac{\sin 2\alpha}{2\pi}+\frac{\pi-\alpha}{\pi}} \tag{7-2}$$

在负载上，输出电流的平均值和有效值分别为

$$I_\mathrm{d}=\frac{U_\mathrm{d}}{R}=\frac{0.9U_2}{R}\times\frac{1+\cos \alpha}{2} ; \ I=\frac{U}{R}=\frac{U_2}{R}\sqrt{\frac{\sin 2\alpha}{2\pi}+\frac{\pi-\alpha}{\pi}} \tag{7-3}$$

2. 电感性负载单相桥式全控整流电路

在实际应用中，大功率整流器给纯电阻负载供电是很少的。经常碰到的是在负载中既有电阻又有电感，当负载的感抗与电阻的数值相比不可忽略时称为电感性负载，例如，各种电机的激磁绕组。另外，为了滤平整流后输出的电流波形，有时也在负载回路串联所谓的平波电抗器，电阻和电感一并作为整流器的负载，也称为电感性负载。

单相桥式全控整流电路接电感性负载，其接线如图 7.3（a）所示。假设电感很大，负载电流连续而基本平直。当交流电压 u_2 进入正半周时，两个晶闸管 VT_1 和 VT_4 同时承受正向电压。在 $\omega t = \alpha$ 时刻，触发 VT_1 和 VT_4 导通，由于大电感的存在，当 u_2 过零变负时，电感上的感应电动势使 VT_1 和 VT_4 继续导通，直到 VT_2 和 VT_3 被触发导通时，VT_1 和 VT_4 承受反压而

关断。此时，输出电压的波形出现了负值部分。当交流电压 u_2 进入负半周时，晶闸管 VT$_2$ 和 VT$_3$ 同时承受正压，在 $\omega t = \pi + \alpha$ 时触发 VT$_2$、VT$_3$ 使其导通，VT$_1$ 和 VT$_4$ 承受反压而关断。在 $\omega t = 2\pi$ 时电压 u_2 过零，VT$_3$ 和 VT$_2$ 因电感中的感应电动势并不关断，直到下个周期 VT$_1$ 和 VT$_4$ 导通时，VT$_3$ 和 VT$_2$ 加上反压才关断，电压、电流波形如图 7.3（b）所示。这个过程，即电流从含有变流元件的一个支路转移到另一个支路的过程叫作换相或换流。

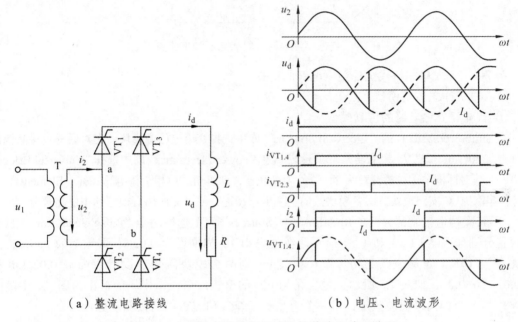

（a）整流电路接线　　　　　　（b）电压、电流波形

图 7.3　电感性负载单相桥式全控整流电路及波形

在电流连续的情况下，整流电压平均值为

$$U_d = \frac{1}{\pi}\int_{\alpha}^{\pi+\alpha}\sqrt{2}U_2\sin\omega t\,\mathrm{d}(\omega t) = \frac{2\sqrt{2}}{\pi}U_2\cos\alpha = 0.9U_2\cos\alpha, (0°\leqslant\alpha\leqslant90°) \quad （7\text{-}4）$$

整流电压有效值为

$$U = \sqrt{\frac{1}{\pi}\int_{\alpha}^{\pi+\alpha}\left(\sqrt{2}U_2\sin\omega t\right)^2\mathrm{d}(\omega t)} = U_2 \quad （7\text{-}5）$$

而输出电流波形因电感很大呈一条水平线，其平均值为

$$I_d = \frac{U_d}{R} = \frac{0.9U_2}{R}\times\cos\alpha \quad （7\text{-}6）$$

当 $\alpha = 0°$ 时，$U_d = 0.9U_2$；当 $\alpha = 90°$ 时，$U_d = 0$。因此，适应电感性负载的移相范围为 $0° \sim 90°$，晶闸管承受的最大正反向电压都是 $\sqrt{2}U_2$。

如果电感不够大，电感中储藏的能量不足以维持电流导通到 $\pi + \alpha$，则负载电流出现断续现象，如图 7.4 所示。

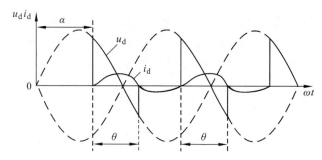

图 7.4　电感不够大时，整流电压和电流波形

例 7-1　完成单相桥式全控整流电路的仿真。

解　（1）建立仿真模型。

① 首先建立主电路的仿真模型。

在 SimPowerSystems 的 "Electrical Sources" 库中选择交流电压源模块，在对话框中将其幅值设置为 "220*sqrt（2）" V，频率设为 50 Hz；然后在 "Power Electronics" 库中选择 "Universal Bridge" 模块，在其对话框中选择桥臂数为 2，器件为晶闸管，即可组成单相全桥电路；在 "Elements" 库中选择串联 RLC 支路模块。将各模块按前述主电路相连，便可完成仿真模型的主电路部分。

② 其次构造控制部分。在 Simulink 的 "Sources" 库中选择两个 "Pulse Generator" 模块，其设置分别如图 7.5（a）和（b）所示。幅值设为 1，周期设为 0.02 s，即频率为 50 Hz，占空比设为 10%。若触发角为 α（单位为度），则两个模块需分别设滞后为 α*0.02/360 和 α*0.02/360+0.01，如图 7.5 所示为触发角为 60° 的全控。第一个模块的输出为图 7.2 中晶闸管 VT_1 和 VT_4 的门极驱动脉冲，另一个为晶闸管 VT_3 和 VT_2 的门极驱动脉冲。

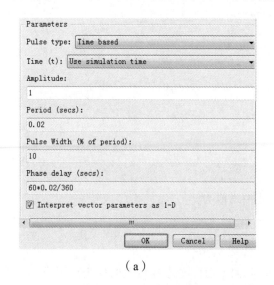

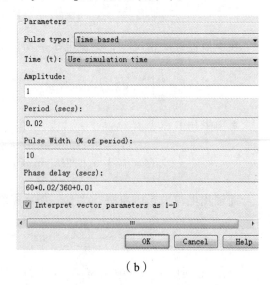

（a）　　　　　　　　　　　　　　　（b）

图 7.5　"Pulse Generator" 模块设置

③ 然后根据需要完成波形观测及分析部分。此处使用了 "Extra Library" 中 "Measurements" 子库的 "Mean Value" 模块，用于测量平均值，注意要把模块中的基波频率设为 50 Hz。

最后完成仿真模型，如图 7.6 所示。注意："Universal Bridge" 模块中各开关管顺序的定义与图 7.2 不同，可参考帮助文件设置。

（2）分析仿真结果。

将仿真时间设为 0.1 s，选择 023tb 算法，最大步长设为 1e-5。首先仿真电阻负载，将串联 RLC 支路模块中的电阻设为 1 Ω，去掉电感和电容。图 7.7 为触发角为 60° 时的直流电压和电路波形，图 7.8 为交流电压和电流波形，图 7.9 为晶闸管 T_1 所承受的电压，与图 7.2（b）的分析波形一致。此时，直流电压平均值为 148.2 V。

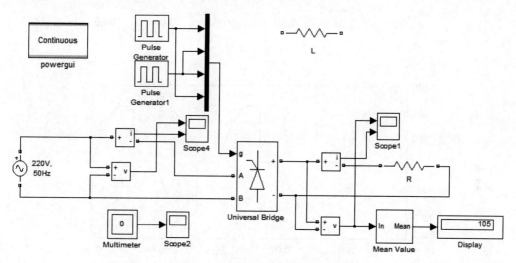

图 7.6　单相桥式全控电路仿真模型

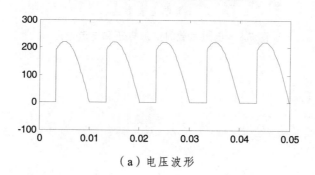

（a）电压波形

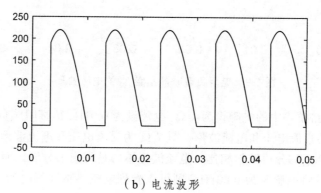

（b）电流波形

图 7.7　电阻负载时直流电压和电流波形

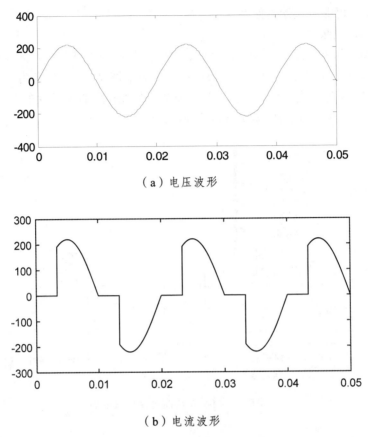

（a）电压波形

（b）电流波形

图 7.8　电阻负载时交流电压和电流波形

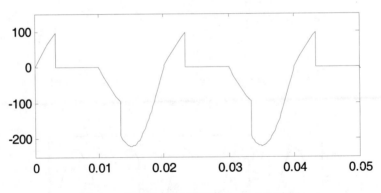

图 7.9　电阻负载时晶闸管 T_1 的电压波形

　　将串联 RLC 支路模块中的电阻设为 1 Ω，电感设为 0.01H，仿真阻感负载的情况。图 7.10 为触发角为 60° 时的直流电压和电流波形，图 7.11 为交流电压和电流波形，此时电流处于连续状态。与图 7.3（b）的分析波形相比，电流波形不再是理想的方波，而是更加真实地反映了电路的实际电流。将电感改为 0.001H，则可以看到电流不再连续时的波形如图 7.12 和图 7.13 所示。

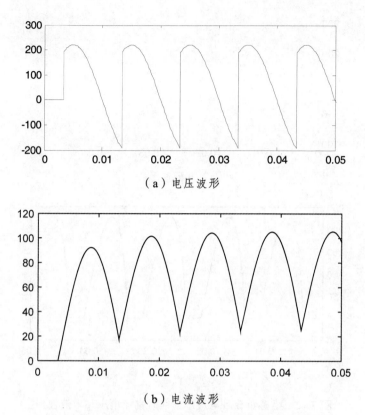

（a）电压波形

（b）电流波形

图 7.10　阻感负载且电流连续时直流电压和电流波形

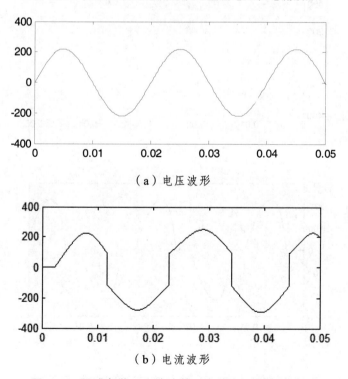

（a）电压波形

（b）电流波形

图 7.11　阻感负载且电流连续时交流电压和电流波形

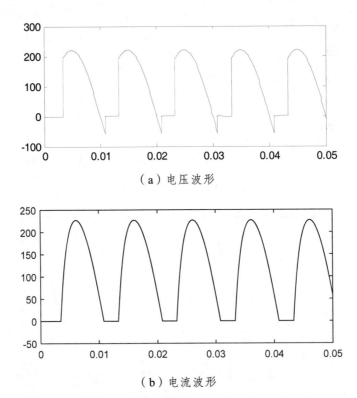

（a）电压波形

（b）电流波形

图 7.12 阻感负载且电流不连续时直流电压和电流波形

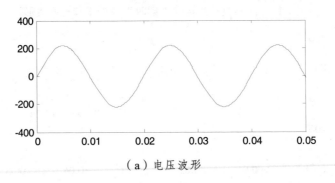

（a）电压波形

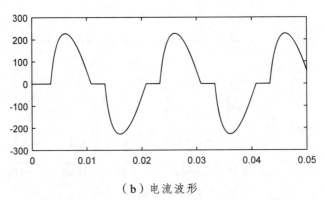

（b）电流波形

图 7.13 阻感负载且电流不连续时交流电压和电流波形

7.1.2　三相桥式全控整流电路

三相桥式整流电路是目前应用最为广泛的整流电路，如图 7.14 所示。共阴极组在正半周触发导通，共阳极组在负半周触发导通，在一个周期中变压器绕组中没有直流磁势，且每相绕组在正负半周都有电流流过，延长了变压器的导电时间，提高了变压器绕组的利用率。

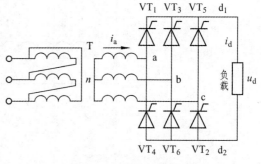

图 7.14　三相桥式整流电路

共阴极组为阴极连接在一起的 3 个晶闸管（VT_1、VT_3、VT_5），共阳极组为阳极连接在一起的 3 个晶闸管（VT_2、VT_4、VT_6），导通顺序为 $VT_1 \rightarrow VT_2 \rightarrow VT_3 \rightarrow VT_4 \rightarrow VT_5 \rightarrow VT_6$。自然换向时，每一时刻导通的两个晶闸管分别对应阳极所接交流电压值最高的一个和阴极所接交流电压值最低的一个。

1. 带电阻负载时的工作情况

假设将电路中的晶闸管换作二极管，相当于晶闸管触发角 $\alpha = 0°$ 时，电路波形如图 7.15 所示，各晶闸管均在自然换相点换相。共阴极组的 3 个晶闸管，阳极所接交流电压值最高的一个导通；共阳极组的 3 个晶闸管，阴极所接交流电压值最低的一个导通。任意时刻共阳极组和共阴极组中各有一个晶闸管处于导通状态，施加于负载上的电压为某一线电压。

当共阴极组晶闸管导通时，整流输出电压 u_{d1} 为相电压在正半周的包络线；当共阳极组晶闸管导通时，整流输出电压 u_{d2} 为相电压在负半周的包络线。总的整流输出电压 $u_d = u_{d1} - u_{d2}$，是两条包络线的差值，将其对应在线电压波形上，即为线电压在正半周上的包络线。

直流电压也可以从线电压波形分析。共阴极组为处于通态的晶闸管对应最大的相电压；共阳极组处于通态的晶闸管对应最小的相电压；输出整流电压 u_d 为这两个相电压相减，输出整流电压 u_d 的波形为线电压在正半周上的包络线。

晶闸管及输出整流电压的情况如表 7.1 所示。

表 7.1　相桥式全控整流电路带电阻负载 $\alpha = 0°$ 时晶闸管工作情况

时　段	I	II	III	IV	V	VI
共阴极组中导通的晶闸管	T_1	T_1	T_3	T_3	T_5	T_5
共阳极组中导通的晶闸管	T_6	T_2	T_2	T_4	T_4	T_6
整流输出电压 u_d	$u_a - u_b = u_{ab}$	$u_a - u_c = u_{ac}$	$u_b - u_c = u_{bc}$	$u_b - u_a = u_{ba}$	$u_c - u_a = u_{ca}$	$u_c - u_b = u_{cb}$

三相桥式全控整流电路任意时刻都有两个晶闸管同时导通，从而形成供电回路，其中共阴极组和共阳极组各 1 个，且不能为同一相器件。触发脉冲为 $VT_1 \rightarrow VT_2 \rightarrow VT_3 \rightarrow VT_4 \rightarrow VT_5 \rightarrow VT_6$ 的顺序，相位依次相差 60°，同一相的上下两个桥臂脉冲相差 180°。

直流电压一个周期脉动 6 次，每次脉动的波形都一样，故该电路为 6 脉波整流电路。为保证同时导通的两个晶闸管均有脉冲，可采用宽脉冲触发或双脉冲触发，如图 7.16 所示。

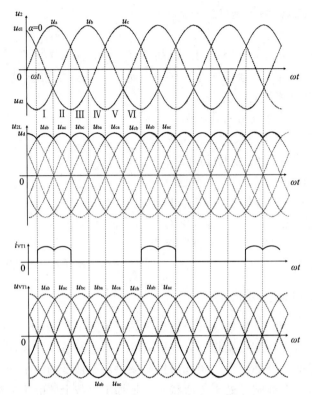

图 7.15　三相桥式全控整流电路带电阻负载 $\alpha = 0°$ 时的波形

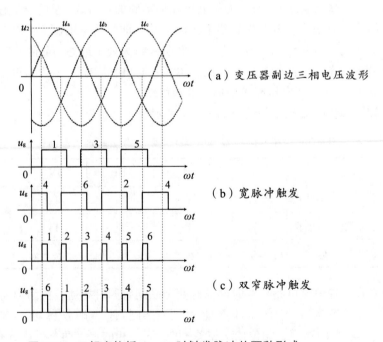

（a）变压器副边三相电压波形

（b）宽脉冲触发

（c）双窄脉冲触发

图 7.16　三相全控桥 $\alpha = 0°$ 时触发脉冲的两种形式

触发角为 30° 时的波形如图 7.17 所示。每一段导通晶闸管的编号仍符合表 7.1 的规律。区别在于晶闸管起始导通时刻推迟了 30°，组成 u_d 的每一段线电压因此推迟了 30°，u_d 平均值降低。

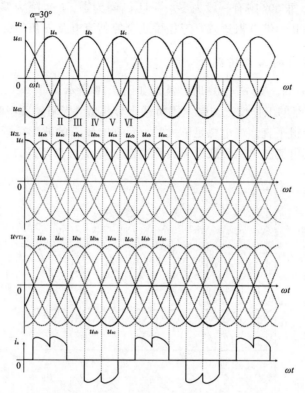

图 7.17　三相桥式全控整流电路带电阻负载 $\alpha = 30°$ 时的波形

触发角为 90° 时的波形如图 7.18 所示。

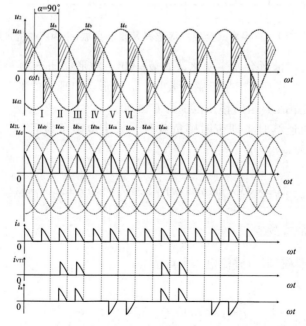

图 7.18　三相桥式全控整流电路带电阻负载 $\alpha = 90°$ 时的波形

当 $\alpha \leqslant 60°$ 时，u_d 波形均连续；对于电阻负载，i_d 波形与 u_d 波形形状一样，同样连续。而 $\alpha > 60°$ 时，u_d 波形每 60° 中有一段为零。一旦 u_d 降为零，i_d 也降为零，流过晶闸管的电流即降为零，晶闸管关断。带电阻负载时三相桥式全控整流电路 α 角的移相范围是 $0° \sim 120°$。

2. 带阻感负载时的工作情况

当触发角 $\alpha \leqslant 60°$ 时，如 $\alpha = 30°$ 时，波形如图 7.19 所示。

u_d 波形连续，电路的工作情况与带电阻负载十分相似。当阻感负载时，由于电感的作用，使得负载电流波形变得平直，当电感足够大时，负载电流 i_d 的波形可近似为一条水平线。在晶闸管的导通段，其电流波形由负载电流波形决定，与 u_d 波形不同。

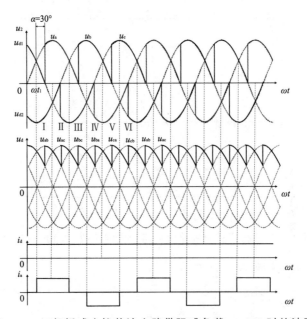

图 7.19 三相桥式全控整流电路带阻感负载 $\alpha = 30°$ 时的波形

当触发角 $\alpha > 60°$ 时波形会发生变化，如 $\alpha = 90°$，波形如图 7.20 所示。当电阻负载时，u_d 波形不会出现负的部分，而当带阻感负载时，u_d 波形会出现负的部分。当带阻感负载时，三相桥式全控整流电路的 α 角的移相范围为 $0° \sim 90°$

当整流输出电压连续时（即带阻感负载时，或带电阻负载且 $\alpha \leqslant 60°$ 时）的直流平均值为

$$U_d = \frac{3}{\pi} \int_{\frac{\pi}{3}+\alpha}^{\frac{2\pi}{3}+\alpha} \sqrt{2} \times \sqrt{3} U_2 \sin \omega t \mathrm{d}(\omega t) = 2.34 U_2 \cos \alpha = 1.35 U_{21} \cos \alpha = U_{d0} \cos \alpha \qquad (7\text{-}7)$$

式中，U_{21} 为线电压的有效值。

带电阻负载且 $\alpha > 60°$ 时，整流电压平均值为

$$U_d = \frac{3}{\pi} \int_{\frac{\pi}{3}+\alpha}^{\pi} \sqrt{6} U_2 \sin \omega t \mathrm{d}(\omega t) = 2.34 U_2 \left[1 + \cos\left(\frac{\pi}{3}+\alpha\right) \right] \qquad (7\text{-}8)$$

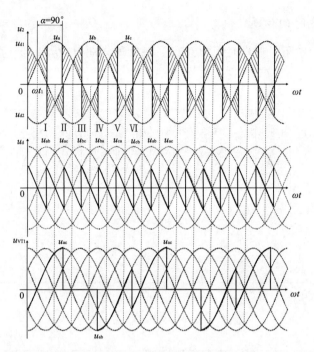

图 7.20　三相桥式全控整流电路带阻感负载 $\alpha = 90°$ 时的波形

例 7-2　完成三相桥式全控整流电路的仿真。

解　利用 SimPowerSystems 建立三相全控整流桥的仿真模型。

输入为三相交流电压源，线电压为 380 V，50 Hz，内阻为 0.001 Ω。用"Universal Bridge"模块实现三相晶闸管桥式电路。在 SimPowerSystems / Extra Library / Control Blocks 中的"Synchronized 6-Pulse Generator"模块可以直接用以生产三相桥式全控电路的六路触发脉冲，该模块的"alpha_deg"口输入触发角，其余三个输入为三个线电压，在对话框中将其频率设为 50 Hz。仿真模型如图 7.21 所示。

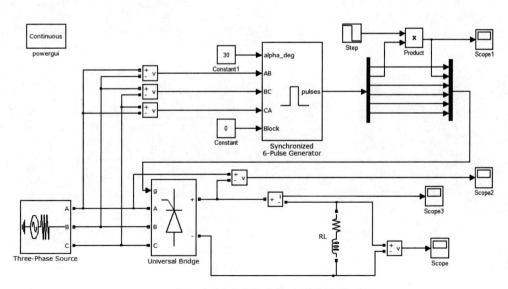

图 7.21　三相桥式全控整流电路仿真模型图

3. 带电阻负载时的仿真

设负载为 1 Ω 的电阻，仿真时间为 0.2 s。触发角分别为 30°和 90° 直流电压、直流电流及晶闸管 T_1 电压波形如图 7.22、7.23 所示。

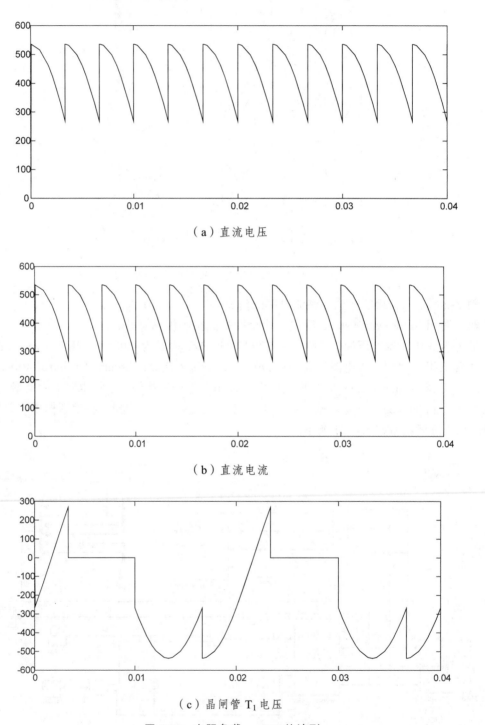

（a）直流电压

（b）直流电流

（c）晶闸管 T_1 电压

图 7.22　电阻负载 $\alpha = 30°$ 的波形

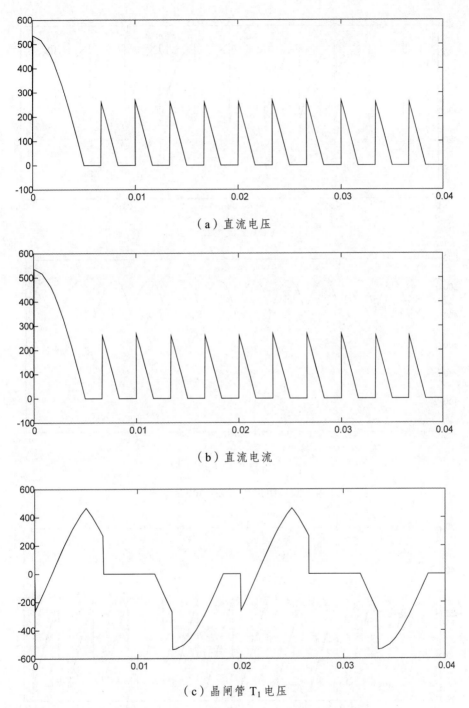

（a）直流电压

（b）直流电流

（c）晶闸管 T_1 电压

图 7.23　电阻负载 $\alpha = 90°$ 的波形

4. 带阻感负载时的仿真

设阻感负载中 $R = 1\ \Omega$，$L = 0.2\ \text{mH}$。不接续流二极管，触发角分别为 30° 和 90° 的直流电压及直流电流波形如图 7.24、7.25 所示。

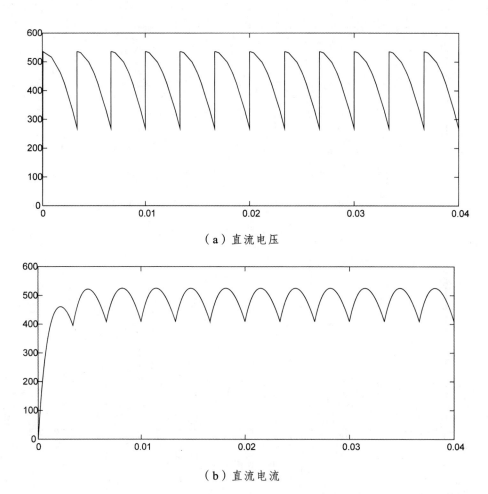

（a）直流电压

（b）直流电流

图 7.24　阻感负载 $\alpha = 30°$ 的波形

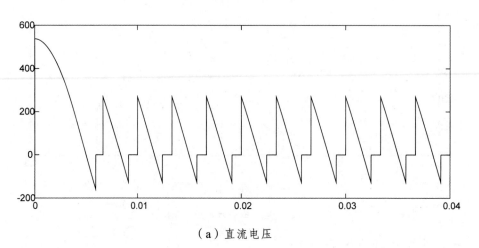

（a）直流电压

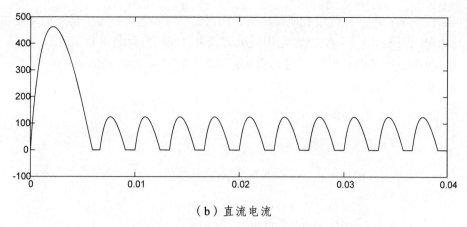

（b）直流电流

图 7.25　阻感负载 $\alpha = 90°$ 的波形

7.2　电容滤波的不可控整流电路的仿真

在交-直-交变频器、不间断电源、开关电源等应用场合，多采用不可控整流电路经电容滤波后提供直流电源，供后级的逆变器、斩波器等使用。不可控整流电路有两种最常用的接法：单相桥式和三相桥式。由于电路中的电力电子器件采用整流二极管，故也称这类电路为二极管整流电路。

7.2.1　电容滤波的单相不可控整流电路

单相不可控整流电路常用于小功率单相交流输入的场合，例如微机、电视机等家电产品所采用的开关电源的整流部分就是单相桥式不可控整流电路，其电路拓扑结构如图 7.26（a）所示。

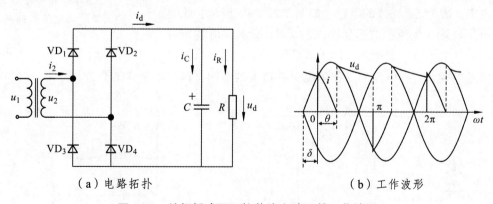

（a）电路拓扑　　　　　　　　　　　　（b）工作波形

图 7.26　单相桥式不可控整流电路及其工作波形

图 7.26（b）为电路工作波形。假设该电路已处于稳态，同时由于在实际中作为负载的后级电路稳态时消耗的直流平均电流是一定的，所以分析中以电阻 R 作为负载。

该电路的工作过程是：在 u_2 正半周过零点至 $\omega t = 0$ 期间，$u_2 < u_d$，因此二极管均不导通，

此阶段电容 C 向 R 供电，提供负载所需电流，同时 u_d 下降。至 $\omega t = 0$ 之后，u_2 将要超过 u_d，使得 VD_1 和 VD_4 开通，$u_d = u_2$，交流电源向电容充电，同时向负载 R 供电。

设 VD_1 和 VD_4 开通的时刻与 u_2 过零点相距 δ 角，则 $u_2 = \sqrt{2}U_2 \sin(\omega t + \delta)$。

在 VD_1 和 VD_4 导通期间，以下方程成立

$$\begin{cases} u_d(0) = \sqrt{2}U_2 \sin\delta \\ u_d(0) + \dfrac{1}{C}\displaystyle\int_0^t i_c \mathrm{d}t = u_2 \end{cases} \tag{7-9}$$

式中，u_d（0）为 VD_1、VD_4 开始导通时刻的直流侧电压值。

将 u_2 代入（7-9）解得

$$i_C = \sqrt{2}\omega C U_2 \cos(\omega t + \delta) \tag{7-10}$$

$$i_R = \frac{u_2}{R} = \frac{\sqrt{2}U_2}{R}\sin(\omega t + \delta) \tag{7-11}$$

于是有

$$i_d = i_C + i_R = \sqrt{2}\omega C U_2 \cos(\omega t + \delta) + \frac{\sqrt{2}U_2}{R}\sin(\omega t + \delta) \tag{7-12}$$

在空载时，R 趋于无穷大，放电时间常数趋于无穷大，输出电压最大，$U_d = \sqrt{2}U_2$。

整流电压平均值 u_d 可根据前述波形及有关计算公式推导得出，u_d 与输出到负载的电流平均值 I_R 之间的关系如图 7.27 所示。在空载时，$U_d = \sqrt{2}U_2$。在重载时，R 很小，电容放电很快，几乎失去储能作用，随负载加重 u_d 逐渐趋近于 $0.9u_2$。通常在设计时根据负载的情况选择电容 C 值，使 $RC \geqslant \dfrac{3 \sim 5}{2}T$，$T$ 为交流电源的周期，此时输出电压为 $U_d \approx 1.2U_2$。

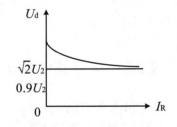

图 7.27　单相不可控整流电路
输出电压与电流的关系

在实际应用中，为了抑制电流冲击，常在直流侧串联较小的电感，成为 LC 滤波的电路，如图 7.28（a）所示。此时输出电压与输入电流的波形如图 7.28（b）所示，由波形可见，u_d 波形更平直，而电流 i_2 的上升段平缓了许多，这样有利于电路的正常工作。当 L 与 C 的取值发生变化时，电路的工作情况会有很大的不同，这里不做详细介绍。

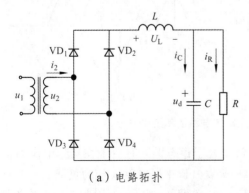

（a）电路拓扑

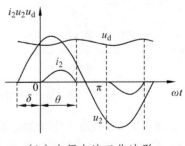

（b）电压电流工作波形

图 7.28　带 LC 滤波的单相桥式不可控整流电路及电压电流波形

例 7-3　完成单相不可控整流电路的仿真。

解　（1）建立仿真模型。

利用 SimPowerSystems 建立单相不可控桥式整流电路仿真模型，如图 7.29 所示。其中子系统"Power factor calculation"用来计算整流器交流测的功率因数，其内部电路模型如图 7.30 所示。图 7.29 中其他模型采用的模块分别如下：

输入单相电压源模块：SimPowerSystems \ Electrical Sources \ AC Voltage Source。相电压参数：220 V，50 Hz，内阻 0.001 Ω。参数设置如图 7.31 所示。

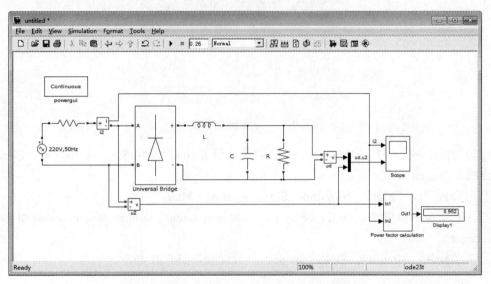

图 7.29　单相桥式不可控整流电路仿真模型

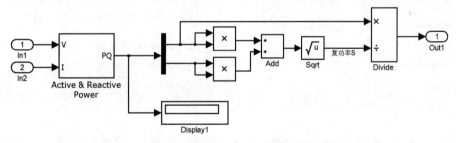

图 7.30　功率因数计算模型

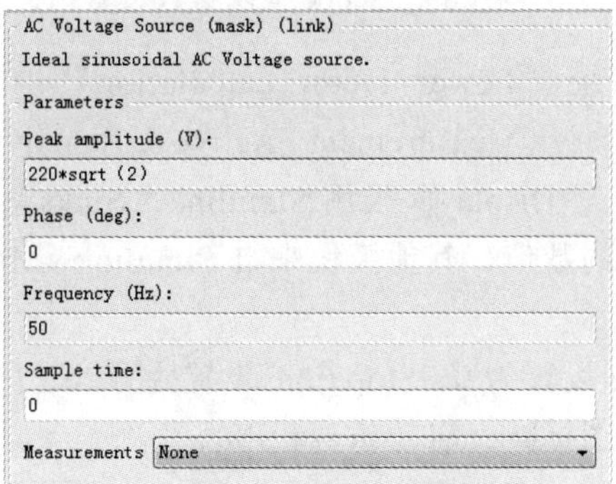

AC Voltage Source (mask) (link)
Ideal sinusoidal AC Voltage source.

Parameters

Peak amplitude (V):
220*sqrt (2)

Phase (deg):
0

Frequency (Hz):
50

Sample time:
0

Measurements　None

图 7.31　电压源参数设置

二极管整流桥模块：SimPowerSystems \ Power Electronics \ Universal Bridge，二极管采用默认参数。参数设置如图 7.32 所示。

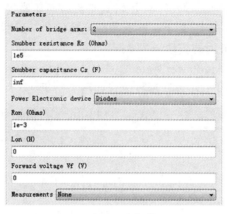

图 7.32　电压源参数设置

直流滤波电感 2 mH，电容 3 300 μF，负载为电阻 R 10 Ω，采用 SimPowerSystems\Elements\Series RLC Branch 完成。

信号合成模块 "Mux"：Simulink \ Signal Routing \ Mux。

电压和电流测量模块：SimPowerSystems \ Measurement \ Voltage Measurement 和 Current Measurement。

示波器模块：Simulink \ Sinks \ Scope，参数设置如图 7.33 所示。

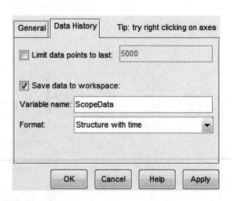

图 7.33　Scope 模块参数设置

如图 7.30 所示的子系统 "Power factor calculation" 中，有功无功测量模块采用 SimPowerSystems\ Extra Library \ Measurement \ Active & Reactive Power，可以测量整流器交流侧的有功功率和无功功率；"Display" 采用 Simulink \ Sinks \ Display，用来显示整流器交流侧的有功功率和无功功率的数值，其他模块来自 Simulink \ Math Operations。

（2）分析仿真结果。

将仿真参数的 Start time 设置为 0，Stop time 设置为 0.26，仿真算法采用 ode23t，其他为默认参数。单击仿真快捷键图标▶，启动仿真程序。

整流器交流侧电流、电压、直流侧输出电压如图 7.34 所示。

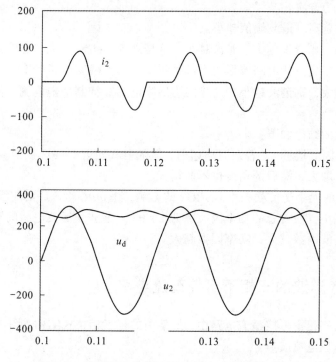

图 7.34　整流器交流侧电流电压、直流侧输出电压

双击模型图 7.29 中的 powergui 模块，在弹出的窗口中单击"FFT Analysis"，对整流器交流侧的谐波进行分析，参数设置和傅立叶分析结果如图 7.35 所示。

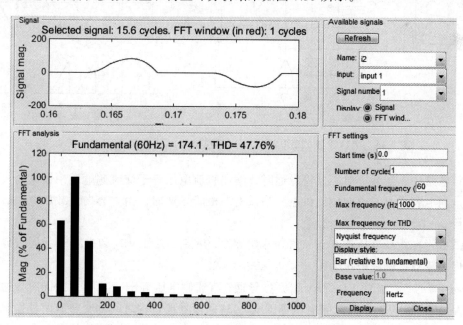

图 7.35　傅立叶分析参数设置和分析结果

根据傅立叶分析结果，可知电容滤波的单相不可控整流电路交流侧谐波组成有如下规律：

（1）谐波次数为奇次。

（2）谐波次数越高，谐波幅值越小。

（3）ωRC 越大，则谐波越大、基波越小。这是因为，ωRC 越大，意味着负载越轻。二极管的导通角越小，则交流侧电路波形的底部就越窄，波形畸变也越严重。

（4）$\omega\sqrt{LC}$ 越大，则谐波越小，这是因为串联电感 L 抑制冲击电流，从而抑制了交流电路的畸变。

关于功率因数的结论如下：

（1）通常位移因数接近 1。轻载时略超前，但随负载加重（ωRC 减少）会逐渐变为滞后，且随着滤波电感的增大，滞后的角度也不断增大。

（2）由于谐波的大小受负载大小（ωRC）的影响，随 ωRC 增大，谐波增大，而基波减小，也就使基波因数减小，使得总的功率因数降低。同时，谐波受滤波电感的影响，滤波电感越大，谐波越小，基波因数越大，功率因数越大。

7.2.2　电容滤波的三相不可控整流电路

在电容滤波的三相不可控整流电路中，最常用的是三相桥式结构，图 7.36 给出了其电路拓扑及其理想的电压电流波形。

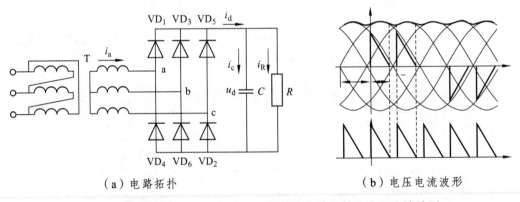

（a）电路拓扑　　　　　　　　　　　　（b）电压电流波形

图 7.36　电容滤波的三相桥式不可控整流电路拓扑及电压电流波形

在该电路中，当某一对二极管导通时，输出直流电压等于交流侧电压中最大的一个，该线电压既向电容供电，也向负载供电。当没有二极管导通时，由电容向负载放电，u_d 按指数规律下降。

设二极管在距线电压过 0 点 δ 角处开始导通，并将二极管 VD_6 和 VD_1 开始同时导通的时刻作为时间零点，则线电压为 $u_{ab} = \sqrt{6}U_2\sin(\omega t + \delta)$。

在 $\omega t = 0$ 时，二极管 VD_6 和 VD_1 开始导通，直流侧电压等于 u_{ab}，下一次同时导通的一对二极管是 VD_1 和 VD_2，直流侧电压等于 u_{ac}。这两段导通过程之间的交替有两种情况，一种是在 VD_1 和 VD_2 同时导通之前 VD_6 和 VD_1 是关断的，交流侧向直流侧的充电电流 i_d 是断续的；另一种是 VD_1 一直导通，交替时由 VD_6 导通换相至 VD_2 导通，i_d 是连续的；介于两者之

间的临界情况是 VD_6 和 VD_1 同时导通的阶段与 VD_1 和 VD_2 同时导通的阶段在 $\omega t + \delta = \dfrac{2\pi}{3}$ 的时刻"速度相等"恰好发生。

当 $\omega RC = \sqrt{3}$ 时，这就是临界条件。$\omega RC > \sqrt{3}$ 和 $\omega RC \leqslant \sqrt{3}$ 分别是电流 i_d 断续和连续的条件。图 7.37（a）给出了 $\omega RC \leqslant \sqrt{3}$ 时的电流波形。对一个确定的装置来说，通常只有 R 是可变的，它的大小反映了负载的轻重。因此，在轻载时直流侧获得的充电电流是断续的，在重载时是连续的，分界点就是 $R = \dfrac{\sqrt{3}}{\omega C}$。

当 $\omega RC > \sqrt{3}$ 时，交流侧电压电流波形如图 7.37（b）所示，其中 δ 和 θ 的求取可参考单相电路的方法。δ 和 θ 确定之后，即可推导出交流侧电流 i_a 的表达式，在此基础上可对交流侧电流进行谐波分析。

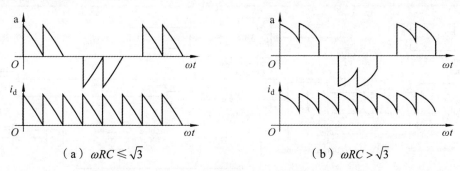

（a）$\omega RC \leqslant \sqrt{3}$　　　　　　　（b）$\omega RC > \sqrt{3}$

图 7.37　电容滤波的三相桥式不可控整流电路的在特定条件下的电压电流波形

以上分析的是理想情况，未考虑实际电路中存在的交流侧电感以及为抑制冲击电流而串联的电感。

当上述电感存在的情况时，电路的工作情况发生变化，其电路图和交流侧电流波形如图 7.38 所示，其中（a）为电路拓扑，（b）和（c）分别为轻载和重载时的交流侧电流波形。将电流波形与不考虑电感时的波形比较可知，当存在电感时，电流波形的前沿平缓了许多，有利于电路的正常工作。随着负载的加重，电流波形与电阻负载的交流侧电流波形逐渐接近。

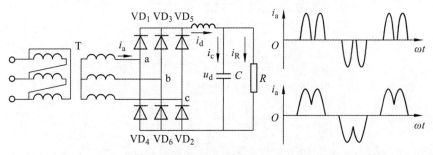

（a）电路拓扑　（b）轻载时的交流侧电流波形　　（c）重载时的交流侧电流波形

图 7.38　电感存在时带电容滤波的三相桥式不可控整流电路及其电流波形

三相桥式不可控整流电路的输出电压平均值 U_d 在 $2.34U_d \sim 2.45U_d$ 变化。输出电流平均值 $I_R = U_d/R$，二极管承受的电压为线电压的峰值，其值为 $\sqrt{2} \times \sqrt{3}U_2$。

例 7-4 完成三相不可控整流电路的仿真。

解 （1）建立仿真模型。

利用 SimPowerSystems 建立三相不可控桥式整流电路仿真模型，如图 7.39 所示。其中子系统"Power factor calculation"用来计算整流器交流测的功率因数，其内部电路模型如图 7.30 所示。

图 7.39 中其他模型采用的模块分别如下：

输入三相电压源模块：SimPowerSystems \ Electrical Sources \ Three-Phase Source。线电压参数：380 V，50 Hz，内阻 0.001 Ω。参数设置如图 7.40 所示。

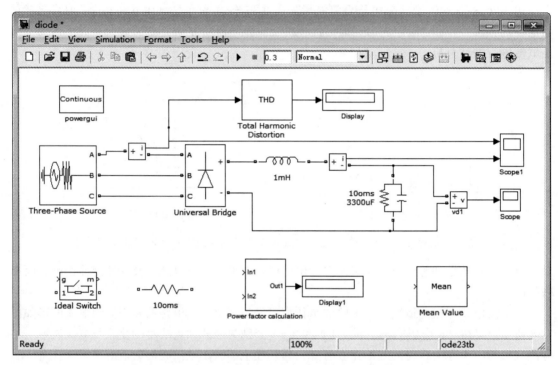

图 7.39　三相桥式不可控整流电路仿真模型

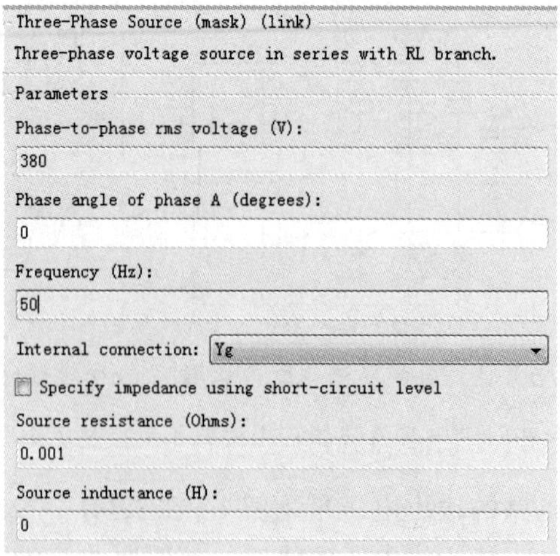

Three-Phase Source (mask) (link)

Three-phase voltage source in series with RL branch.

Parameters

Phase-to-phase rms voltage (V):

380

Phase angle of phase A (degrees):

0

Frequency (Hz):

50

Internal connection: Yg

☐ Specify impedance using short-circuit level

Source resistance (Ohms):

0.001

Source inductance (H):

0

图 7.40　三相电压源参数设置

理想开关模块：SimPowerSystems \ Power Electronics \ Ideal Switch。

输出电压平均值的计算采用 SimPowerSystems \ Extra Library \ Measurement \ Mean Value 模块。

电流总谐波畸变率（THD）的计算采用 SimPowerSystems \ Extra Library \ Measurement \ Total Harmonic Distortion 模块。

三相二极管整流桥采用 SimPowerSystems \ Power Electronics \ Universal Bridge 模块，二极管采用默认参数。直流滤波电容 3 300 μF，负载为电阻。其他模块类似于 7.2.1 节单相不可控整流电路模型。

（2）分析仿真结果。

将仿真参数的 Start time 设置为 0，Stop time 设置为 0.3，仿真算法采用 ode23tb，其他为默认参数。单击仿真快捷键图标▶，启动仿真程序。

① 直流电压与负载电阻的关系（只考虑稳态情况）。

分别仿真整流电路空载及负载电阻为 10 Ω、1 Ω 和 0.1 Ω 时的情况，采用的模型如图 7.41 所示。记录直流电压波形如图 7.42 所示，根据仿真结果求出直流电压依次为：537.4 V、522.3 V、511.1 V、493.5 V。

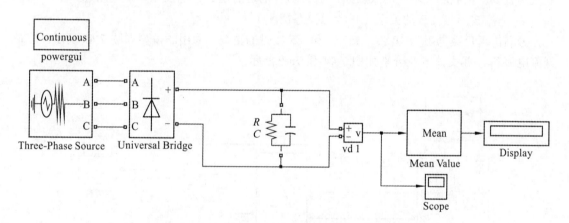

图 7.41　研究直流电压和负载电阻关系的仿真模型

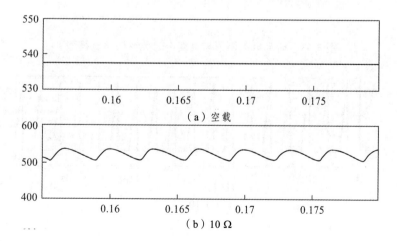

（a）空载

（b）10 Ω

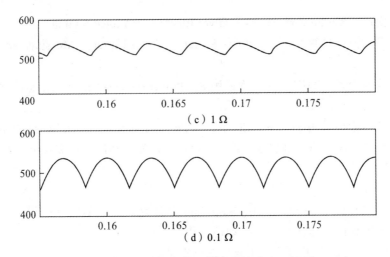

（c）1 Ω

（d）0.1 Ω

图 7.42　不同负载时的整流器输出电压波形

　　分析仿真图形和数据可得出直流电压和负载电阻的关系：空载时，输出的直流电压波形近似为直线，负载越大电压的纹波越严重；随着电阻的增大，电压平均值越来越小。

　　② 电流波形与负载的关系（只考虑稳态情况）。

　　分别仿真负载电阻为 10 Ω、1.67 Ω 和 0.5 Ω 时的情况，采用的模型如图 7.43 所示。记录直流电流和 A 相交流电流分别如图 7.44 和 7.45 所示。

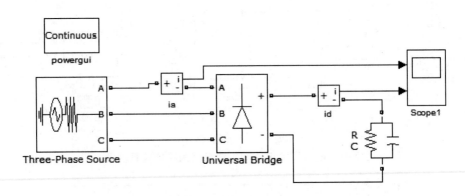

图 7.43　研究电流波形与负载电阻关系的仿真模型

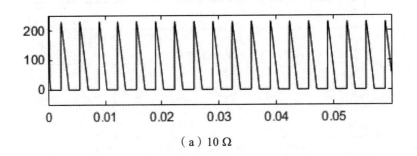

（a）10 Ω

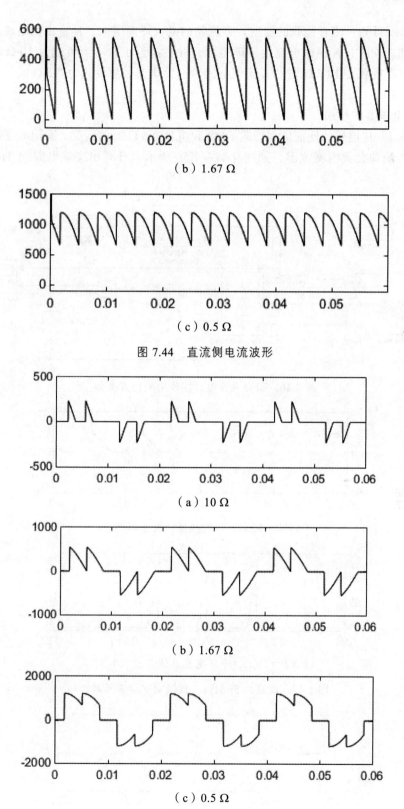

（b）1.67 Ω

（c）0.5 Ω

图 7.44　直流侧电流波形

（a）10 Ω

（b）1.67 Ω

（c）0.5 Ω

图 7.45　A 相电流波形

分析波形图可知：随着负载的加重，直流侧的电流逐渐增大，且直流侧电流起伏逐渐增大，纹波增加。同时，A 相的电流也逐渐增大，并更接近正弦。当负载为 10 Ω 时，直流侧电流为断续；当负载为 1.67 Ω 时，直流侧电流为临界状态；当负载为 0.5 Ω 时，直流侧电流为连续。

③ 平波电抗器的作用。

直流侧加 1 mH 电感，分别仿真轻载 50 Ω 和重载 0.5 Ω 时的情况，采用的模型如图 7.46 所示。记录直流和交流电流波形，如图 7.47 ~ 7.50 所示，计算出交流电流的 THD 如表 7.2 所示。

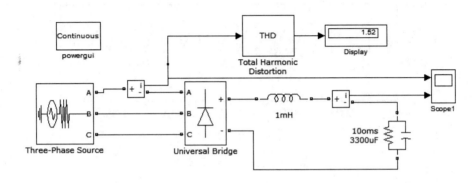

图 7.46　研究平波电抗器作用的仿真模型

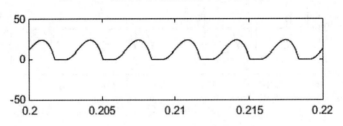

（a）$R = 50\ \Omega$，加电抗器的直流测电流

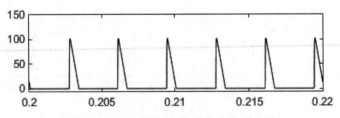

（b）$R = 50\ \Omega$，不加电抗器的直流测电流

图 7.47　负载为 50 Ω 时，直流侧电流波形对比

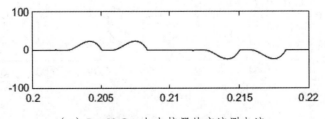

（a）$R = 50\ \Omega$，加电抗器的交流测电流

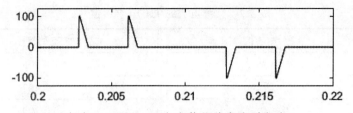

（b）$R = 50\ \Omega$，不加电抗器的交流测电流

图 7.48　负载为 50 Ω 时，交流侧电流波形对比

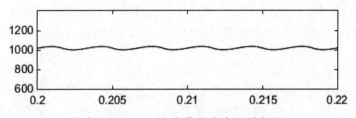

（a）$R = 0.5\ \Omega$，加电抗器的直流测电流

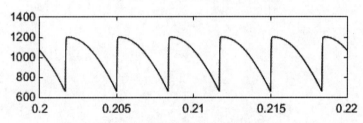

（b）$R = 0.5\ \Omega$，不加电抗器的直流测电流

图 7.49　负载为 0.5 Ω 时，直流侧电流波形对比

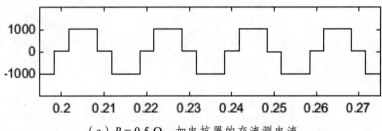

（a）$R = 0.5\ \Omega$，加电抗器的交流测电流

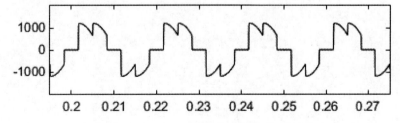

（b）$R = 0.5\ \Omega$，不加电抗器的交流测电流

图 7.50　负载为 0.5 Ω 时，交流侧电流波形对比

表 7.2 交流电流的 THD（%）值

负载	平波电抗器	交流电流的 THD（%）
50 Ω	加	0.905
	不加	2.402
0.5 Ω	加	0.309
	不加	0.344

　　分析波形和 THD 值，可知在同样负载条件下：有平波电抗器时，直流电流明显更平稳，A 相电流也更平稳，且加入平波电抗器时的交流电流 THD 明显较小。

第8章 DC-AC电路的建模与仿真

8.1 方波逆变电路的仿真

8.1.1 单相方波逆变电路

电压源型逆变器（Voltage Source Inverter，VSI）可以是推挽式的，也可以是桥式的，其中最常见的是桥式逆变电路[35, 36]。它的主要功能是将恒定的直流电压转换为幅值和频率可变的交流电压。

单相桥式电压源型逆变器的简化电路框图如图 8.1（a）所示。主要由三部分组成，包含两个桥臂、一个直流电压源以及负载。该电路的基本波形如图 8.1（b）所示。单相全桥方波逆变电路的驱动信号由频率为 f、占空比为 50% 的周期互补信号组成，互补信号分别控制两组斜对角功率开关管 S_1、S_2 以及 S_3、S_4。当 S_1、S_2 导通时，u_0 等于 U_d，当 S_3、S_4 导通时，u_0 等于 $-U_d$，因此 u_o 为一个与驱动信号同频率、正负幅值均为 U_d 的交变方波电压。

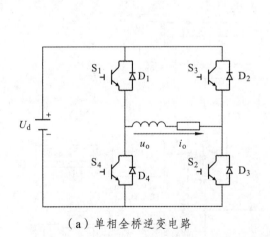

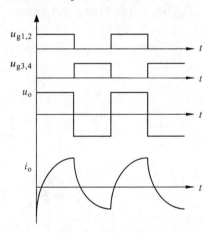

（a）单相全桥逆变电路　　　　　（b）全桥方波逆变电路基本波形

图 8.1　单相方波逆变电路及基本波形

对逆变器输出电压 u_o 进行傅立叶分析，得：

$$u_o = \sum_n \frac{4U_d}{n\pi} \times \sin(n\omega t), n = 1, 3, 5, \cdots\cdots \tag{8-1}$$

基波（$n = 1$）幅值为　$U_{1m} = \frac{4}{\pi} U_d \tag{8-2}$

n 次谐波幅值为
$$U_{nm} = \frac{4}{n\pi}U_d$$
（8-3）

单相方波逆变电路输出电压为交变方波，与负载无关，可以通过改变驱动信号频率来改变输出电压频率，但是电压形状和幅值均不能调节。输出电压除基波外还含有奇次谐波，第 n 次谐波幅值与其频率成反比。输出电流波形和幅值受负载影响。直流电压利用率高是方波逆变器的最大优点。

例 8-1 完成单相方波逆变电路的仿真[37]，开关管选择 IGBT，直流电压 300 V，阻感负载，其中电阻 1 Ω，电感 2 mH。

解 （1）建立仿真模型。

第一步先建立主电路的仿真模型。在 SimPowerSystems 的 Electrical Sources 库中选择直流电源模块，设置直流电压为 300 V；在 Power Electronics 库中选择四个 IGBT/Diode 模块，组成全桥逆变电路；在 Elements 中选择并联 RLC 支路模块，设置 RL 负载，设置电阻为 1 Ω，电感为 2 mH；按照如图 8.1（a）所示将各模块连接。

第二步构造控制部分。在 Simulink 的 Source 库中选择四个 Pulse Generator 模块，幅值设置为 1，周期设置为 0.02 s，占空比设置为 50%。其中两个滞后 0 s，其输出加在开关 1 和 2 门极。另外两个滞后设为 0.01 s，其输出加在开关管 3 和 4 的门极。

第三步完成波形的观测和分析部分。在负载对话框下选择测量电压和电流，再利用 Measurements 库中的 Multimeter 模块即可观察逆变器输出电压电流。通过串联的电流表可以直接观察电流的波形。此外，利用 Extra Library 中 Measurements 子库的 Total Harmonic Distortion 和 Fourier 模块，可得到逆变器输出电压方波的 THD 和基波以及各次谐波的大小，注意要把模块中基波频率设置为 50 Hz。

完成后的仿真模型如图 8.2 所示。

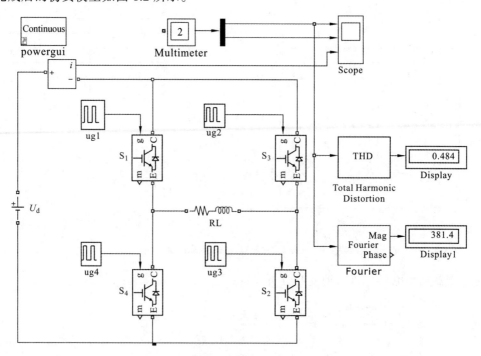

图 8.2 单相方波逆变电路仿真模型

（2）分析仿真结果。

将仿真时间设置为 0.1 s，选择 ode45 的仿真算法，其绝对误差设为 1e-5，运行后可得出仿真结果。

图 8.3 自上而下为逆变器输出交流电压、电流和直流侧电流波形。交流电压为正负 300 V 的方波电压，周期与驱动信号同为 50 Hz。交流电流和直流电流波形由阻感负载的特性决定。

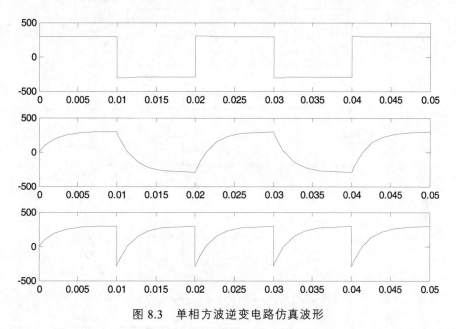

图 8.3　单相方波逆变电路仿真波形

根据傅立叶变换模块，逆变器输出的交流基波电压幅值为 381.4 V，与式中理论值相符。交流电压 THD 为 48.4%。可见，单相方波逆变器输出电压的基波幅值大于直流电压，其电压利用率较高，但同时谐波含量较大，难以满足多数负载的要求。

8.1.2　三相方波逆变电路

三相半桥式逆变电路主电路如图 8.4 所示，由直流电源和三组桥臂组成，负载星形连接。当 S_1 导通时，a 点接直流电源正极；当 S_4 导通时，a 点接直流电源负极，b、c 点电位由其桥臂上下管的开关状态决定。各桥臂上下驱动脉冲互补，为 50% 占空比的方波，即每个开关管导通时间为 180°。按图中器件的标号，其驱动信号彼此相差 60°。

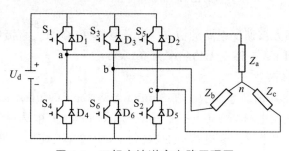

图 8.4　三相方波逆变电路原理图

三相方波逆变电路的基本波形如图 8.5 所示，在任意时刻都有三个开关管导通，在一个周期内有六种导电模式，线电压之间彼此相差 120°。相电压在一个周期内每 60° 就发生一次电平变化，形成更加接近于正弦的六阶梯波。

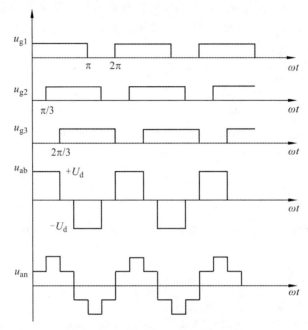

图 8.5　三相方波逆变电路基本波形

利用傅立叶分析可得 a 相电压和 a、b 间线电压瞬时值分别为

$$u_{an}(t) = \frac{2}{\pi}U_d\left(\sin\omega t + \frac{1}{5}\sin 5\omega t + \frac{1}{7}\sin 7\omega t + \frac{1}{11}\sin 11\omega t + \cdots\right) \tag{8-4}$$

$$u_{ab}(t) = \frac{2\sqrt{3}}{\pi}U_d\left[\sin\left(\omega t + \frac{\pi}{6}\right) - \frac{1}{5}\sin 5\left(\omega t + \frac{\pi}{6}\right) - \frac{1}{7}\sin 7\left(\omega t + \frac{\pi}{6}\right) + \frac{1}{11}\sin 11\left(\omega t + \frac{\pi}{6}\right) + \cdots\right] \tag{8-5}$$

由此可见输出电压中无 3 的整数倍次谐波，只含有更高阶次的奇数谐波，n 次谐波幅值为基波幅值的 $1/n$。

线电压基波幅值为

$$u_{ab1m} = \frac{2\sqrt{3}}{\pi}U_d \approx 1.1U_d \tag{8-6}$$

例 8-2　完成三相方波逆变电路的仿真，开关管选择 IGBT，直流电压为 530 V，阻感负载，负载有功功率为 1 kW，感性无功功率为 0.1 kVar。

解　（1）建立仿真模型。

第一步先建立主电路的仿真模型。在 SimPowerSystems 的 Electrical Sources 库中选择直流电压源模块，设置直流电压为 530 V；在 Power Electronics 库中选择 Universal Bridge 模块，选择桥臂为 3，组成三相半桥逆变电路；在 Elements 中选择三相串联 RLC 负载模块，设置为星型连接模式。设置额定电压为 413 V，额定频率为 50 Hz，有功为 1 kW，感性无功为 100 Var，容性无功为 0；按照如图 8.4（a）所示将各模块连接，得三相方波逆变电路仿真模型主电路部分。

第二步构造控制部分。在 Simulink 的 Source 库中选择六个 Pulse Generator 模块，幅值设置为 1，周期设置为 0.02 s，占空比设置为 50%。各模块依次滞后 0.02/6 s，即相差 60°。

第三步完成波形的观测和分析部分。在相应模块对话框下选择测量电压和电流，再利用 Measurements 库中的 Multimeter 模块即可观察逆变器输出电压电流。通过串联的电流表可以直接观察电流的波形。此外，powergui 可对波形进行 FFT 分析。

最终得到的仿真模型如图 8.6 所示。

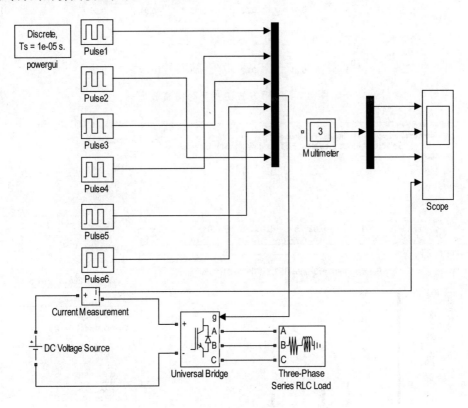

图 8.6　三相方波逆变电路仿真模型

（2）分析仿真结果。

将仿真结果设定为 0.1 s，在 powergui 中设定为离散仿真模式，采样时间为 10^{-5}s，运行后可得出仿真结果，a 相电压、a 相电流、ab 间线电压以及直流波形如图 8.7 所示。

逆变器输出的相电压为六阶梯波，相电流和直流电流的波形与负载有关。读者可自行改变负载的阻抗比，观察电流波形变化。由图 8.7 可知，直流电流波动的频率为逆变器输出电压基波的六倍。

MATLAB 提供的 powergui 模块具有多个功能，这里通过本例应用 FFT 分析，点击参数设置菜单，设置好参数后，即显示被分析信号的频谱图或者各次谐波含量的列表。相电压的频谱图如图 8.8 所示。

从图 8.8 可知，输出的交流电压不含 3 的整数倍次谐波，只含更高阶次的奇数谐波。

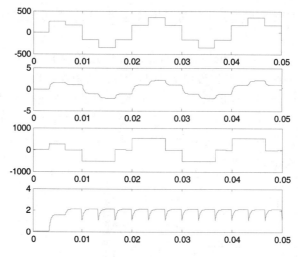

图 8.7　三相方波逆变电路仿真波形

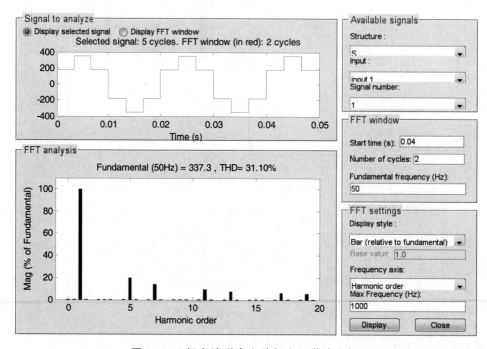

图 8.8　三相方波逆变电路相电压谐波分析

8.2　单相 PWM 逆变电路的仿真

　　单相 PWM 逆变电路的主电路与单相方波逆变电路完全相同，重画于图 8.9 中只是驱动信号不再是占空比为 50% 的方波，而是采用 PWM 控制[38, 39]，将宽度变化的窄脉冲作为驱动信号。利用的是冲量等效原理：大小形状不同的窄脉冲变量作用于惯性系统时，只要它们的冲量即变量对时间的积分相等，其作用效果基本相同。目前主要采用的技术是正弦波作为调制波的 SPWM 调制技术。本节对单相逆变电路中的常见 SPWM 技术及其仿真进行介绍。

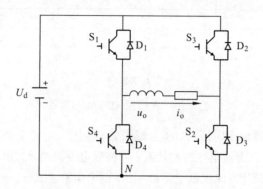

图 8.9　单相 PWM 逆变器主电路

8.2.1　双极性 SPWM

H 桥逆变器采用双极性调制法时的一组典型波形如图 8.10（a）所示，其中 v_m 为正弦调制波，v_{cr} 为三角载波，v_{g1} 和 v_{g3} 为上部器件 S_1 和 S_3 的门极驱动信号。它们是通过比较 v_m 和 v_{cr} 产生的。当 $v_m > v_{cr}$ 时，对开关管 S_1、S_2 加驱动信号 v_{g1}；当 $v_m < v_{cr}$ 时，对开关管 S_4、S_3 加驱动信号 v_{g3}。可以得到逆变器输出端电压 v_{AN} 和 v_{BN} 的波形，进一步可得到逆变器输出电压 v_{AB} 的波形，即 $v_{AB} = v_{AN} - v_{BN}$。因为 v_{AB} 的波形在正、负直流电压 $\pm V_d$ 之间切换，因此这种方法称为双极性调制法。

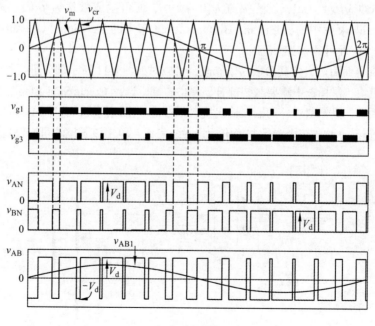

（a）波形图

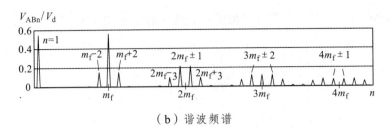

（b）谐波频谱

图 8.10　双极性 SPWM 示意图

图 8.10（b）为逆变器输出电压 v_{AB} 的谐波频谱，其中，v_{AB} 以直流母线电压 V_d 为基值进行了标幺化处理，v_{ABn} 为第 n 次谐波电压的有效值。谐波以边带频谱形式出现在第 m_f 及其整数倍谐波附近，例如 $2m_f$、$3m_f$ 等两边。阶次低于（m_f-2）的电压谐波成分，或者被消除掉了，或者幅值非常小，可忽略。IGBT 器件的开关频率，通常也称为器件开关频率 $f_{sw,dev}$，等于载波频率 f_{cr}。

例 8-3　完成双极性 PWM 方式下的单相全桥逆变电路的仿真。

解　（1）建立仿真模型。

第一步先建立主电路的仿真模型。在 SimPowerSystems 的 Electrical Sources 库中选择直流电源模块，设置直流电压为 300 V；在 Power Electronics 库中选择 Universal Bridge 模块，选择桥臂为 2，组成单相全桥逆变电路，开关管选择反并联二极管的 IGBT；在 Elements 中选择并联 RLC 支路模块，设置 RL 负载，电阻为 1 Ω，电感为 2 mH；按照如图 8.9 所示将各模块连接。波形观测和分析模块同前例。

第二步构造双极性 SPWM 控制信号的发生部分。在 Simulink 的 Source 库中选择 Clock 模块，提供仿真时间，乘以 $2\pi f$ 后再通过一个 sin 模块即为 $\sin\omega t$，乘以调整深度 m 后得到正弦调制信号；三角载波信号由 Source 库中的 Repeating Sequence 模块产生，打开对话框，设置时间为[0 1/fc/4 3/fc/4 1/fc]，设置幅值为[0 -1 1 0]，便可生成频率为 f_c 的三角载波；调制波与载波通过 Simulink 库中的 Logic and Bit Operation 库中的 Relational Operator 比较后所得信号，再经过适当处理可得四路信号。

为了使仿真界面简洁，仿真参数易于修改，可以对如图 8.11 所示部分进行封装，让其成为一个可以调用的模块。鼠标选中需要封装部分，单击右键，选择 Create Subsystem，则选中的部分全部放入一个子系统，只保留对外的输入输出接口。右键单击该模块，选择 Mask Subsystem 可对其进行封装。设置 m、f 和 f_c 三个参数并确定后，封装完成，单击该子模块可以设置仿真参数。

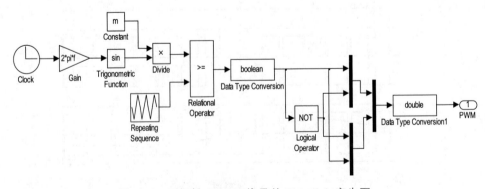

图 8.11　双极性 SPWM 信号的 Simulink 产生图

将各模块连接得出的仿真模型如图 8.12 所示。

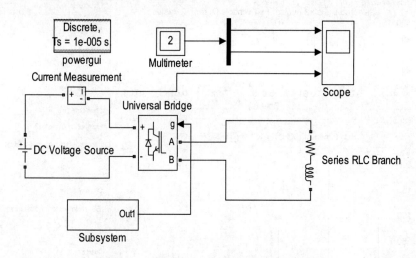

图 8.12　单相双极性 SPWM 逆变电路模型

（2）分析仿真结果。

调制深度 m 设置为 0.5，输出基波频率设为 50 Hz，载波频率设置为 750 Hz。将仿真时间设置为 0.06 s，在 powergui 中设置为离散仿真模式，采样时间为 10^{-5} s，运行后可得仿真结果，输出交流电压、交流电流和直流电流波形如图 8.13 所示。输出电压为双极性 PWM 型电压，脉冲宽度符合正弦变化规律。交流电流较方波逆变器更接近于正弦波形。直流电流除含有直流分量外，还含有两倍基频的交流分量以及开关频率有关的更高次谐波分量。其中直流部分向负载提供有功功率，其余部分为无功电流。

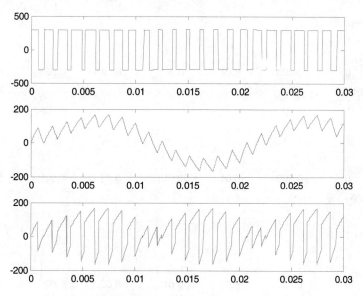

图 8.13　双极性 SPWM 单相逆变器 m = 0.5 仿真波形

对输出交流电压进行 FFT 分析，可得频谱图，如图 8.14 所示。基波幅值为 152 V，接近于理论值。谐波分布符合理论分析规律，最严重的是 15 次谐波。

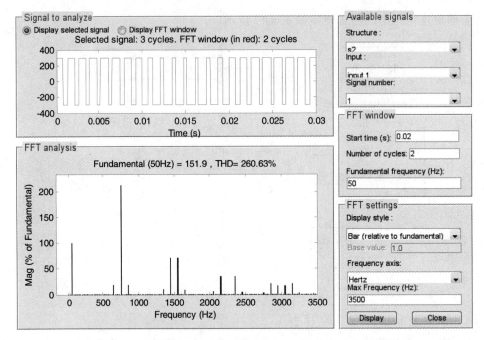

图 8.14　双极性 SPWM 单相逆变器 m = 0.5 时谐波分析图

　　将调制深度设为 1，则仿真波形如图 8.15 所示。交流电压中心部分明显加宽。由图 8.16
可知，基波幅值增加到 300 V。其谐波特性也有较大变化，15 次谐波明显降低，但 13 次谐
波有所增大。交流电流 THD 也下降为 9.89%。

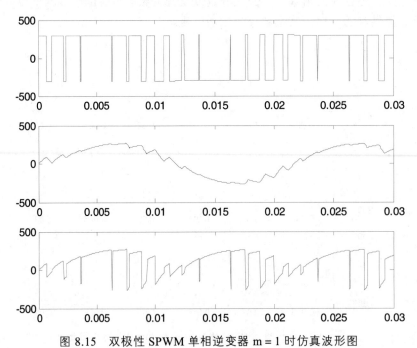

图 8.15　双极性 SPWM 单相逆变器 m = 1 时仿真波形图

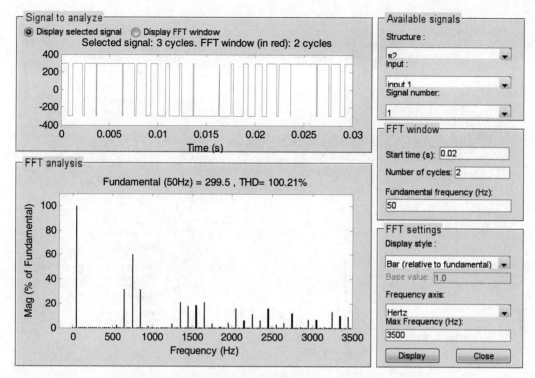

图 8.16　双极性 SPWM 单相逆变器 m = 1 的谐波分析图

如前所述，PWM 逆变器的谐波特性与载波频率有着密切的关系。若将载波频率提高到 1 500 Hz，则仿真波形如图 8.17 所示。通过 FFT 分析可知输出电压的最低次谐波增加到 28 次。交流电流 THD 只有 4.95%，负载电流更接近于正弦波。

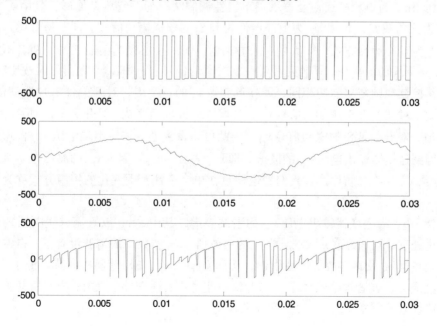

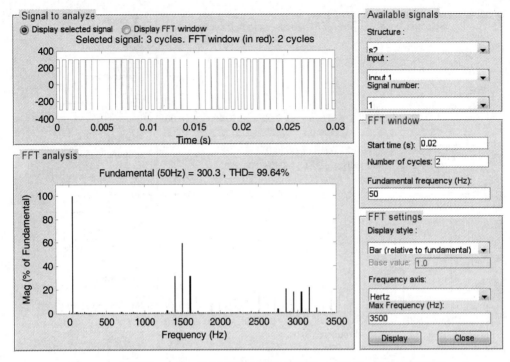

图 8.17　双极性 SPWM 单相逆变器载波频率为 1 500 Hz 时仿真波形图

8.2.2　单极性 SPWM

图 8.18（a）为单相桥式逆变器采用单极性调制法时的一组典型波形，其中 v_m 为正弦调制波，v_{cr} 为三角载波，v_{g1} 和 v_{g3} 为上部器件 S_1 和 S_3 的栅极驱动信号。同一桥臂中，上部器件和下部器件为互补运行方式，即其中一个导通时，另一个必须为关断状态，两者不能同时导通。因此，在下面的分析中，只研究两个独立的驱动信号：v_{g1} 和 v_{g3}。它们是通过比较 v_m 和 v_{cr} 产生的。其控制规则与单脉冲相同，即在调制波 v_m 的正半周，对开关管 S_2 加驱动信号 v_{g2}，当 $v_m > v_{cr}$ 时，对开关管 S_1 加驱动信号 v_{g1}；在调制波 v_m 的负半周，对开关管 S_3 加驱动信号 v_{g3}，当 $v_m > v_{cr}$ 时，对开关管 S_1 加驱动信号 v_{g1}。因此可以得到逆变器输出端电压 v_{AN} 和 v_{BN} 的波形，进一步可得到逆变器输出电压 v_{AB} 的波形，即 $v_{AB} = v_{AN} - v_{BN}$。因为 v_{AB} 的波形在半个周期中只在 0、$+V_d$ 或 0、$-V_d$ 之间切换，我们把这种只在单个极性范围变化的控制方式称为单极性调制法。

图 8.18（b）为逆变器输出电压 v_{AB} 的谐波频谱，其中，v_{AB} 以直流母线电压 V_d 为基值进行了标幺化处理，V_{ABn} 为第 n 次谐波电压的有效值。m_f 整数倍的谐波没有了，谐波以边带频谱形式出现在第 m_f 及其整数倍谐波附近，例如 m_f、$2m_f$、$3m_f$ 等两边。阶次低于（$m_f - 2$）的电压谐波成分，或者被消除掉了，或者幅值非常小，可忽略。IGBT 器件的开关频率，通常也称为器件开关频率 $f_{sw,dev}$，等于载波频率 f_{cr}。

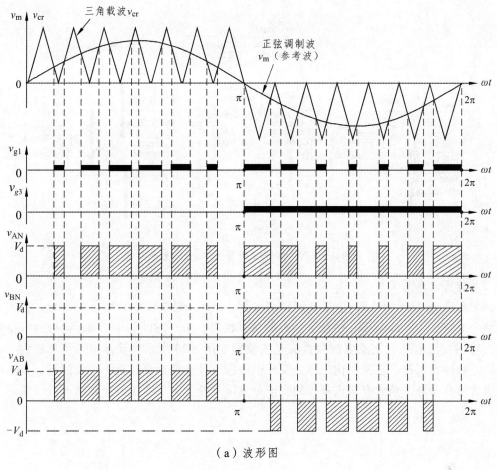

（a）波形图

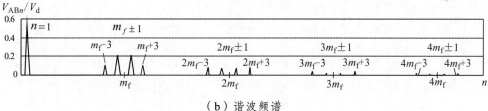

（b）谐波频谱

图 8.18   单极性 SPWM 示意图

例 8-4   完成单极性 PWM 方式下的单相全桥逆变电路的仿真。

解   （1）建立仿真模型。

第一步先建立主电路的仿真模型。在 SimPowerSystems 的 Electrical Sources 库中选择直流电源模块，设置直流电压为 300 V；在 Power Electronics 库中选择 Universal Bridge 模块，选择桥臂为 2，组成单相全桥逆变电路，开关管选择反并联二极管的 IGBT；在 Elements 中选择并联 RLC 支路模块，设置 RL 负载，电阻为 1 Ω，电感为 2 mH；按照如图 8.9 所示将各模块连接。波形观测和分析模块同前例。

第二步构造单极性 SPWM 控制信号的发生部分。单极性载波信号较为复杂，可在双极性载波信号的基础之上，根据 Simulink 提供的模块组合而成，如图 8.19 所示。

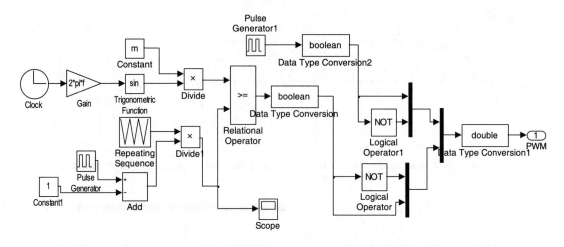

图 8.19　单极性 SPWM 信号的 Simulink 产生图

（2）分析仿真结果。

调制深度 m 设置为 0.5，输出基波频率设为 50 Hz，载波频率设置为 750 Hz。将仿真时间设置为 0.06 s，在 powergui 中设置为离散仿真模式，采样时间为 10^{-5} s，运行后可得仿真结果，输出交流电压、交流电流和直流电流波形如图 8.20 所示。输出电压为单极性 PWM 型电压，脉冲宽度符合正弦变化规律。交流电流较方波逆变器更接近于正弦波形。直流电流除含有直流分量外，还含有两倍基频的交流分量以及开关频率有关的更高次谐波分量。

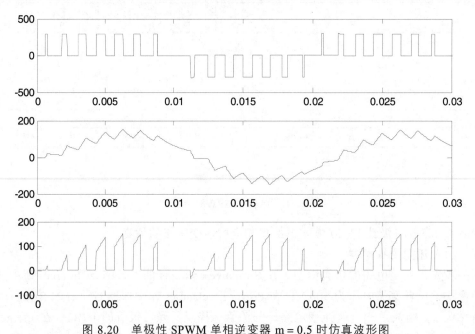

图 8.20　单极性 SPWM 单相逆变器 m = 0.5 时仿真波形图

对输出的交流电压进行 FFT 分析，可得出频谱图如图 8.21 所示。谐波分布较双极性有明显不同，不再含有开关频率次即 15 次谐波，最低次谐波为 12 次谐波。负载上交流电流的 THD 为 13.37%。由此可见，单极性调制时性能要优于双极性的 SPWM。

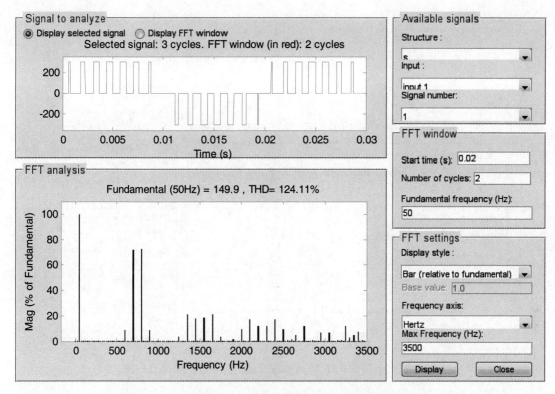

图 8.21　单极性 SPWM 单相逆变器 m = 0.5 时谐波分析图

　　调制深度为 1 时的仿真波形及其谐波分别如图 8.22 和 8.23 所示。输出电压中仍然不含 15 次谐波，但 12 次谐波稍大。交流电流 THD 也下降到 5.37%。

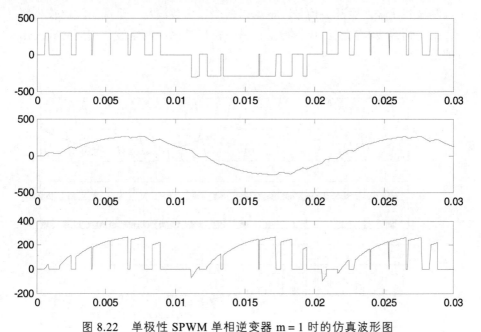

图 8.22　单极性 SPWM 单相逆变器 m = 1 时的仿真波形图

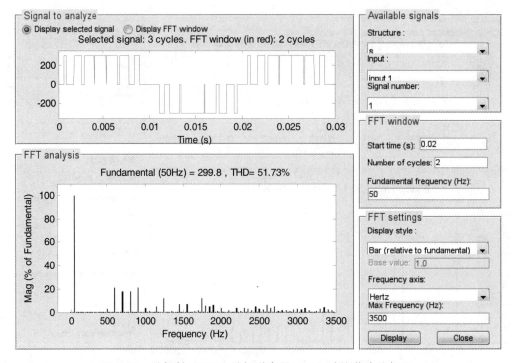

图 8.23　单极性 SPWM 单相逆变器 m = 1 时的谐波分析图

8.2.3　倍频 SPWM

倍频 SPWM 有两种形式：一种是采用两个调制波一个载波的调制方式，另一种是两个载波与一个调制波相比较产生开关信号。本例以两个三角载波与一个调制波比较为例。一个桥臂的脉冲，由三角载波与调制波比较得出；另一桥臂是同一调制波与相反的载波比较得出，如图 8.24 所示。

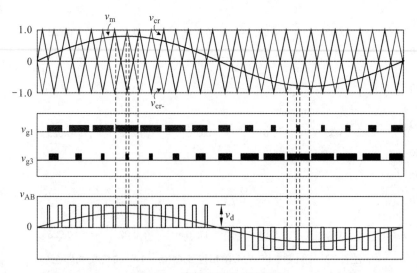

图 8.24　倍频 SPWM 示意图

当 $v_m > v_{cr}$ 时，v_{g1} 驱动器件 S_1 导通，否则关断 S_1；当 $v_m < v_{cr-}$ 时，v_{g3} 驱动器件 S_3 导通，否则关断 S_3。逆变器输出电压 v_{AB} 如图 8.24 所示。

例 8-5　完成倍频 SPWM 方式下的单相全桥逆变电路的仿真。

解　（1）建立仿真模型。

主电路仿真与例 8-3 相同。倍频 SPWM 根据上述原理搭建，本例中直接采用 SimPowerSystems 的 Discrete PWM Generator，在对话框中选择四脉冲模式，则该模块即为倍频 SPWM 方式。仿真模型如图 8.25 所示。

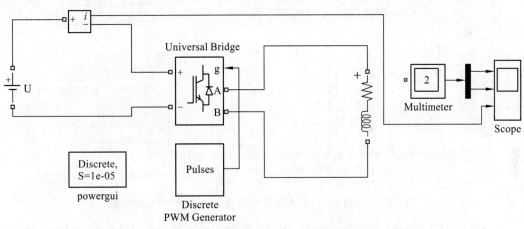

图 8.25　倍频 SPWM 仿真模型

（2）调制深度 m 设置为 0.5，输出基波频率设为 50 Hz，载波频率设置为 750 Hz。将仿真时间设置为 0.06 s，in powergui 中设置为离散仿真模式，采样时间为 10^{-5} s，运行后可得仿真结果，输出交流电压、交流电流和直流电流波形如图 8.26 所示。输出电压谐波分析如图 8.26 所示。

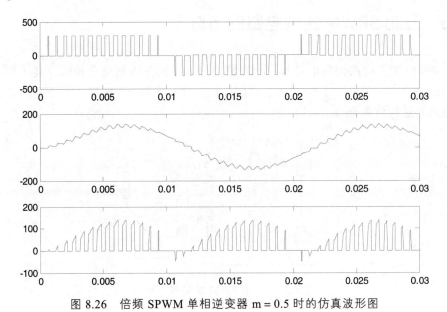

图 8.26　倍频 SPWM 单相逆变器 m = 0.5 时的仿真波形图

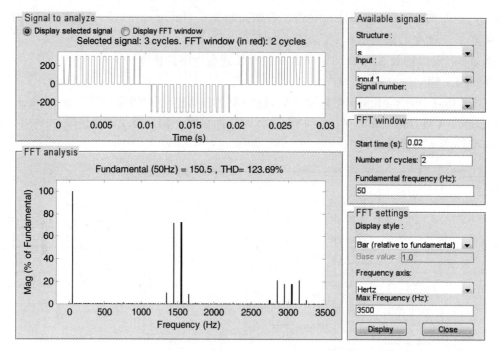

图 8.27 倍频 SPWM 单相逆变器 m = 0.5 时的谐波分析图

从谐波分布可以看出，倍频 SPWM 实际上相当于载波频率加倍的单极性 SPWM，主要的谐波为 29 次谐波和 31 次谐波，最低次谐波为 27 次谐波。负载电流的 THD 为 6.62%，比相同开关频率下单极性 SPWM 减少了近一半。倍频 SPWM 能够极大限度地改善单相全桥逆变电路的谐波特性。

8.3　三相 SPWM 逆变电路的仿真

三相 PWM 逆变电路的主电路与三相方波逆变电路的主电路完全相同，其区别仅在于控制信号的时序分布，现重画于 8.28 中。目前三相电路有多种 PWM 技术，下面介绍其中常用的几种技术并进行仿真分析。

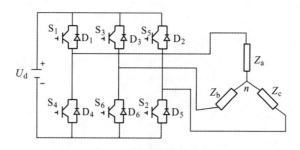

图 8.28 三相 PWM 逆变器主电路

8.3.1　SPWM 逆变电路

图 8.29 给出了两电平逆变器正弦脉宽调制方法的原理。其中，v_{mA}、v_{mB} 和 v_{mC} 为三相正弦调制波，v_{cr} 为三角载波。逆变器输出电压的基波分量可由幅值调制比 m_a 控制。

开关器件 $S_1 \sim S_6$ 的控制取决于调制波与载波的比较结果。例如，当 $v_{mA} \geqslant v_{cr}$ 时，逆变器 A 相上桥臂开关器件 S_1 导通，而对应的下桥臂 S_4 工作在与 S_1 互补的开关方式，故此时关断。由此产生的逆变器终端电压 v_{AN}（即 A 相输出节点与负直流母线 N 之间的电压）等于直流电压 V_d。当 $v_{mA} < v_{cr}$ 时，S_4 导通而 S_1 关断，因此 $v_{AN} = 0$，如图 8.29 所示。

逆变器的线电压 v_{AB} 可由式 $v_{AB} = v_{AN} - v_{BN}$ 计算得到，其基波分量 v_{AB1} 也已在上图中给出。电压 v_{AB1} 的幅值和频率可分别由调制比 m_a 和调制波频率 f_m 控制。

两电平逆变器的开关频率可由式 $f_{SW} = f_{cr} = f_m \times m_f$ 计算得到。例如，图 8.29 中 v_{AN} 的波形在每个基波周期内有 9 个脉冲，而每个脉冲由 S_1 开通和关断一次产生。如果基频为 50 Hz，则 S_1 的开关频率为 $f_{SW} = 50 \times 9 = 450$ Hz，这与载波频率 f_{cr} 也是相等的。值得注意的是，在多电平逆变器中，器件的开关频率并不总是等于载波频率。这个问题将在后续章节讨论。

如果载波与调制波的频率是同步的，即载波比 m_f 为固定的整数，则称这种调制方法为同步 PWM。反之则为异步 PWM，其载波频率 f_{cr} 通常固定，不受 f_m 变化的影响。异步 PWM 的特点在于开关频率固定，易于用模拟电路实现。不过，这种方式可能产生非特征性谐波，即谐波频率不是基频的整数倍。同步 PWM 方法更适用于数字处理器实现。

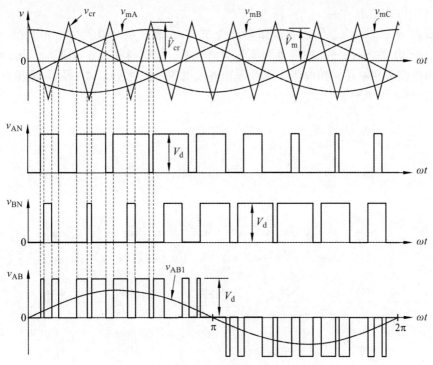

图 8.29　三相 SPWM 逆变电路基本波形

例 8-6　完成三相 SPWM 半桥逆变电路的仿真。

解　（1）建立仿真模型。

先建立主电路的仿真模型。主电路仿真模型与例 8-2 相同，在 Elements 中选择三相串联 RLC 负载模块，设置为星型连接模式。设置额定电压为 413 V，额定频率为 50 Hz，有功为 1 kW，感性无功为 500 Var，容性无功为 0；SPWM 控制信号由 SimPowerSystems 的 Discrete PWM Generator 产生，在对话框中选择三桥臂六脉冲模式。仿真模型如图 8.30 所示。

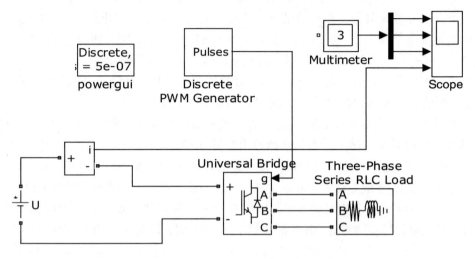

图 8.30　三相 SPWM 逆变器仿真模型

（2）分析仿真结果。

调制深度 m 设置为 1，输出基波频率设为 50 Hz，载波频率设置为 1 500 Hz。将仿真时间设置为 0.06 s，在 powergui 中设置为离散仿真模式，采样时间为 5×10^{-7} s，运行后可得仿真结果，输出交流相电压、相电流、线电压和直流电流波形如图 8.31 所示。输出电压谐波分析如图 8.32 所示。

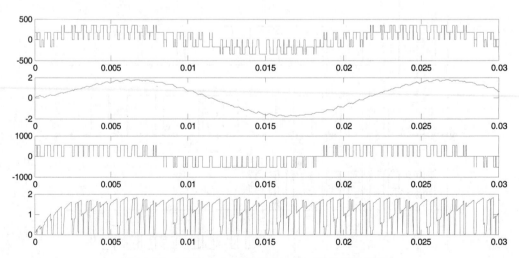

图 8.31　三相 SWPM 逆变器 m = 1 时的仿真波形

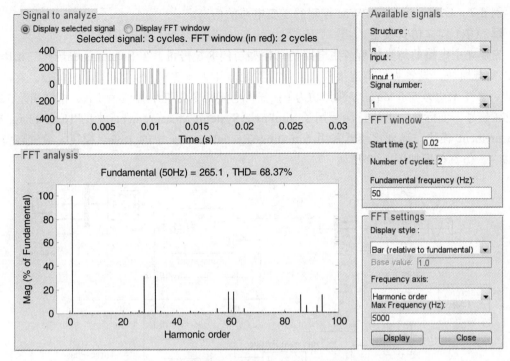

图 8.32　三相 SWPM 逆变器 m = 1 时的谐波分析图

当 m = 1 时，输出线电压幅值为 $0.866U_d$。谐波分布符合前述分析结果，主要在开关频率的整数倍附近。经分析可知，相电流 THD 仅为 3.62%，若进一步提高开关频率，则电流波形更加接近于正弦波。读者可自行修改调制深度和载波比，并在 FFT 分析模块下选择列表模式，比较不同调制度和载波比下谐波分布情况。

8.3.2　电流跟踪 PWM

电流跟踪控制的 PWM 逆变器由通常的 PWM 逆变器和电流控制环组成。其基本控制方法是，给定三相正弦电流信号 i_a^*、i_b^*、i_c^*，并分别与由电流传感器实测的逆变器三相输出电流信号 i_a、i_b、i_c 相比较，以其差值通过电流控制器控制 PWM 逆变器相应功率开关器件。

电流跟踪控制 PWM 最常用的是电流滞环控制。设置上下两个宽度为 h 的误差滞环。当给定电流 $i_a^* - i_a \geqslant h$ 时，滞环比较器输出高电平，驱动上桥臂开关管 S_1 导通，使负载电流 i_a 增大，当 i_a 增大到与 i_a^* 相等时，滞环比较器仍然输出高电平，S_1 保持导通，负载电流 i_a 继续增大。直到 $i_a = i_a^* + h$ 时，滞环比较器翻转，输出低电平信号关断 S_1。通过滞环控制，逆变器实际输出电流与给定值的偏差保持在 $-h$ 与 $+h$ 之间，在给定电流上下作锯齿波状变化。

电流滞环跟踪型 PWM 逆变器电路通过负载电流与指令电流的比较产生 PWM 脉冲，因此 PWM 脉冲的频率不固定。功率开关管的频率与电流滞环的宽度 h 成反比。设计电流滞环时，要兼顾精度和开关频率两方面的要求，必须合理设置滞环宽度。由于滞环 PWM 的频率不固定，因此逆变器输出电压中不包含特定频率的谐波分量，可以避免特定谐波可能带来的对负载的不利影响，但同时也造成滤波的困难。

例 8-7 完成电流滞环 PWM 控制的逆变电路的仿真。

解 （1）建立仿真模型。

先建立主电路的仿真模型。主电路仿真模型与例 8-6 相同，在 Elements 中选择三相串联 RLC 负载模块，设置为星型连接模式。设置额定电压为 413 V，额定频率为 50 Hz，有功为 1 kW，感性无功为 500 Var，容性无功为 0；三相电流指令为三个幅值为 1 A、相位相差 120° 的正弦信号。实际负载电流检测使用了 SimPowerSystems/Measurements 中的 Three-Phase V-I Measurement 模块。滞环比较器采用 Simulink/Discontinuities 中的 Relay 模块，设置环宽为 ±0.2 A。仿真模型如图 8.33 所示。

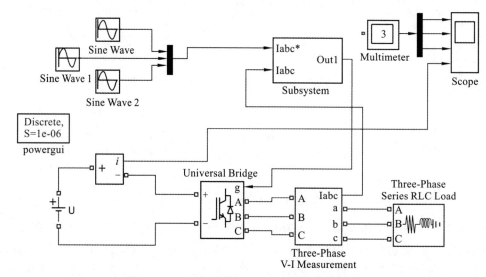

图 8.33　三相电流滞环 PWM 逆变器仿真模型

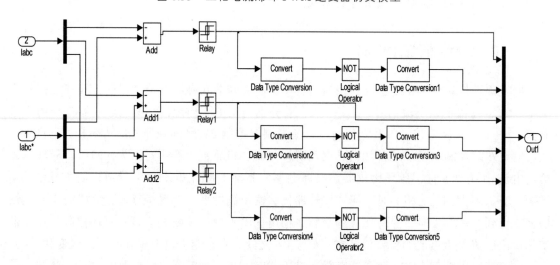

图 8.34　电流制环控制仿真模型

（2）分析仿真结果。

交流相电压、相电流、线电压和直流电流波形如图 8.35 所示，负载电流的谐波分析如图 8.36 所示。相电压和线电压的基本形状与 SPWM 逆变器类似。电流近似正弦波，基本能够跟踪其指令信号,在指令信号上下呈锯齿状波动。负载电流的频谱与 SPWM 逆变器有明显不同,它含有各次谐波,不再像 SPWM 逆变器那样具有与载波频率有关的特定谐波。

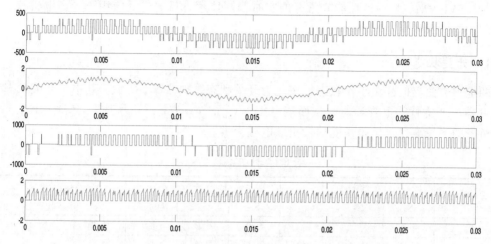

图 8.35　三相电流滞环 PWM 逆变器仿真波形图

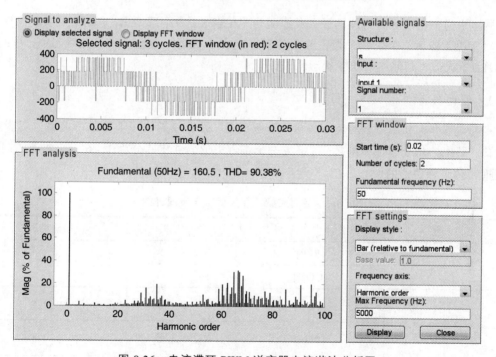

图 8.36　电流滞环 PWM 逆变器电流谐波分析图

8.3.3　空间矢量 PWM

由上节内容不难发现 SPWM 控制方式是为了得到近似正弦的电压波形。但是在电机的控制中,最终目标是使得异步电机内部产生圆形旋转磁场,从而使得电磁转矩恒定而没有脉动。如果把产生圆形旋转磁场作为控制异步电机的目标,那么逆变器产生的电磁转矩的脉动就会大大减少，称这种控制方式为"磁链跟踪控制"。由于在控制过程中，磁链是由电压空间矢量来控制的，因此，也可将这种控制方法称为"电压空间矢量脉宽调制"，即 SVPWM。空间矢量调制（SVPWM）是一种性能非常好的实时调制技术，目前广泛应用于异步电机控制、数字控制的电压源型逆变器中。

1. 开关状态

两电平逆变器的开关工作状态可表述为开关状态，如表 8.1 所示。其中，开关状态 P 表示逆变器一个桥臂的上管导通，从而端电压（ v_{AN} ， v_{BN} 或 c_{CN} ）为正（ $+V_d$ ）；开关状态 O 表示桥臂的下管导通，使得逆变器输出端电压为零。

表 8.1　开关状态定义

开关状态	A 相桥臂			B 相桥臂			C 相桥臂		
	S_1	S_4	v_{AN}	S_3	S_6	v_{BN}	S_5	S_2	v_{CN}
P	导通	关断	V_d	导通	关断	V_d	导通	关断	V_d
O	关断	导通	0	关断	导通	0	关断	导通	0

两电平逆变器有 8 种可能的开关状态组合，在表 8.2 中全部给出。例如，开关状态[POO]分别对应逆变器 A、B 和 C 三相桥臂开关 S_1、S_6 和 S_2 导通。在这 8 种开关状态中，[PPP]和[OOO]为零状态，其他均为非零状态。

2. 空间矢量

零与非零开关状态分别对应零矢量和非零矢量。图 8.37 给出了典型的两电平逆变器空间矢量图。其中，六个非零矢量 $\vec{V}_1 \sim \vec{V}_6$ 组成一个正六边形，并将其分为 1～6 六个相等的扇区。零矢量 $\vec{V}_0$ 位于六边形的中心。

表 8.2　空间矢量、开关状态与导通开关

空间矢量		开关状态（三相）	导通开关	矢量定义
零矢量	$\vec{V}_0$	[PPP]	S_1，S_3，S_5	$\vec{V}_0 = 0$
		[OOO]	S_4，S_6，S_2	
非零矢量	$\vec{V}_1$	[POO]	S_1，S_6，S_2	$\vec{V}_1 = \dfrac{2}{3}V_d e^{j0}$
	$\vec{V}_2$	[PPO]	S_1，S_3，S_2	$\vec{V}_2 = \dfrac{2}{3}V_d e^{j\frac{\pi}{3}}$
	$\vec{V}_3$	[OPO]	S_4，S_3，S_2	$\vec{V}_3 = \dfrac{2}{3}V_d e^{j\frac{2\pi}{3}}$
	$\vec{V}_4$	[OPP]	S_4，S_3，S_5	$\vec{V}_4 = \dfrac{2}{3}V_d e^{j\frac{3\pi}{3}}$
	$\vec{V}_5$	[OOP]	S_4，S_6，S_5	$\vec{V}_5 = \dfrac{2}{3}V_d e^{j\frac{4\pi}{3}}$
	$\vec{V}_6$	[POP]	S_1，S_6，S_5	$\vec{V}_6 = \dfrac{2}{3}V_d e^{j\frac{5\pi}{3}}$

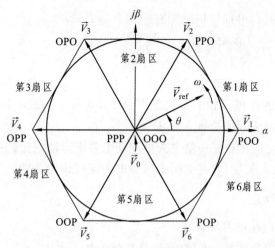

图 8.37　两电平逆变器的空间矢量图

假设逆变器工作于三相平衡状态，则有

$$v_{AO}(t) + v_{BO}(t) + v_{CO}(t) = 0 \tag{8-7}$$

式中，v_{AO}、v_{BO} 和 v_{CO} 为负载瞬时相电压。

从数学运算角度考虑，三相电压中的一相为非独立变量，因为任意给定两相电压，即可计算出第三相电压。因此，可将三相变量等效转换为两相变量：

$$\begin{bmatrix} v_{\alpha}(t) \\ v_{\beta}(t) \end{bmatrix} = \frac{2}{3} \begin{bmatrix} 1 & -\dfrac{1}{2} & -\dfrac{1}{2} \\ 0 & \dfrac{\sqrt{3}}{2} & -\dfrac{\sqrt{3}}{2} \end{bmatrix} \begin{bmatrix} v_{AO}(t) \\ v_{BO}(t) \\ v_{CO}(t) \end{bmatrix} \tag{8-8}$$

上式中，系数 2/3 在某种程度上是任意选定的，常用的系数值为 2/3 或者 $\sqrt{2/3}$。采用 2/3 的优点在于，经过等效变换后，两相系统的电压幅值与原三相系统的电压幅值相等。空间矢量通常是根据 $\alpha - \beta$ 坐标系中的两相电压来定义的，如下式所示

$$\vec{V}(t) = v_{\alpha}(t) + j v_{\beta}(t) \tag{8-9}$$

将式（8-8）代入到式（8-9）中，可以得到

$$\vec{V}(t) = \frac{2}{3} \left[v_{AO}(t) e^{j0} + v_{BO}(t) e^{j2\pi/3} + v_{CO}(t) e^{j4\pi/3} \right] \tag{8-10}$$

式中，$e^{jx} = \cos x + j\sin x$，且 $x = 0$、$2\pi/3$ 或 $4\pi/3$。

非零开关状态[POO]所产生的负载相电压为

$$v_{AO}(t) = \frac{2}{3}V_d, \quad v_{BO}(t) = -\frac{1}{3}V_d, \quad v_{CO}(t) = -\frac{1}{3}V_d \tag{8-11}$$

将式（8-11）代入到（8-10）中，可得到对应的空间矢量 $\vec{V}_1$

$$\vec{V}_1 = \frac{2}{3}V_d\, e^{j0} \tag{8-12}$$

采用相同的方法，我们可推导得到所有的六个非零矢量

$$\vec{V}_k = \frac{2}{3} V_d \, \mathrm{e}^{j(k-1)\frac{\pi}{3}} \quad k = 1, 2, \cdots, 6 \tag{8-13}$$

零矢量 $\vec{V}_0$ 有两种开关状态[PPP]和[OOO]，其中的一个看起来似乎是多余的。在后续章节中会讨论冗余开关状态的作用，如用于实现逆变器开关频率的最小化或其他功能。表 8.2 给出了空间矢量与对应的开关状态之间的关系。

应该注意的是，零矢量和非零矢量在矢量空间上并不运动变化，因此亦可称为静态矢量。与此相反，图 8.37 中给定矢量 $\vec{V}_{\mathrm{ref}}$ 在空间中以 ω 的角速度旋转，即

$$\omega = 2\pi f_1 \tag{8-14}$$

式中，f_1 为逆变器输出电压的基频。

矢量 $\vec{V}_{\mathrm{ref}}$ 相对于 $\alpha-\beta$ 坐标系 α 轴的偏移角度 $\theta(t)$ 为

$$\theta(t) = \int_0^t \omega(t)\,\mathrm{d}t + \theta(0) \tag{8-15}$$

当给定幅值和角度位置，矢量 $\vec{V}_{\mathrm{ref}}$ 可由相邻的三个静态矢量合成得到。基于这种方法，可以计算得到逆变器的开关状态，并产生各功率开关器件的门极驱动信号。当 $\vec{V}_{\mathrm{ref}}$ 逐一经过每个扇区时，不同的开关器件组，将会不断地导通或关断。每当 $\vec{V}_{\mathrm{ref}}$ 在矢量空间上旋转一圈，逆变器的输出电压也随之变化一个时间周期。逆变器的输出频率取决于矢量 $\vec{V}_{\mathrm{ref}}$ 的旋转速度，而输出电压则可通过改变 $\vec{V}_{\mathrm{ref}}$ 的幅值来调节。

3. 作用时间计算

上一节提到，矢量 $\vec{V}_{\mathrm{ref}}$ 可由三个静态矢量合成。静态矢量的作用时间，本质上就是选中开关器件在采样周期 T_s 内的作用时间（通态或断态时间）。作用时间的计算基于"伏秒平衡"原理，也就是说，给定矢量 $\vec{V}_{\mathrm{ref}}$ 与采样周期 T_s 的乘积，等于各空间矢量电压与其作用时间乘积的累加和。

假设采样周期 T_s 足够小，可认为给定矢量 $\vec{V}_{\mathrm{ref}}$ 在周期 T_s 内保持不变。在这种情况下，$\vec{V}_{\mathrm{ref}}$ 可近似认为两个相邻非零矢量与一个零矢量的叠加。例如，当 $\vec{V}_{\mathrm{ref}}$ 位于第 1 扇区时，它可由矢量 $\vec{V}_1$、$\vec{V}_2$ 和 $\vec{V}_0$ 合成，如图 8.38 所示。根据伏秒平衡原理，有下式成立

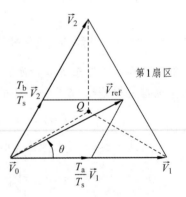

图 8.38　$\vec{V}_1$、$\vec{V}_2$ 和 $\vec{V}_0$ 合成 $\vec{V}_{\mathrm{ref}}$

$$\begin{cases} \vec{V}_{\mathrm{ref}} T_s = \vec{V}_1 T_a + \vec{V}_2 T_b + \vec{V}_0 T_0 \\ T_s = T_a + T_b + T_0 \end{cases} \tag{8-16}$$

式中，T_a、T_b 和 T_0 分别为矢量 $\vec{V}_1$、$\vec{V}_2$ 和 $\vec{V}_0$ 的作用时间。式（8-16）所示的空间矢量可表示为

$$\vec{V}_{\mathrm{ref}} = V_{\mathrm{ref}}\, \mathrm{e}^{j\theta}, \quad \vec{V}_1 = \frac{2}{3} V_d, \quad \vec{V}_2 = \frac{2}{3} V_d\, \mathrm{e}^{j\frac{\pi}{3}}, \quad \vec{V}_0 = 0 \tag{8-17}$$

将式（8-17）代入到（8-16）中，并将结果分为 $\alpha-\beta$ 坐标系的实轴（α 轴）和虚轴（β

轴）分量两部分，可得到

$$
\begin{cases}
\text{Re}: & V_{\text{ref}}(\cos\theta)T_{\text{s}} = \dfrac{2}{3}V_{\text{d}}T_{\text{a}} + \dfrac{1}{3}V_{\text{d}}T_{\text{b}} \\[2mm]
\text{Im}: & V_{\text{ref}}(\sin\theta)T_{\text{s}} = \dfrac{1}{\sqrt{3}}V_{\text{d}}T_{\text{b}}
\end{cases}
\tag{8-18}
$$

将式（8-18）与条件 $T_{\text{s}} = T_{\text{a}} + T_{\text{b}} + T_0$ 联立求解，得到

$$
\begin{cases}
T_{\text{a}} = \dfrac{\sqrt{3}\,T_{\text{s}}V_{\text{ref}}}{V_{\text{d}}}\sin\left(\dfrac{\pi}{3} - \theta\right) & \\[3mm]
T_{\text{b}} = \dfrac{\sqrt{3}\,T_{\text{s}}V_{\text{ref}}}{V_{\text{d}}}\sin\theta & \text{其中，} 0 \leqslant \theta < \pi/3 \\[3mm]
T_0 = T_{\text{s}} - T_{\text{a}} - T_{\text{b}} &
\end{cases}
\tag{8-19}
$$

为了更形象地描述矢量 $\vec{V}_{\text{ref}}$ 的位置与作用时间之间的关系，我们可通过一些特殊情况进行检验和说明。如果 $\vec{V}_{\text{ref}}$ 刚好位于 $\vec{V}_1$ 和 $\vec{V}_2$ 的中间（即 $\theta = \pi/6$），$\vec{V}_1$ 的作用时间 T_{a} 将等于 $\vec{V}_2$ 的时间 T_{b}。当 $\vec{V}_{\text{ref}}$ 更靠近 $\vec{V}_2$ 时，T_{b} 将大于 T_{a}。如果 $\vec{V}_{\text{ref}}$ 与 $\vec{V}_2$ 重合，则 T_{a} 为 0。另外，如果矢量 $\vec{V}_{\text{ref}}$ 的端部刚好位于三角形中心 Q，则有 $T_{\text{a}} = T_{\text{b}} = T_0$。表 8.3 总结了矢量 $\vec{V}_{\text{ref}}$ 的位置与其作用时间之间的关系。

另外需要注意的是，式（8-19）是以 $\vec{V}_{\text{ref}}$ 位于第 1 扇区为前提推导得到的。当 $\vec{V}_{\text{ref}}$ 位于其他扇区时，该式在采用变量置换后依然成立。也就是说，将实际角度 θ 减去 $\pi/3$ 的整数倍，使修正后的角度 θ' 位于 $0 \sim \pi/3$，如下式所示

$$
\theta' = \theta - (k-1)\pi/3 \quad \text{使得} \ 0 \leqslant \theta' < \pi/3
\tag{8-20}
$$

式中，k 为相应扇区的编号（$1 \sim 6$）。例如，当 $\vec{V}_{\text{ref}}$ 位于第 2 扇区时，基于式（8-19）和（8-20）计算得到的作用时间 T_{a}、T_{b} 和 T_0，分别对应矢量 $\vec{V}_2$、$\vec{V}_3$ 和 $\vec{V}_0$。

表 8.3　$\vec{V}_{\text{ref}}$ 位置与作用时间

$\vec{V}_{\text{ref}}$ 位置	$\theta = 0$	$0 < \theta < \dfrac{\pi}{6}$	$\theta = \dfrac{\pi}{6}$	$\dfrac{\pi}{6} < \theta < \dfrac{\pi}{3}$	$\theta = \dfrac{\pi}{3}$
作用时间	$T_{\text{a}} > 0$ $T_{\text{b}} = 0$	$T_{\text{a}} > T_{\text{b}}$	$T_{\text{a}} = T_{\text{b}}$	$T_{\text{a}} < T_{\text{b}}$	$T_{\text{a}} = 0$ $T_{\text{b}} > 0$

4. 调制比

式（8-19）也可以表示为调制比 m_{a} 的形式，如下所示

$$
\begin{cases}
T_{\text{a}} = T_{\text{s}}m_{\text{a}}\sin\left(\dfrac{\pi}{3} - \theta\right) \\[2mm]
T_{\text{b}} = T_{\text{s}}m_{\text{a}}\sin\theta \\[2mm]
T_0 = T_{\text{s}} - T_{\text{a}} - T_{\text{b}}
\end{cases}
\tag{8-21}
$$

其中，

$$
m_{\text{a}} = \frac{\sqrt{3}\,V_{\text{ref}}}{V_{\text{d}}}
\tag{8-22}
$$

给定矢量的最大幅值 $V_{\text{ref,max}}$ 取决于如图 8.37 所示六边形的最大内切圆的半径。由于该六边形由六个长度为 $2V_\text{d}/3$ 的非零矢量组成，因此可求出 $V_{\text{ref,max}}$ 的值为

$$V_{\text{ref,max}} = \frac{2}{3}V_\text{d} \times \frac{\sqrt{3}}{2} = \frac{V_\text{d}}{\sqrt{3}}$$ （8-23）

将式（8-23）代入（8-22）中，可知调制比的最大值为

$$m_{\text{a,max}} = 1$$

由此可知，SVPWM 方案的调制比在下述范围内

$$0 \leqslant m_\text{a} \leqslant 1$$ （8-24）

而其线电压基波的最大有效值则可由下式计算得到

$$V_{\text{max,SVPWM}} = \sqrt{3} \cdot \left(V_{\text{ref,max}} / \sqrt{2} \right) = 0.707 V_\text{d}$$ （8-25）

式中，$V_{\text{ref,max}} / \sqrt{2}$ 为逆变器相电压基波的最大有效值。

对于采用 SPWM 控制的逆变器，线电压的基波最大值为

$$V_{\text{max,SPWM}} = 0.612 V_\text{d}$$ （8-26）

由此可得

$$\frac{V_{\text{max,SVPWM}}}{V_{\text{max,SPWM}}} = 1.155$$ （8-27）

式（8-27）表明，对于相同的直流母线电压，基于 SVPWM 的逆变器最大线电压要比基于 SPWM 的高 15.5%。

5. 开关顺序

前面介绍了空间矢量选取及其作用时间的计算方法，下一步要解决的问题就是如何安排开关顺序。一般来说，对于给定的矢量 $\vec{V}_{\text{ref}}$，其开关顺序的选取方案并不是唯一的，但为了尽量减小器件的开关频率，需要满足下列两个条件：

（1）从一种开关状态切换到另一种开关状态的过程中，仅涉及逆变器某一桥臂的两个开关器件：一个导通；另一个关断；

（2）矢量 $\vec{V}_{\text{ref}}$ 在矢量图中从一个扇区转移到另一个扇区时，没有或者只有最少数量的开关器件动作。

图 8.39 给出了一种典型的七段法开关顺序以及矢量在第 1 扇区时逆变器输出电压的波形。其中，$\vec{V}_{\text{ref}}$ 由 $\vec{V}_1$、$\vec{V}_2$ 和 $\vec{V}_0$ 三个矢量合成。在所选扇区内，将采样周期 T_s 分为七段，可以看出：

• 七段作用时间的累加和等于采样周期，即 $T_\text{s} = T_\text{a} + T_\text{b} + T_0$；

• 设计方案的必要条件（1）得以满足。例如，从状态[OOO]切换到[POO]时，S_1 导通而 S_4 关断，这样仅涉及到两个开关器件；

• 冗余开关状态 $\vec{V}_0$ 用于降低每个采样周期的开关动作次数。在采样周期中间的 $T_0/2$ 区段内，选择开关状态[PPP]，而在两边的 $T_0/4$ 区段内，均采用开关状态[OOO]；

• 逆变器的每个开关器件在一个采样周期内均导通和关断一次。因此，器件的开关频率 f_{sw} 等于采样频率 f_{sp}，即 $f_{\text{sw}} = f_{\text{sp}} = 1/T_\text{s}$。

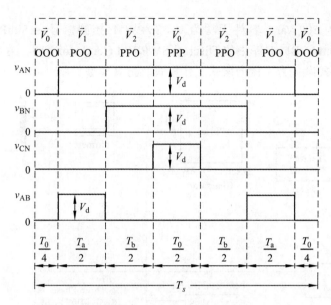

图 8.39　$\vec{V}_{ref}$ 位于第 1 扇区时的七段法开关顺序

表 8.4 给出了 $\vec{V}_{ref}$ 在所有六个扇区时的七段法开关顺序。需要注意的是，所有的开关顺序都是以开关状态[OOO]来起始和结束的，表明 $\vec{V}_{ref}$ 从一个扇区切换到下一个扇区时，并不需要任何额外的切换过程。这样，就满足了前面所述的开关顺序设计要求（2）。

表 8.4　七段法开关顺序

扇 区	开关顺序						
	1	2	3	4	5	6	7
I	$\vec{V}_0$	$\vec{V}_1$	$\vec{V}_2$	$\vec{V}_0$	$\vec{V}_2$	$\vec{V}_1$	$\vec{V}_0$
	OOO	POO	PPO	PPP	PPO	POO	OOO
II	$\vec{V}_0$	$\vec{V}_3$	$\vec{V}_2$	$\vec{V}_0$	$\vec{V}_2$	$\vec{V}_3$	$\vec{V}_0$
	OOO	OPO	PPO	PPP	PPO	OPO	OOO
III	$\vec{V}_0$	$\vec{V}_3$	$\vec{V}_4$	$\vec{V}_0$	$\vec{V}_4$	$\vec{V}_3$	$\vec{V}_0$
	OOO	OPO	OPP	PPP	OPP	OPO	OOO
IV	$\vec{V}_0$	$\vec{V}_5$	$\vec{V}_4$	$\vec{V}_0$	$\vec{V}_4$	$\vec{V}_5$	$\vec{V}_0$
	OOO	OOP	OPP	PPP	OPP	OOP	OOO
V	$\vec{V}_0$	$\vec{V}_5$	$\vec{V}_6$	$\vec{V}_0$	$\vec{V}_6$	$\vec{V}_5$	$\vec{V}_0$
	OOO	OOP	POP	PPP	POP	OOP	OOO
VI	$\vec{V}_0$	$\vec{V}_1$	$\vec{V}_6$	$\vec{V}_0$	$\vec{V}_6$	$\vec{V}_1$	$\vec{V}_0$
	OOO	POO	POP	PPP	POP	POO	OOO

例 8-8　完成三相 SVPWM 逆变电路仿真。

解　（1）建立仿真模型。

先建立主电路的仿真模型。主电路仿真模型与例 8-6 相同，在 Elements 中选择三相串联 RLC 负载模块，设置为星型连接模式。设置额定电压为 413 V，额定频率为 50 Hz，有功为

1 kW，感性无功为 500 Var，容性无功为 0；SVPWM 控制信号由 SimPowerSystems/Extra Library/Discrete Control Block 库中的 Discrete SV PWM Generator 产生，在对话框中选择内部发生模式，开关模式设置为 1 位七段式工作模式。仿真模型如图 8.40 所示。

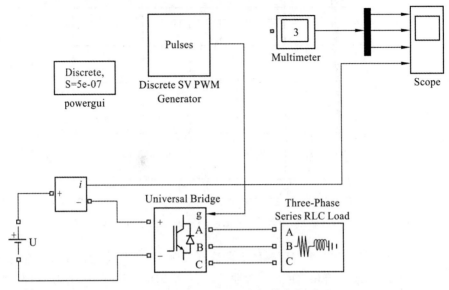

图 8.40　SVPWM 逆变器仿真模型

（2）分析仿真结果。

将调制深度 m 设置为 1，输出基波频率设为 50 Hz，载波频率设置为 1 500 Hz。将仿真时间设置为 0.06 s，在 powergui 中设置为离散仿真模式，采样时间为 5×10^{-7} s，运行后可得仿真结果，输出交流相电压、相电流、线电压和直流电流波形如图 8.41 所示。输出线电压谐波分析如图 8.42 所示。

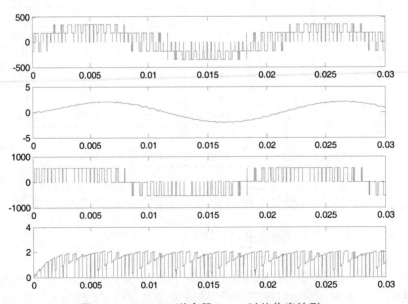

图 8.41　SVPWM 逆变器 $m = 1$ 时的仿真波形

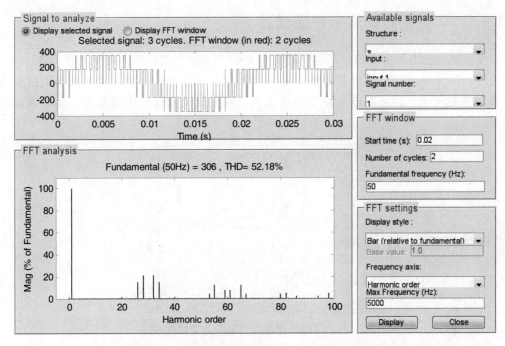

图 8.42　SVPWM 逆变器 m = 1 时谐波分析图

当 m=1 时，输出线电压幅值为 530 V，即直流电压 U_d，说明 SVPWM 的直流电压利用率达到 100%。谐波分量分布规律与 SPWM 类似，仍然在开关频率整数倍附近，但 THD 比 SPWM 略小。

8.4　多电平逆变电路的仿真

在逆变输出的电压波形中，其波形一般都不是标准的正弦波，而是阶梯波的形式。那么从电压最高值到最低值之间形成的阶梯数就称为电平数。

传统逆变器电路结构简单，输出电平数较少，所以输出含有大量谐波，这给逆变电源的滤波电路设计带来了很大的麻烦，因此诸多学者开始寻求解决问题的办法，多电平逆变电路便是在这种情况下应运而生。1980 年，日本学者 A.Nabse 首次提出中点钳位型三电平逆变电路，这是多电平逆变电路第一次为世人所知，它的出现对逆变电路来说意义重大。

所谓多电平逆变电路，其实际上是在传统逆变电路基础上的改进，是一种通过改变逆变电路结构以达到提高输出电压和功率的新型逆变电路。与一般逆变电路相比，其输出电平数更多，输出谐波含量更少，具有更好的输出特性。此外，随着电路结构的改变，单个开关器件所承受的电压也随之减少，大大提高了电路的可靠性。

经过多年的发展研究，多电平逆变技术越发成熟，至今，主要可分为以下三种：飞跨电容型多电平逆变电路、中点钳位型多电平逆变电路、H 桥级联式多电平逆变电路[20-23]。

8.4.1 二极管钳位三电平逆变器

二极管钳位三电平逆变器[14-19]主电路如图 8.43 所示。每组桥臂由四个主开关管、四个续流二极管和两个中点钳位二极管组成。每个开关管在工作过程中能承受的最高电压只有两电平逆变器的一半，因此三电平逆变器可以大大降低开关器件的电压应力，满足高压逆变的要求。

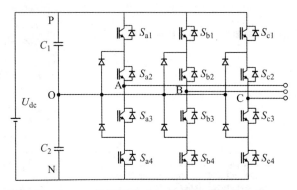

图 8.43　二极管钳位式三电平逆变器主电路

以 A 相为例来说明该电路的工作方式。以分压电容之间的 O 点为零电位参考点，则每相输出的三个电平为 $U_{dc}/2$，0，$-U_{dc}/2$，分别对应 P，O，N 三种状态。规定 T 型三电平逆变器中，负载电流流出桥臂的方向为正方向，存在以下三种方式，如表 8.5 所示。

（1）当开关管 S_{a1} 和 S_{a2} 导通，S_{a3} 和 S_{a4} 关断时，电流方向为正，S_{a2} 中没有电流流过，电流流经 S_{a1}，A 相输出为 P 状态。

（2）当开关管 S_{a3} 和 S_{a4} 导通，S_{a1} 和 S_{a2} 关断时，电流方向为正，电流流经 D_{a4}，A 相输出为 N 状态。

（3）当开关管 S_{a2} 和 S_{a3} 导通，S_{a1} 和 S_{a4} 关断时，电流方向为负，电流流经 S_{a3} 和 D_{a2}，A 相输出为 O 状态。

表 8.5　二极管钳位式三电平逆变器开关状态和输出电平的关系（A 相为例）

输出电平	S_{a1}	S_{a2}	S_{a3}	S_{a4}
P	导通	导通	关断	关断
O	关断	导通	导通	关断
N	关断	关断	导通	导通

中点钳位型多电平逆变电路也叫作二极管钳位式多电平逆变电路，不同于电容钳位式电路利用电容钳位，其对功率开关器件的钳位采用的是二极管，而且，电容在其中的作用不是电容钳位式电路中的钳位作用而是均压作用。这种电路通过串联电容对电源进行均压，从而得到一组较之前更低的电压值，进而得到更多的输出电平。对于二极管钳位式逆变电路来说，如果想要得到数目为 N 的输出电平，那么就需要在逆变电路的直流侧串联数目为 N－1 的电容，这些电容将电路直流侧电源电压进行均分，而后利用二极管将单个开关管的电压值固定

为 U/N（U 为逆变电路直流侧电源电压值），这样便大大增多了电路的输出电平数，使电路具有更好的输出特性。

例 8-9　完成二极管钳位三电平逆变电路仿真。

解　（1）建立仿真模型。

主电路的仿真模型如图 8.44 所示。在 Power Electronics 库中选择 Three-Level Bridge 模块，该模块为二极管钳位式逆变电路。在对话框中设置为三相，开关管选择反并联二极管的 IGBT；相应的 PWM 控制信号由 SimPowerSystems/Extra Library/Discrete Control Block 库中的 Discrete 3-Phase PWM Generator 产生，该模块有两个输出，本例采用第一个输出。直流电压仍为 530 V，电容 C_{d1} 和 C_{d2} 均为 560UF，电压初值设置为 265 V。由于 MATLAB 仿真时不允许电压源与电容直接相连，可以串联一个 10^{-4} Ω 的小电阻。三相负载中有功为 1 kW，感性无功为 500 Var。仿真模型如图 8.44 所示。

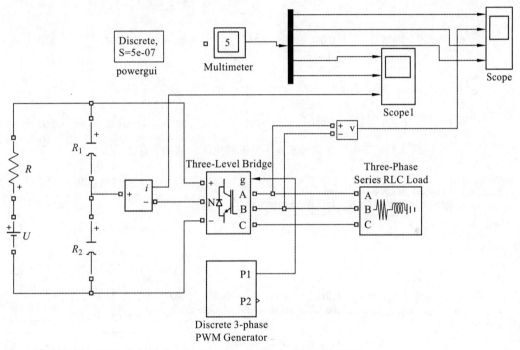

图 8.44　三相 SPWM 逆变器仿真模型

（2）分析仿真结果。

在 Discrete 3-Phase PWM Generator 模块中，选中内部发生模式，并将调节深度设置为 1，输出基波频率设置为 50 Hz，载波频率设置为 1 500 Hz，将仿真时间设置为 0.06 s，在 powergui 中设置为离散仿真模式，采样时间为 5×10^{-7} s，运行后可得仿真结果。

逆变器输出端 a 点相对于中性点的电压 u_{ao}、线电压 u_{ab}、负载相电压 u_{an} 和负载相电流的仿真波形如图 8.45 所示。三个电压分别为 3、5、9 电平，随着电平数的升高，线电压和负载相电压更接近于正弦波。线电压的谐波分析如图 8.46 所示。其基波幅值为 459 V，可见此时的电压利用率与两电平的 SPWM 控制相同。但 THD 仅为 29.48%。

电容 C_{d1}、电容 C_{d2} 上的电压和流出中性点的电流如图 8.47 所示。正是由于中点电流不为 0，造成了电容电压的波动，波动频率为基波频率的三倍。将逆变器的输出电压波形放大后，可以看到电容电压的变化。电容增大，则波动幅度变小，电容减小，波动幅度增大。

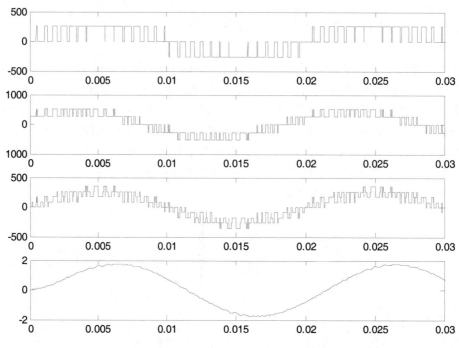

图 8.45　二极管钳位式三电平逆变器电压、电流仿真波形图

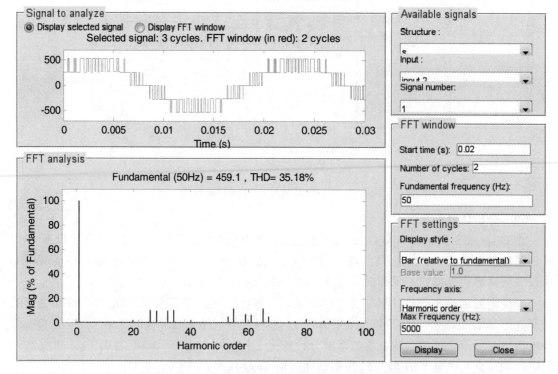

图 8.46　二极管钳位式逆变器线电压谐波分析图

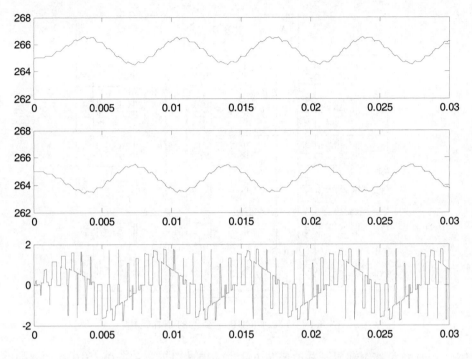

图 8.47　二极管钳位式三电平电容电压、中点电流仿真波形

8.4.2　H 桥级联逆变器（CHB）

　　CHB 逆变器是 H 桥逆变器的级联形式[24-27]，电路拓扑如图 8.48 所示，它是由单个单项逆变器单元串联而成。当开关 S_{11}、S_{21}、S_{12}、S_{22}、S_{13} 和 S_{23} 同时导通，其他器件都关断时，H 桥单元 H1、H2 和 H3 的输出电压相等且都等于 E，由图 8.48 很容易得到，此时 7 电平 CHB 逆变器的相电压 v_{AN} 等于 v_{H1}、v_{H2} 及 v_{H3} 之和，大小等于 3E。同理，通过使 S_{31}、S_{41}、S_{32}、S_{42}、S_{33} 和 S_{43} 同时导通，其他器件都关断，CHB 逆变器的相电压 v_{AN} 大小等于 – 3E。依次类推，只要我们有针对性地导通和关断相应的器件，我们就可以使 CHB 逆变器相电压输出以下七个电平：3E、2E、E、0、– E、– 2E 和 – 3E，故称为 7 电平 CHB 逆变器。

　　由于这种特殊结构，CHB 逆变器可以产生很高的工作电压以及很低的谐波失真，同时它还可以克服逆变器的均压问题，这主要是因为每一个 H 桥单元都有一个独立的电源进行独立供电，它们之间不会相互影响。对于通用的 CHB 电平数的计算公式如下：

$$m = 2A + 1$$

其中 A 是 CHB 逆变器每相的 H 桥单元数。

　　常用的 CHB 逆变器 PWM 调制方式有载波调制和阶梯调制，其中载波调制技术又包括以下两种：相位移位调制；电压移位调制。

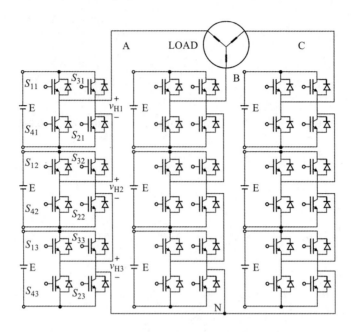

图 8.48 7 电平 CHB 逆变器的拓扑结构

相位、电压移位调制都属于载波调制方式。一般情况下，若希望 CHB 逆变器的电平数为 m，则所需要的载波数就是 $m-1$，并且这 $m-1$ 个载波同幅度同频率。对于相位移位调制来说，所需的 $m-1$ 个载波依次移相 $360°/(m-1)$；对于电压移位来说，所需的 $m-1$ 载波主要有三种排列方式：同相位排列；反相位排列；交替反相位排列。它们的排列情况如图 8.49 所示。

相位、电压移位调制都是通过调制波与载波进行调制来产生控制各个器件导通与关断的控制信号。图 8.50、8.51 分别给出的仿真波形显示了 7 电平 CHB 逆变器移相和电压调制的基本原理。图 8.50 中六个载波依次相差 60°，逆变器中 A 相的调制波 v_{mA} 分别与载波 v_{cr1}、v_{cr2} 和 v_{cr3} 相交来产生 A 相 H 桥单元中 S_{11}、S_{12} 和 S_{13} 的开关脉冲信号；载波 v_{cr1-}、v_{cr2-} 和 v_{cr3-} 分别与 v_{cr1}、v_{cr2} 和 v_{cr3} 互差 π，它们与 A 相调制波产生 S_{31}、S_{32} 和 S_{33} 的开关脉冲信号。每个级联单元输出电压都只有 E、0、-E 三种情况，又由于 $v_{AN} = v_{H1} + v_{H2} + v_{H3}$，故 7 电平 CHB 逆变器的相电压 v_{AN} 具有 7 个电平。

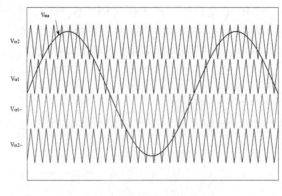

（a）同相位排列原理

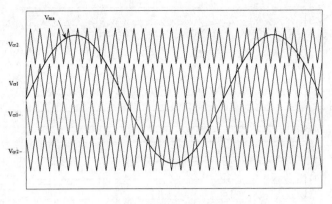

（b）反相位排列原理

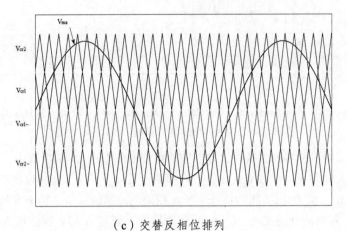

（c）交替反相位排列

图 8.49　电压移位调制的原理

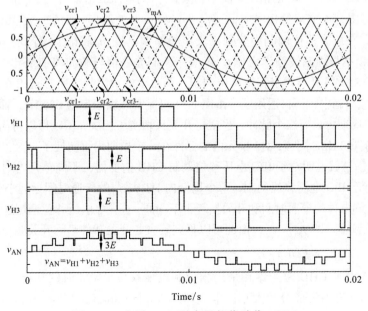

图 8.50　电平 CHB 逆变器相位移位 PWM

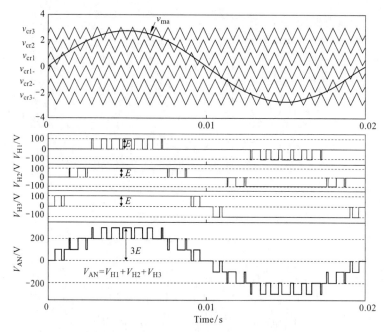

（$m_f = 4$, $m_a = 0.8$, $f_m = 50$ Hz, $f_{cr} = 200$ Hz）　（$m_f = 12$, $m_a = 0.9$, $f_m = 50$ Hz, $f_{cr} = 600$ Hz）

图 8.51　7 电平 CHB 逆变器电压移位脉宽调制

电压移位调试的三种排列方式中，IPD 方式得到的线电压含 THD 最小，所以本节着重介绍 IPD 调制。由图 8.51 可见，载波 v_{cr1}、v_{cr2}、v_{cr3} 和 v_{cr1-}、v_{cr2-}、v_{cr3-} 分别与调制波相交来产生 S_{11}、S_{12}、S_{13} 和 S_{31}、S_{33}、S_{32} 的门极脉冲信号。当 A 相调制波幅值大于 x 轴上方的三个载波 v_{cr1}、v_{cr2} 和 v_{cr3} 的幅值时，对应的开关 S_{11}、S_{12} 和 S_{13} 分别导通；而当 A 相调制波幅值小于 x 轴下方的三个载波 v_{cr1-}、v_{cr2} 和 v_{cr3-} 的幅值时，对应的开关 S_{31}、S_{32} 和 S_{33} 才导通。图 8.51 给出了 CHB 逆变器中 H1、H2 和 H3 单元的电压输出波形及相电压 v_{AN} 的电压波形，可见 v_{AN} 也有 7 个电平等级。

由于篇幅有限，本节只给出了 v_{H1}、v_{H2}、v_{H3} 和 v_{AN} 的波形，而省去了其他开关器件导通和关断的情况。在载波移位调制中分别定义了频率调制度 m_f 和幅值调制度 m_a 两个参数，其中 m_f 等于载波频率与调制波频率之比；m_a 等于调制波峰值与载波峰值之比。

由图 8.50、8.51 可见，对于相位移位调制，装置中的载波频率通常是相等的，而这一关系在 IPD 电压移位调制中就不再适用了。由图 8.51 可见，载波频率为 600 Hz，而 H1 单元中的器件在一个调制波周期内只有三个脉冲，也就是开关只切换了三次，所以可以得出 H1 单元中器件的开关频率只有 150 Hz；同理，H3 单元内的器件在一个周期内仅切换了一次，所以它的开关频率就等于 50 Hz。这就说明对于 IPD 电压移位调制 CHB 逆变器，不同单元内的器件开关频率都不相等。而且对于 IPD 电压移位调制，每个周期内 H1 中 S_{11} 的导通时间远远小于 H3 中 S_{31} 的导通时间，所以不同器件的导通时间和开关损耗也不相同。通常，电压移位调制逆变器的等效开关频率就等于载波频率，即 $f_{ivt} = f_{cr}$，由此可以得到装置各开关器件平均开关频率为：

$$f_{dev} = f_{cr} / (m-1) \tag{8-28}$$

为了研究 7 电平 CHB 逆变器在采用相位和电压移位 PWM 时的相电压 v_{AN} 和线电压 v_{AB} 波形，以及它们所含谐波成分的大小，本文利用 Matlab/Simulink/Powersystem 仿真软件对 7 电平 CHB 逆变器进行了建模和仿真研究。

例 8-10　完成 CHB 逆变电路仿真。

（1）建立仿真模型。

相位移位调制仿真参数为：频率调制度 $m_f = 12$；幅值调制度 $m_a = 0.9/0.99$；电源工作频率 $f_m = 50$ Hz；载波频率 $f_{cr} = 600$ Hz；单元直流侧电压 $E = 625$ V。IPD 电压移位调制仿真参数为：$m_f = 90$ 幅值调制度 $m_a = 0.99$；$f_m = 50$ Hz；$f_{cr} = 4\,500$ Hz；$E = 625$ V；装置等效频率 f_{dev} 由式（8-28）可算出，等于 750 Hz。对于电压移位调制来说，尽管 4 500 Hz 的载波频率看上去比大功率逆变器的工作频率要高得多，但是实际上装置的平均开关频率只有 750 Hz 而已，这一频率对于大功率变频器来说是完全可以接受的。

（2）仿真结果分析。

CHB 逆变器仿真模型如图 8.52 所示，图 8.53 和图 8.54 只给出了三相电路的一相主电路和对应产生一相触发脉冲信号的仿真模型，由于其他两相原理和结构相似，只不过所设定的相位角分别比图 8.54 中给出的超前和滞后 120° 而已。

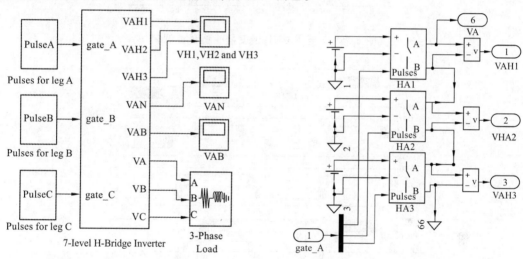

图 8.52　CHB 逆变器仿真模型　　　　图 8.53　CHB 逆变器主电路一相仿真模型

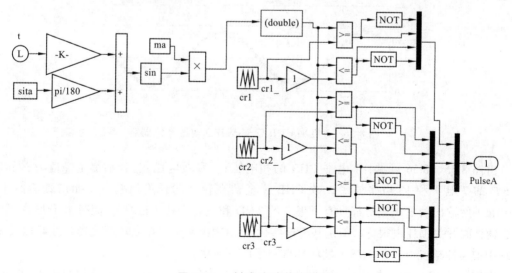

图 8.54　触发脉冲仿真模型

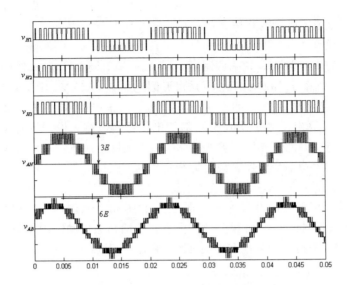

图 8.55　7 电平 CHB 逆变器相位移位调制

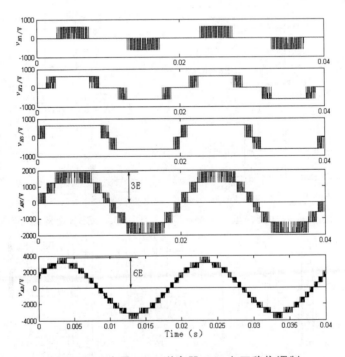

图 8.56　7 电平 CHB 逆变器 IPD 电压移位调制

由图 8.55、8.56 可见，7 电平 CHB 的相电压 v_{AN} 和线电压 v_{AB} 分别都是峰值为 $\pm 3E$ 和 $\pm 6E$ 的 7 电平和 13 电平波形，故 CHB 逆变器在较低的开关频率下（如仿真参数 f_{cr} = 600 Hz）所输出的电压波形都具有了很低的 THD 和电磁干扰（EMI），同时由于开关频率较低，器件的开关损耗也很低，正是基于这些优点，CHB 逆变器在高功率大容量变频以及电力系统中的柔性输配电（FACTS）领域都得到了广泛应用。

由如图 8.57 所示的相位移位谐波频谱可见，相位移位调制中 v_{H1} 的频谱分别是以 $2m_f$、

$4m_f$ 和 $6m_f$ 为中心频率向两侧对称分布的，且中心频率处不含谐波。v_{H2} 和 v_{H3} 的频谱与 v_{H1} 相似，这里没有给出。由于多个级联单元串联，逆变器相电压 v_{AN} 不包含 $4m_f$ 次以下的谐波，与 v_{H1} 的 52.73% 相比，v_{AN} 的 THD 仅为 18.65%；但是 v_{AN} 波形中仍然包含像 $6m_f \pm 3$ 和 $6m_f \pm 9$ 等 3 次倍数的谐波，而这些谐波因为三相对称的原因在 v_{AB} 中全部都被抵消掉了，所以线电压 v_{AB} 的 THD 最小，只有 15.31%。

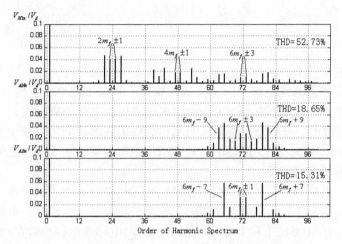

图 8.57　v_{H1}、v_{AN} 和 v_{AB} 的频谱

由如图 8.58 所示的 IPD 电压移位调制频谱图可见，v_{AN} 和 v_{AB} 的谐波成分主要集中在 m_f 两侧，相电压 v_{AN} 中还含有三次倍数的谐波，如 m_f 和 $m_f \pm 6$ 次谐波，这里 m_f 是主要谐波。而这些三次倍数的谐波不会出现在线电压里，所以 v_{AB} 的 THD 与 v_{AN} 的 18.67% 相比只有 10.74%。应该注意的是，v_{AN} 和 v_{AB} 中都含有低次谐波，尽管这些低次谐波的幅值都比较小，这也是导致 H2 和 H3 的波形出现超调的主要原因。当幅值调制度 m_a 由大到小发生变化的时候，v_{AN} 和 v_{AB} 的输出波形会发生明显变化，而其他的谐波成分 THD 也会跟着变大。当 m_a 等于 0.2 的时候，v_{AB} 的 THD 将会变为 48.75%，实际上此时的 CHB 多电平逆变器已经变成了普通的两电平逆变器了。

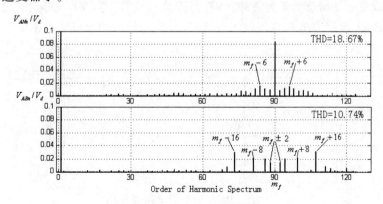

图 8.58　v_{AN} 和 v_{AB} 的频谱

第9章　DC–DC 电路的建模与仿真

直流-直流变换器（DC-DC Converter）的功能是将直流电变为另一固定电压或可调电压的直流电，包括直接直流变换器和间接直流变换器。直接直流变换电路也称斩波电路（DC Chopper），它的功能是将直流电变为另一固定电压或可调电压的直流电，一般是指直接将直流电变为另一种直流电，这种情况下输入与输出之间不隔离。间接直流变换器是指在直流变流电路中增加了交流环节，在交流环节中通常采用变压器实现输入输出之间的隔离，因此也称为带隔离的直流-直流变换器。

降压（Buck）电路和升压（Boost）电路是 DC-DC 变换器[46-50]最基本的两种拓扑形式。无论哪一种 DC-DC 变换器，主回路使用的元件都是功率半导体器件、电感和电容。目前使用的开关器件主要有 MOSFET 和 IGBT 以及二极管等，电感和电容是储存和传递电能的元件。DC-DC 变换器的基本工作原理都是通过开关器件的开通与关断，使带有滤波器的负载线路和直流电源一会开通，一会关断，在负载上得到另一个等级的电压。

本章重点介绍降压（Buck）变换器、升压（Boost）变换器和升降压（Buck-Boost）变换器的工作原理，并在 MATLAB/Simulink 进行仿真分析。

9.1　降压（Buck）变换器的仿真

降压（Buck）变换器的电路图如图 9.1 所示，VT 为全控型开关管；L、C 分别为滤波电感和电容，组成低通滤波器，R 为负载；VD 是续流二极管，当 VT 关断时，可为电感电流提供续流通道。Buck 电路完成把直流输入电压 U_{in} 转换为较低的直流输出电压 U_o 的功能。

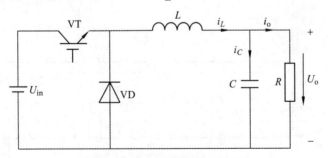

图 9.1　Buck 变换器电路原理图

为简化分析，假设所讨论的变换器均为理想变换器，且满足：
（1）开关管、二极管瞬间通断，且无通态和开关损耗；

（2）电容、电感均为无损耗的理想储能元件；

（3）线路阻抗为零；

（4）开关频率足够高，每个开关周期中电感电流、电容电压近似不变。

如图 9.2 所示，触发脉冲在 $t = 0$ 时使 VT 导通，在 t_{on} 期间，L 中有电流流过，且 D 反向偏置，导致电感两端呈现正电压 $u_L = U_{in} - U_o$，在该电压的作用下，电感中的电流 i_L 线性增大，其等效电路如图 9.2（a）所示。当触发脉冲在 $t = \alpha T_s$ 时刻使 VT 关断而处于 t_{off} 期间，由于电感已存储了能量，D 导通，i_L 经过 D 续流，此时 $u_L = -U_o$，L 中电流 i_L 线性减小，其等效电路如图 9.2（b）所示。降压变换电路的主要波形如图 9.2（c）所示。

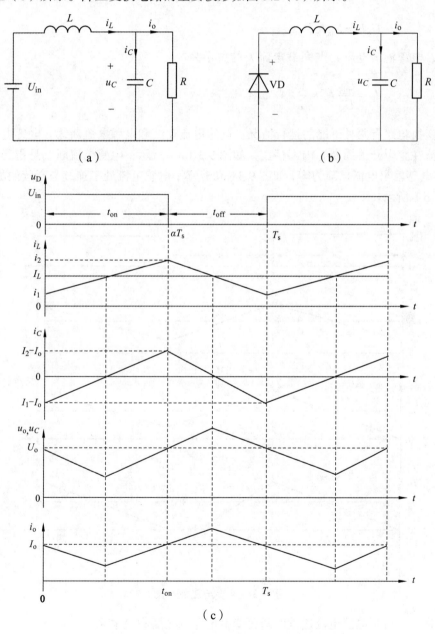

（a）　　　　　　　　　　（b）

（c）

图 9.2　Buck 变换电路及其主要波形图

由波形可以计算输出电压的平均值为

$$U_{\text{o}} = \frac{1}{T_s} \int_0^{t_{on}} u_{\text{o}}(t)\mathrm{d}t = \frac{t_{\text{on}}}{T_s} U_{\text{in}} = \alpha U_{\text{in}} \tag{9-1}$$

式中，U_{in} 为输入直流电压，t_{on} 为 VT 处于通态的时间，T_s 为开关周期，α 为导通占空比，简称占空比或导通比。

在理想情况下，输入功率等于输出功率，即

$$P_{\text{o}} = P_{\text{in}} \tag{9-2}$$

$$U_{\text{o}}I_{\text{o}} = U_{\text{in}}I_{\text{in}} \tag{9-3}$$

因此，电源输出电流 I_{in} 与负载电流 I_{o} 的关系为

$$I_{\text{o}} = \frac{U_{\text{in}}}{U_{\text{o}}} I_{\text{in}} = \frac{1}{\alpha} I_{\text{in}} \tag{9-4}$$

降压变换电路有两种可能的运行情况：电感电流连续和电感电流断续。电感电流连续是指电感电流在整个开关周期 T_s 内都存在，如图 9.3（a）所示；电感电流断续是指开关管断开的 t_{off} 期间电感输出电流已降为零，如图 9.3（c）所示；电感电流处于连续与断续的临界状态，如图 9.3（b）所示。

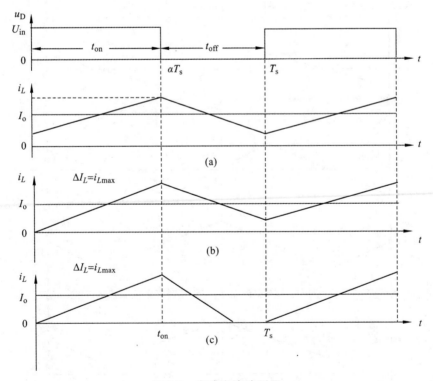

图 9.3　电感电流波形图

下面进一步分析电感电流连续时降压变换电路的主要数量关系。

在 t_{on} 期间，开关管 VT 导通，电感上的电压为

$$u_L = L\frac{di_L}{dt} \tag{9-5}$$

在此期间，由于 L 和 C 无损耗，因此电流从 I_1 线性增长到 I_2，式（9-5）可以写成

$$U_{in} - U_o = L\frac{I_2 - I_1}{t_{on}} = L\frac{\Delta I_L}{t_{on}} \tag{9-6}$$

$$t_{on} = \frac{(\Delta I_L)L}{U_{in} - U_o} \tag{9-7}$$

式中，$\Delta I_L = I_2 - I_1$，为电感上电流的变化量。U_0 为输出电压的平均值。

在 t_{off} 期间，VT 关断，D 导通续流。依据假设条件，电感电流 i_L 从 I_2 线性减小到 I_1，则有

$$U_o = L\frac{\Delta I_L}{t_{off}} \tag{9-8}$$

$$t_{off} = L\frac{\Delta I_L}{U_o} \tag{9-9}$$

由式（9-7）和式（9-9）可求出开关周期 T_s 为

$$T_s = \frac{1}{f} = t_{on} + t_{off} = \frac{\Delta I_L L U_{in}}{U_o(U_{in} - U_o)} \tag{9-10}$$

由式（9-10）可求出

$$\Delta I_L = \frac{U_o(U_{in} - U_o)}{fLU_{in}} = \frac{U_{in}\alpha(1-\alpha)}{fL} \tag{9-11}$$

式中，ΔI_L 为流过电感电流的峰值，最大为 I_2，最小为 I_1。电感电流一周内的平均值与负载电流 I_o 相等，即

$$I_o = \frac{I_1 + I_2}{2} \tag{9-12}$$

$$I_1 = I_o - \frac{U_{in}T_s}{2L}\alpha(1-\alpha) \tag{9-13}$$

当电感电流处于临界状态时，应有 $I_1 = 0$，由 $I_o = U_o/R$ 和式（9-13）可求得临界电感的参数值

$$L_C = \frac{(1-\alpha)}{2}RT_s \tag{9-14}$$

由式（9-13）可求出维持临界连续的负载电流平均值 I_{ok}

$$I_{ok} = \frac{U_{in}T_s}{2L}\alpha(1-\alpha) \tag{9-15}$$

显然，临界负载电流 I_{ok} 与输入电压 U_{in}、电感 L、开关频率 f 以及开关管 VT 的占空比 α 都有关。f 越高，L 越大，I_{ok} 越小，越容易实现电感电流的连续工作。

当实际负载电流 $I_o > I_{ok}$ 时，电感电流连续。

当实际负载电流 $I_o = I_{ok}$ 时，电感电流处于临界连续状态。

当实际负载电流 $I_o < I_{ok}$ 时，电感电流断续。

由式（9-1）及 $I_o = U_o / R$ 可得

$$I_o = \frac{\alpha U_{in}}{R} \tag{9-16}$$

由 I_o 和 I_{ok} 的关系可以推出：当 $2L/(RT_s) > 1 - \alpha$ 时，电感电流连续；当 $2L/(RT_s) = 1 - \alpha$ 时，电感电流处于临界连续状态；当 $2L/(RT_s) < 1 - \alpha$ 时，电感电流断续。

在降压变换电路中，如果滤波电容 C 的电容足够大，则输出电压 U_o 为常数；如果电容 C 为有限值，则输出电压不再是常数，而是在直流平均电压的基础上还叠加有交流成分，即输出电压中将会有纹波成分。假设 i_L 中所有纹波分量都流过电容，而其平均分量 I_L 流过负载电阻。在图 9.2（c）中，当 $i_L < I_L$ 时，电容 C 对负载放电；当 $i_L > I_L$ 时，电容 C 被充电。因为流过电容的电流在一周期内的平均值为零，那么在 $T_s/2$ 时间内电容充电或放电的电荷量为

$$\Delta Q = \frac{1}{2}\left(\frac{\alpha T_s}{2} + \frac{T_s - \alpha T_s}{2}\right)\frac{\Delta I_L}{2} = \frac{T_s}{8}\Delta I_L \tag{9-17}$$

纹波电压 ΔU_o 与参数的表达式为

$$\Delta U_o = \frac{\Delta Q}{C} = \frac{\Delta I_L}{8C}T_s = \frac{\Delta I_L}{8fc} = \frac{U_o(U_{in} - U_o)}{8LCf^2 U_{in}} = \frac{U_o(1-\alpha)}{8LCf^2} \tag{9-18}$$

则根据要求的纹波电压和其他参数可求得电路的电容

$$C = \frac{U_o(1-\alpha)}{8L\Delta U_o f^2} \tag{9-19}$$

电流连续时输出电压的纹波系数为

$$\frac{\Delta U_o}{U_o} = \frac{(1-\alpha)}{8LCf^2} = \frac{\pi^2}{2}(1-\alpha)\left(\frac{f_c}{f}\right)^2 \tag{9-20}$$

式中，$f = 1/T_s$ 是降压变换电路的开关频率，$f_c = 1/(2\pi\sqrt{LC})$ 是电路的截止频率。它表明通过选择合适的 L、C 的值，当满足 $f_c \ll f$ 时，可以限制输出纹波电压的大小，而且纹波电压的大小与负载无关。

例 9-1 设计一个降压（Buck）变换器，输入电压为 200 V，输出电压为 100 V，纹波电压为输出电压的 0.2%，负载电阻为 25 Ω，开关管采用 MOSFET，开关频率为 25 kHz。分别仿真将工作频率改为 50 kHz，电感改为约临界电感的一半以进行对比分析。

解 （1）设计参数。

① 输入 200 V，输出 100 V，占空比 $\alpha = 50\%$；

② 根据式（9-14）选择临界电感

$$L_C = \frac{(1-\alpha)}{2}RT_s = \frac{(1-0.5)\times 25}{2}\times\frac{1}{25\,000} = 2.5\times10^{-4}\,\text{H}$$

这个值是电感连续与否的临界值，$L > L_C$ 则电感电流连续，实际电感值可选为 1.2 倍的临界电感值，如 $3 \times 10^{-4} \mathrm{H}$；

③ 根据纹波电压和式（9-19）可计算电容值

$$C = \frac{U_{\mathrm{o}}(1-\alpha)}{8L\Delta U_{\mathrm{o}}f^2} = \frac{100 \times 0.5}{8 \times 3 \times 10^{-4} \times 0.002 \times 100} \times \frac{1}{25\,000^2} = 1.7 \times 10^{-4} \mathrm{H}$$

（2）建立仿真模型。

建立一个 Buck 的仿真模型。

在"SimPowerSystems/Electrical Sources"库中选择"DC Voltage Source"直流电压源模块，在设置对话框中设置直流电压为 200V。

在"SimPowerSystems/Power Electronics"库中选择"Mosfet"和"Diode"模块，参数保持为默认值，勾选"Show measurement port"。

在"SimPowerSystems/Elements"库中选择"Series RLC Branch"，右键单击拖动并复制两个模块，分别在对话框中"Branch Type"下拉选择 R、L、C 并按照上面计算的参数值设置，在电感元件的对话框里最下面"Measurements"选择"Branch voltage and current"，方便测量电感的端电压和电流，电阻元件的对话框里"Measurements"选择"Branch voltage"，以便测量负载电阻的端电压，亦即 Buck 变换器的输出电压。

在"SimPowerSystems/Measurements"库中选择"Multimeter"，在对话框的左边有" Ub：L""Ib：L""Ub：R"几项，依次选中在右边窗口中显示，这样就可以对电感电压、电感电流、负载电阻电压进行测量，如图 9.4 所示。

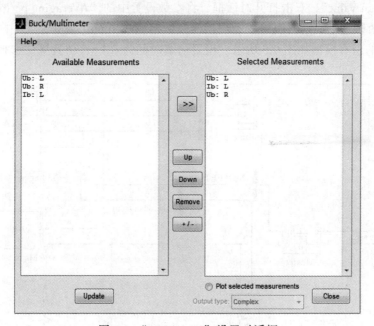

图 9.4　"Multimeter"设置对话框

在"Simulink/Sources"库中选择"Pulse Generator"，对话框"Period（secs）"设置为 40e-6，"Pulse Width（% of period）"设置为 50，其他保持默认值。

在"Simulink/Signal Routing"库中选择"Bus Selector"，再复制一个分别连接在"Mosfet"

和"Diode"的测量端口,将"Bus Selector"设置为测量各自的电流,连接 Mosfet 的"Bus Selector"
设置如图 9.5 所示。

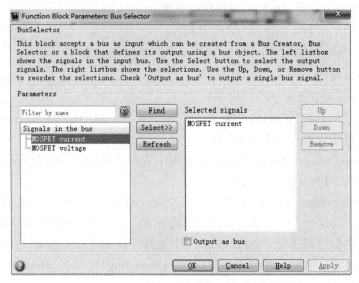

图 9.5 "Bus Selector"设置对话框

在"Simulink/Sink"库中选择"Scope",将其设置为六个输入通道,以便显示六个输出波形。

为了实时显示输出电压的平均值,在"SimPowerSystems/Extral Library/Measurements"
库中选择"Mean Value",双击打开对话框,将参数设置中的"AVeraging period(s)"设置为
40e-6,求平均值时这个周期可以设置为周期的整数倍,在"Simulink/Sink"库中选择"Display"。

最终完成的仿真模型如图 9.6 所示。设置仿真时间为 0.1 s,仿真算法选择 0de23tb。

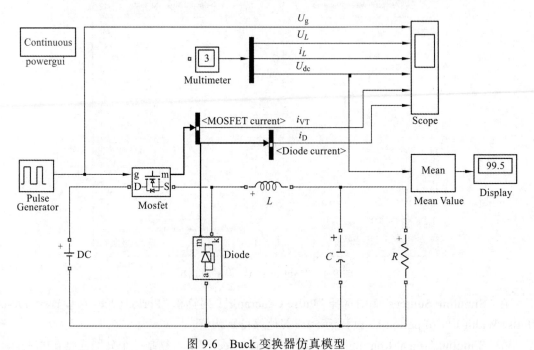

图 9.6 Buck 变换器仿真模型

（3）仿真结果分析。

在菜单栏"Simulation"里的"Configuration Parameters"里设置仿真时间和仿真算法，仿真算法选择变步长"Variable-step"下的 ode23tb，将"Max-step"（最大步长）设置得比较小，能够使输出波形较为平滑，其他保持默认值。

图 9.7 从上到下的波形依次是 MOSFET 门极触发脉冲 U_g、电感电压 U_L、电感电流 i_L、MOSFET 电流 i_{VT}、输出电压 U_o 和二极管电流 i_D。电感电流连续，与分析的理论波形一致。图 9.8，图 9.9 从上到下的波形顺序与图 9.7 一致。

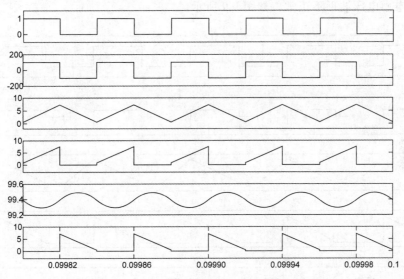

图 9.7　$f = 25$ kHz 时 Buck 变换器仿真波形

将开关频率设为 50 kHz，$L = 1.25 \times 10^{-4}$ H、$C = 10^{-4}$ F，其余设置不变时的仿真效果如图 9.8 所示。

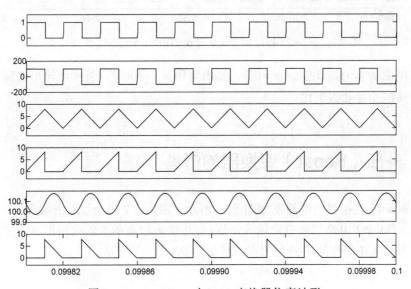

图 9.8　$f = 50$ kHz 时 Buck 变换器仿真波形

对比图 9.7 和图 9.8 可知，在其他条件不变的情况下，若开关频率提高 n 倍，则电感值减少为 $1/n$，电容值也减少 $1/n$。也可以从上面几幅图中可以看到，输出电压的平均值没有达到 100 V，而只有 99.5 V 左右，这是由于反并联二极管的导通压降使得输出比理论值小。在仿真模型中，二极管的导通压降为 0.8 V（默认值），导通时通态电阻为 0.001 Ω，流经电流也会造成一定的电压降，因此输出电压比 100 V 小。在前文分析稳态时的工作波形时，得出的结果在假设导通后开关管电压为零，当开关器件不是理想器件时，电压和电流会有变化。

将电感值设为 1.2×10^{-4} H，开关频率为 25 kHz，此时电感电流会处于断续状态，在电感电流断续时电感电压波形不正常，如图 9.9 所示。

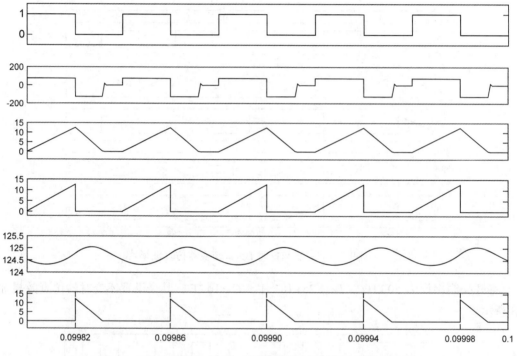

图 9.9 $f = 25$ kHz 时 Buck 变换器电感电流断续仿真波形

在电感电流断续的仿真中，$\alpha = 0.5$，输出电压 $U_o > 100$ V，若要使输出电压仍为 50 V，则需要适当地减小导通占空比。

9.2 升压（Boost）变换器的仿真

升压（Boost）变换器的电路图如图 9.10 所示，图中 VT 是全控型开关管，D 为快恢复二极管，升压（Boost）电路完成直流输入电压 U_{in} 转换为较高的直流输出电压 U_o 的功能。在理想情况下，电感 L 中的电流电路的工作波形如图 9.11（c）所示。

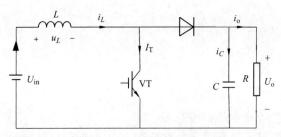

图 9.10　Boost 变换器电路原理

当 VT 在触发信号作用下导通时，电路处于 t_{on} 工作期间，D 承受反向电压而截止。一方面，能量从直流电源输入并存储到 L 中，电感电流 i_L 从 I_1 线性增大到 I_2；另一方面，R 由 C 提供能量，等效电路如图 9.11（a）所示。很显然，L 中的感应电动势与 U_{in} 相等。

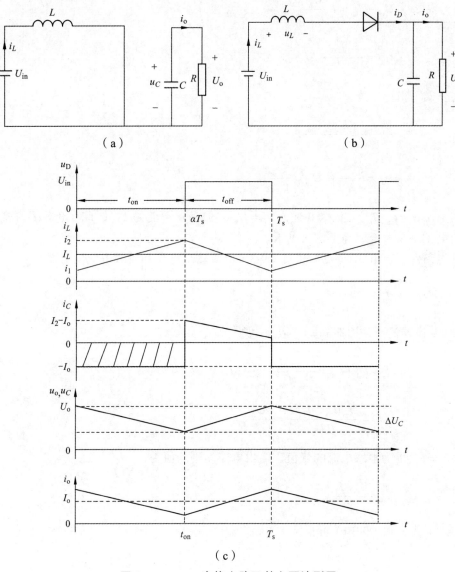

（a）　　　　　　　　　　　　　（b）

（c）

图 9.11　Boost 变换电路及其主要波形图

$$U_{in} = L\frac{I_2 - I_1}{t_{on}} = L\frac{\Delta I_L}{t_{on}} \tag{9-21}$$

$$t_{on} = L\frac{\Delta I_L}{U_{in}} \tag{9-22}$$

式中，$\Delta I_L = I_2 - I_1$ 为电感 L 中电流的变化量。

当 VT 在触发信号作用下关断时，电路处于 t_{off} 工作期间，D 导通，由于 L 中的电流不能突变，产生感应电动势阻止电流减小，此时 L 中存储的能量经 D 给电容 C 充电，同时也向电阻 R 提供能量。在理想条件下，电感电流 i_L 从 I_2 线性减小到 I_1，等效电路如图 9.11（b）所示。由于 L 上的电压等于 $U_o - U_{in}$，因此可得

$$U_o - U_{in} = L\frac{\Delta I_L}{t_{off}} \tag{9-23}$$

$$t_{off} = \frac{L}{U_o - U_{in}}\Delta I_L \tag{9-24}$$

根据上述公式可得

$$\frac{U_{in}t_{on}}{L} = \frac{U_o - U_{in}}{L}t_{off} \tag{9-25}$$

$$U_o = \frac{t_{on} + t_{off}}{t_{off}}U_{in} = \frac{U_{in}}{1-\alpha} \tag{9-26}$$

式中，占空比 $\alpha = t_{on}/T_s$。当 $\alpha = 0$ 时，$U_o = U_{in}$，但是 α 不能为 1，因此在 $0 \leqslant \alpha < 1$ 变化范围内，输出电压总是大于或等于输入电压。

在理想条件下，由式（9-2）和式（9-3）电源输出电流和负载电流的关系为

$$I_{in} = \frac{I_o}{1-\alpha} \tag{9-27}$$

Boost 变换器的开关周期 $T_s = t_{on} + t_{off}$，则

$$T_s = t_{on} + t_{off} = \frac{LU_o}{U_{in}(U_o - U_{in})}\Delta I_L \tag{9-28}$$

$$\Delta I_L = \frac{U_{in}(U_o - U_{in})}{fLU_o} = \frac{\alpha U_{in}}{fL} \tag{9-29}$$

式中，$\Delta I_L = I_2 - I_1$ 为电感电流的峰值，输出电流的平均值为

$$I_o = \frac{I_1 + I_2}{2} \tag{9-30}$$

将式（9-29）代入式（9-30）可得

$$I_1 = I_o - \frac{\alpha T_s}{2L}U_{in} \tag{9-31}$$

当电流处于临界连续状态时，$I_1 = 0$，由 $I_o = U_o / R$ 和式（9-31）可求得临界电感的参数值

$$L_C = \frac{R}{2}\alpha(1-\alpha)^2 T_s \tag{9-32}$$

根据上述讨论可求出电感电流临界连续时的负载电流的平均值：

$$I_{ok} = \frac{\alpha T_s}{2L} U_{in} \tag{9-33}$$

显然，临界负载电流 I_{ok} 与输入电压 U_{in}、电感 L、开关频率 f 以及占空比 α 都有关。f 越高、L 越大，I_{ok} 越小，越容易实现电感电流的连续工作。

当实际负载电流 $I_o > I_{ok}$ 时，电感电流连续。

当实际负载电流 $I_o = I_{ok}$ 时，电感电流处于临界连续状态。

当实际负载电流 $I_o < I_{ok}$ 时，电感电流断续。

由式（9-24）及 $I_o = U_o / R$ 可得

$$I_o = \frac{U_{in}}{R(1-\alpha)} \tag{9-34}$$

由 I_o 和 I_{ok} 的关系可以推出：当 $2L/(RT_s) > \alpha(1-\alpha)$ 时，电感电流连续；当 $2L/(RT_s) = \alpha(1-\alpha)$ 时，电感电流处于临界连续状态；当 $2L/(RT_s) < \alpha(1-\alpha)$ 时，电感电流断续。

电感电流连续时升压变换电路的工作分为两个阶段：VT 导通时是 L 储存能量的阶段，此时 L 不向 R 提供能量，R 靠存储 C 的能量维持工作；VT 关断时，电源和 L 共同向 R 供电，同时给 C 充电。升压变换电路电源的输入电流就是升压电感电流，电流平均值 $I_o = (I_1 + I_2)/2$。VT 和 D 轮流工作，VT 导通时，电感电流 i_L 流过 VT；VT 关断、D 导通时 i_L 流过 D。i_L 由 VT 导通时的电流和 D 导通时的电流合成，在周期 T_s 的任何时刻 i_L 都不为零，即电感电流连续。稳态工作时，C 的充电量等于放电量，通过 C 的平均电流为零，故 D 的电流平均值就是负载电流 I_o。

经分析可知，输出电压的纹波为三角波，假设二极管电流 i_D 中所有的纹波分量都流过了电容，其平均电流流过负载电阻，稳态工作时，图 9.11（c）中 i_C 波形的阴影部分面积，反映了一个周期内电容 C 中电荷的释放量。因此，由 ΔQ 形成的纹波电压为

$$\Delta U_o = \Delta U_C = \frac{\Delta Q}{C} = \frac{1}{C}\int_0^{t_{on}} i_C \mathrm{d}t = \frac{I_o}{C}t_{on} = \frac{U_o \alpha T_s}{RC} \tag{9-35}$$

在电感电流连续时，根据指定纹波电压的值，可计算电容的值为

$$C = \frac{U_o}{R} \cdot \frac{\alpha T_s}{\Delta U} = \frac{I_o \alpha T_s}{\Delta U} \tag{9-36}$$

例 9-2　设计一个 Boost 变换器，输入电压为 8 V，输出电压为 20 V，纹波电压低于 0.2%，负载电阻为 20 Ω，开关管选择 MOSFET，开关频率为 20 kHz。设计仿真参数，搭建仿真模型并分析结果。将电感值减小为临界电感的一半和三分之一，仿真分析电感电流断续时的 Boost 变换器工作情况。

解 （1）设计参数。

① 输入 8 V，输出 20 V，根据式（9-26）求得占空比 $\alpha = 60\%$；

② 根据式（9-32）选择临界电感

$$L_C = \frac{\alpha(1-\alpha)^2}{2} RT_s = \frac{0.6 \times (1-0.6)^2 \times 20}{2} \times \frac{1}{20\ 000} = 4.8 \times 10^{-5}\,\text{H}$$

这个值是电感连续与否的临界值，$L > L_C$ 则电感电流连续，实际电感值可选为 1.2 倍的临界电感值，为 $6 \times 10^{-5}\,\text{H}$；

③ 根据纹波电压和式（9-36）可计算电容值

$$C = \frac{U_o}{R} \cdot \frac{\alpha T_s}{\Delta U} = \frac{8 \times 0.6}{20 \times 8 \times 0.2\%} \times \frac{1}{20\ 000} = 7.5 \times 10^{-4}\,\text{F}$$

（2）建立仿真模型。建立一个为 Boost 的仿真模型。

在"SimPowerSystems/Electrical Sources"库中选择"DC Voltage Source"直流电压源模块，在设置对话框中设置直流电压为 8 V。

在"SimPowerSystems/Power Electronics"库中选择"Mosfet"和"Diode"模块，参数保持为默认值，勾选"Show measurement port"。

在"SimPowerSystems/Elements"库中选择"Series RLC Branch"，右键单击拖动并复制两个模块，分别在对话框中"Branch Type"下拉选择 R、L、C 并按照上面计算的参数值设置，在电感元件的对话框里最下面"Measurements"选择"Branch voltage and current"，方便测量电感的端电压和电流，电阻元件的对话框里"Measurements"选择"Branch voltage"，以便测量负载电阻的端电压，亦即 Boost 变换器的输出电压。

在"SimPowerSystems/Measurements"库中选择"Multimeter"，在对话框的左边有"Ub：L"、"Ib：L"、"Ub：R"几项，依次选中在右边窗口中显示，这样就可以对电感电压、电感电流、负载电阻电压进行测量，参见图 9.4。

在"Simulink/Sources"库中选择"Pulse Generator"，对话框"Period（secs）"设置为 50e-6，"Pulse Width（% of period）"设置为 60，其他保持为默认值。

在"Simulink/Signal Routing"库中选择"Bus Selector"，再复制一个分别连接在"Mosfet"和"Diode"的测量端口，将"Bus Selector"设置为测量各自的电流，连接 Mosfet 的"Bus Selector"的设置参见图 9.5。

在"Simulink/Sink"库中选择"Scope"，将其设置为六个输入通道，以便显示六个输出波形。

为了实时显示输出电压的平均值，在"SimPowerSystems/Extral Library/Measurements"库中选择"Mean Value"，双击打开对话框，将参数设置中的"AVeraging period（s）"设置为 20e-6，求平均值时这个周期可以设置为周期的整数倍，在"Simulink/Sink"库中选择"Display"。

二极管和 MOSFET 的部分参数需要修改：其中二极管的导通压降[Forward Voltage（V）]默认值为 0.8 V，改为 0。导通电阻（Resistance Ron）设置很小，如 0.000000001。MOSFET 的电阻设置同上，以满足前面分析的假设条件，没有导通电阻和导通压降。

最终完成的仿真模型如图 9.12 所示。设置仿真时间为 0.1 s，仿真算法选择 0de23tb。

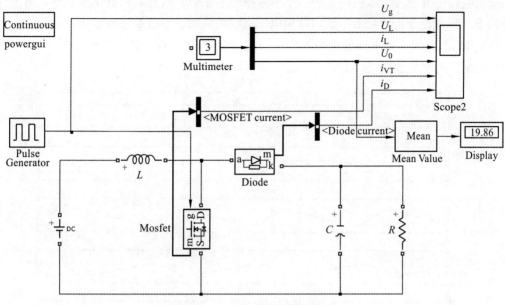

图 9.12　Boost 变换器仿真模型

（3）仿真结果分析。

Display 显示的是输入为 8 V 时的输出电压平均值，为 19.86。输出波形如图 9.13 所示。从上到下依次是 MOSFET 门极触发脉冲 U_g、电感电感电压 U_L、电感电流 i_L、输出电压 U_o 以及 MOSFET 电流 i_{VT} 和二极管电流 i_D。

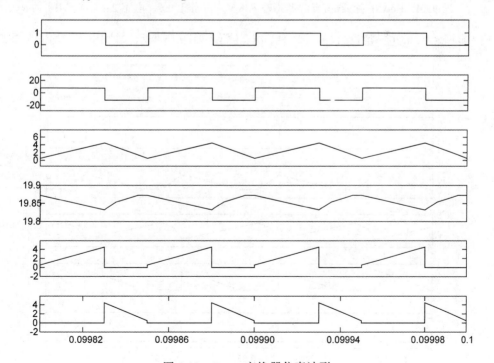

图 9.13　Boost 变换器仿真波形

输出电压上升阶段，电感电流为一个不断减小的正值，因此输出电压虽上升，但上升率不断减小，与理论分析的波形一致。输出电压有纹波波动，不过纹波值很小。

输入电压为 8 V，将电感值设为 $2.4 \times 10^{-5}\,\mathrm{H}$，其他设置不变，仿真波形如图 9.14 所示，此时输出电压的平均值为 24.92 V。

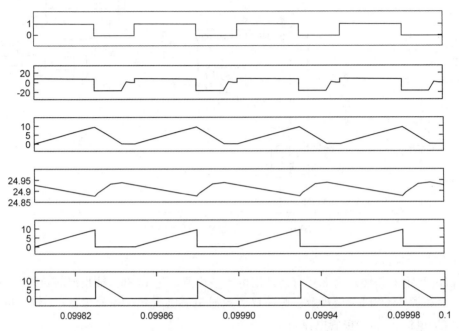

图 9.14　Boost 变换器仿真波形（输入 8 V，占空比 0.6，电感 $2.4 \times 10^{-5}\,\mathrm{H}$）

输入电压 8 V，将电感值设为 $1.6 \times 10^{-5}\,\mathrm{H}$，仿真波形如图 9.15 所示，输出电压平均值为 28.74 V。

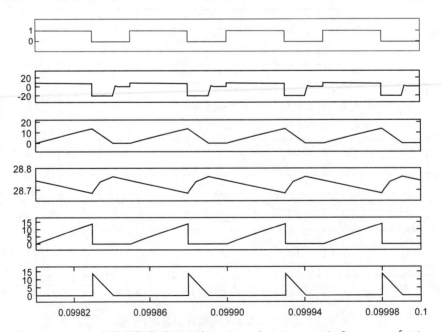

图 9.15　Boost 变换器仿真波形（输入 8 V，占空比 0.6，电感 $1.6 \times 10^{-5}\,\mathrm{H}$）

从图 9.14 和图 9.15 中可知，电感电流会处于断续状态，在电感电流断续时电感电压波形不正常，同样输入和占空比的情况下，电感电流不连续时的输出会变大，且电感值越小，输出电压越大。

9.3　升降压（Buck-Boost）变换器的仿真

升降压变换电路又称 Buck-Boost 电路，其输出电压平均值可以大于或小于输入直流电压，输出电压与输入电压极性相反。升降压变换电路如图 9.16 所示，VT 为全控型开关管，D 为续流二极管，L 和 C 分别为滤波电感和电容，R 为负载。

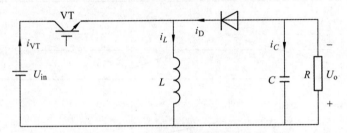

图 9.16　Buck-Boost 变换器电路原理图

在升降压变换电路中，随着 VT 的通断，能量首先存储在电感 L 中，再由 L 释放。在理想条件下，当电感电流 i_L 连续时，电路的工作波形如图 9.17（c）所示。

当 VT 在触发信号作用下导通时，电路处于 t_{on} 工作期间，二极管反向偏置而关断，滤波电容向负载提供能量，等效电路如图 9.17（a）所示。在此过程中，电感电流 i_L 从 I_1 线性增大到 I_2，则

$$U_{in} = L \frac{I_2 - I_1}{t_{on}} = L \frac{\Delta I_L}{t_{on}} \tag{9-37}$$

$$t_{on} = L \frac{\Delta I_L}{U_{in}} \tag{9-38}$$

当 VT 在触发信号作用下关断时，电路处于 t_{off} 工作期间，由于 L 中的电流不能突变，电感本身产生上负下正的感应电动势，当感应电动势大小超过输出电压 U_o 时，二极管 D 开通，电感向电容和电阻反向放电，使输出电压极性与输入电压相反，等效电路如图 9.17（b）所示。在理想条件下，电感电流 i_L 从 I_2 线性减小到 I_1，则

$$U_o = -L \frac{\Delta I_L}{t_{off}} \tag{9-39}$$

$$t_{off} = -L \frac{\Delta I_L}{U_o} \tag{9-40}$$

根据上述分析可知，在 t_{on} 期间电感电流的增加量等于 t_{off} 期间的减少量，则

$$\frac{U_{in}}{L} t_{on} = -\frac{U_o}{L} t_{off} \tag{9-41}$$

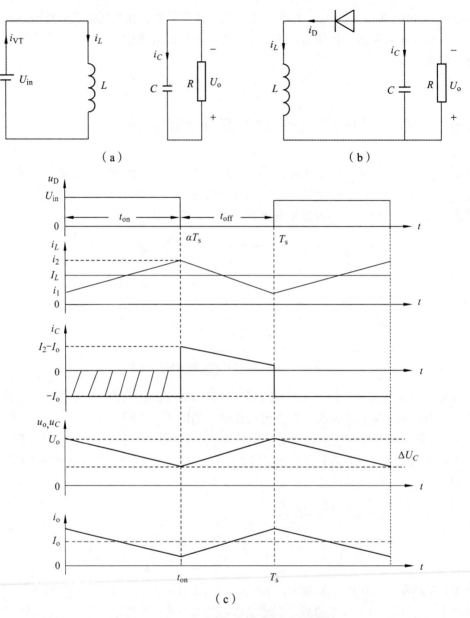

图 9.17　Boost 变换电路及其主要波形图

将 $t_{on} = \alpha T_s$ 代入式（9-41），可求出输入电压的平均值为

$$U_o = -\frac{\alpha}{1-\alpha}U_{in} \tag{9-42}$$

式中，负号表示输出电压与输入电压反向。当 $\alpha = 0.5$ 时，$U_o = U_{in}$；当 $0 \leqslant \alpha < 0.5$ 时，$U_o < U_{in}$，为降压变换过程；当 $0.5 \leqslant \alpha < 1$ 时，$U_o > U_{in}$ 为升压变换过程。

由式（9-2）和式（9-3）可得电源输出电流和负载电流的关系为

$$I_{in} = \frac{\alpha I_o}{1-\alpha} \tag{9-43}$$

$$T_s = t_{on} + t_{off} = \frac{L(U_o - U_{in})}{U_{in}U_o}\Delta I_L \tag{9-44}$$

$$\Delta I_L = \frac{U_{in}U_o}{fL(U_o - U_{in})} = \frac{\alpha U_{in}}{fL} \tag{9-45}$$

式中，$f = 1/T_s$ 为开关频率。在电感电流临界连续的情况下，$I_1 = 0$，根据 $I_o = U_o/R$，可得临界电感的参数值

$$L_C = \frac{R}{2}(1-\alpha)^2 T_s \tag{9-46}$$

$$I_2 = \Delta I_L = \frac{U_{in}U_o}{fL(U_o - U_{in})} = \frac{\alpha U_{in}}{fL} \tag{9-47}$$

在理想状态下，可认为在 VT 断开时原先存储在 L 中的磁能全部送给 R，即

$$\frac{1}{2}LI_2^2 f = I_{ok}U_o \tag{9-48}$$

根据上述讨论可求出电感电流临界连续时的负载电流的平均值

$$I_{ok} = \frac{\alpha(1-\alpha)T_s}{2fL}U_{in} \tag{9-49}$$

显然，临界负载电流 I_{ok} 与输入电压 U_{in}、电感 L、开关频率 f 以及占空比 α 都有关。f 越高、L 越大，I_{ok} 越小，越容易实现电感电流的连续工作。

当实际负载电流 $I_o > I_{ok}$ 时，电感电流连续。

当实际负载电流 $I_o = I_{ok}$ 时，电感电流处于临界连续状态。

当实际负载电流 $I_o < I_{ok}$ 时，电感电流断续。

由式（9-42）及 $I_o = U_o/R$ 可得

$$I_o = \frac{\alpha U_{in}}{R(1-\alpha)} \tag{9-50}$$

由 I_o 和 I_{ok} 的关系可以推出：当 $2L/(RT_s) > (1-\alpha)^2$ 时，电感电流连续；当 $2L/(RT_s) = (1-\alpha)^2$ 时，电感电流处于临界连续状态；当 $2L/(RT_s) < (1-\alpha)^2$ 时，电感电流断续。

在升降压变换电路中，C 的充放电情况与升压变化电路相同，在 t_{on} 期间，C 以负载电流 I_o 放电。稳态工作时，C 的充电量等于放电量，则通过 C 的平均电流为零。图 9.17（c）中 i_C 波形阴影部分的面积反映了一个周期内 C 中电荷的释放量，因此纹波电压为

$$\Delta U_o = \Delta U_C = \frac{\Delta Q}{C} = \frac{1}{C}\int_0^{t_{on}} i_C dt = \frac{I_o}{C}t_{on} = \frac{I_o \alpha_s}{fC} \tag{9-51}$$

在电感电流连续时，根据指定纹波电压的值，可计算电容的值为

$$C = \frac{U_o}{R} \cdot \frac{\alpha T_s}{\Delta U} = \frac{I_o \alpha T_s}{\Delta U} \tag{9-52}$$

升降压变换电路的电压增益随占空比的变化可以降压也可以升压，这是它的主要优点，但它的缺点是输入电流不连续，流经 D 的电流也是断续的，对电源和负载不利。为了减少对

电源和负载的影响即减少电磁干扰，要求在输入端和输出端加低通滤波器。

例 9-3 设计一个 Buck-Boost 变换器，输入侧是一个 30 V 的直流电压，使其输出电压为 20~50 V，要求纹波电压为 0.2%，电感电流连续，开关管选用 MOSFET，开关频率为 25 kHz，负载电阻为 20 Ω。

解 输出电压为 20 V 时占空比为

$$\alpha = 0.4$$

则

$$L_C = \frac{R}{2}(1-\alpha)^2 T_s = \frac{20}{2} \times (1-0.4)^2 \times \frac{1}{25\ 000} = 1.44 \times 10^{-4}\,\text{H}$$

$$C = \frac{U_o}{R} \cdot \frac{\alpha T_s}{\Delta U} = \frac{0.4}{20 \times 0.2\% \times 25\ 000} = 4 \times 10^{-4}\,\text{F}$$

输出电压为 50 V 时占空比为

$$\alpha = 0.625$$

则

$$L_C = \frac{R}{2}(1-\alpha)^2 T_s = \frac{20}{2} \times (1-0.625)^2 \times \frac{1}{25\ 000} = 5.625 \times 10^{-5}\,\text{H}$$

$$C = \frac{U_o}{R} \cdot \frac{\alpha T_s}{\Delta U} = \frac{0.625}{20 \times 0.2\% \times 25\ 000} = 6.25 \times 10^{-4}\,\text{F}$$

根据上面的计算，仿真电路参数应该选取 $L_C = 1.7 \times 10^{-4}\,\text{H}$、$C = 6.25 \times 10^{-4}\,\text{F}$。按照图 9.16 搭建 Buck-Boost 变换器的仿真模型，需要测量的有触发脉冲 U_g、电感电感电压 U_L、电感电流 i_L、输出电压 U_o 以及 MOSFET 电流 i_{VT} 和二极管电流 i_D，从上到下依次如图 9.19 和图 9.20 所示。Simulink 的使用可以参考例 9-1 和例 9-2。

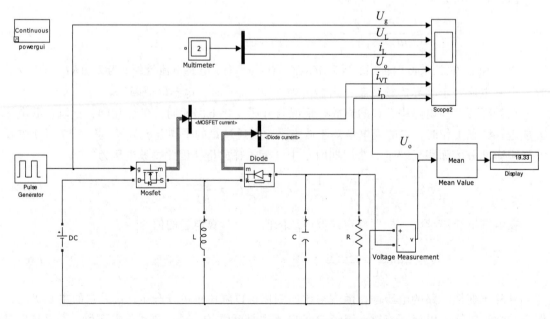

图 9.18 Buck-Boost 变换器仿真模型

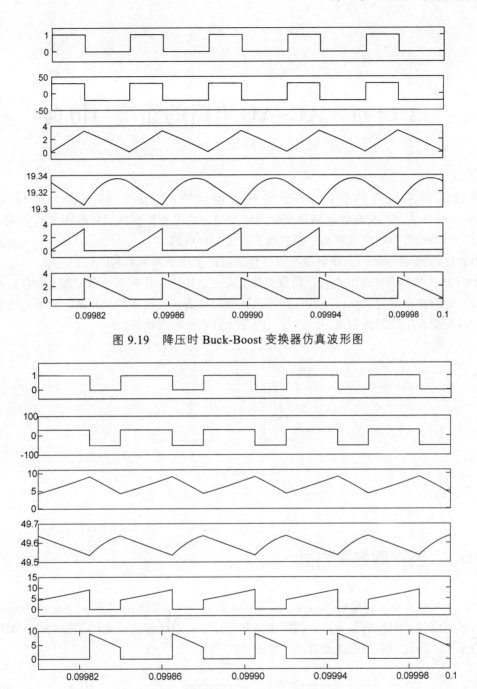

图 9.19 降压时 Buck-Boost 变换器仿真波形图

图 9.20 升压时 Buck-Boost 变换器仿真波形图

上面仿真中的升压和降压都是工作在电感电流连续的模式下，从图中可以看出，选择不同的开关占空比，Buck-Boost 变换器输出的电压可以低于输入电压，也可以高于输入电压。仿真结果与理论计算不完全符合的主要原因是半导体器件存在管压降，这会使输出电压小于理想情况。

第10章 AC–AC电路的建模与仿真

本章讲述采用晶闸管的交-交变频电路[40-44]，这种电路也称为周波变流器（Cycloconvertor）。交-交变频电路是把电网频率的交流电直接变换成可调频率的交流电的变流电路。因为没有中间直流环节，因此属于直接变频电路。

单相交-交变频电路的工作原理与相控整流器的工作原理基本相同。

如图10.1所示，P组工作时，负载电流i_o为正；N组工作时，负载电流i_o为负；两组变流器按一定的频率交替工作，负载就得到该频率的交流电；改变切换频率，就可改变输出频率ω；改变变流电路的控制角α，就可以改变交流输出电压幅值。

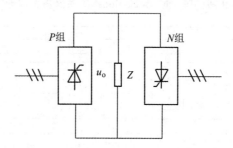

图 10.1 单相交-交变频电路原理图

10.1 整半周控制方式

正、反两组按一定周期相互切换，在负载上就获得交变的输出电压u_o。u_o的幅值决定于各组可控整流装置的控制角α，u_o的频率决定于正、反两组整流装置的切换频率。如果控制角一直不变，则输出平均电压是方波，如图10.2所示。

图 10.2 方波型平均输出电压波形

例 10-1 完成整半周控制方式下的单相交-交变频电路的仿真。

利用 Matlab 下的 Simulink 和 SimPowerSystems 工具箱构建单相交-交变频器的仿真模型[45]。

（1）电路封装。

对主电路、脉冲电路和 DLC 电路等进行封装，封装可以使整个仿真模型结构更清晰，也更美观大方，封装效果如图 10.3 所示。

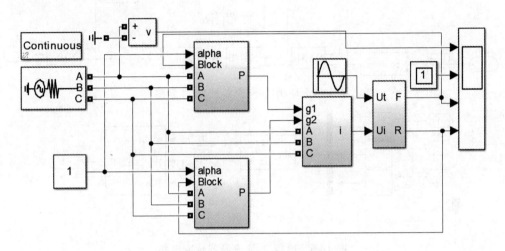

图 10.3　单相交-交变频器封装电路

（2）仿真电路模块介绍。

主电路由两组变流电路反并联组成，为便于观察和分析波形，采用电阻负载如图 10.4 所示。

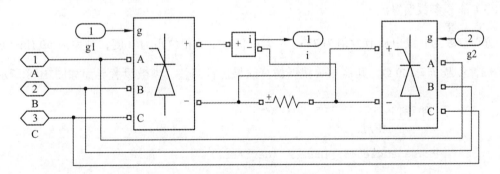

图 10.4　单相交-交变频器主电路

图 10.5 为 DLC 电路，即逻辑无环流控制器，用来防止主电路中环流的产生。当其中一组变流电路工作时，DLC 给出信号开放工作组，封锁非工作组，形成互锁，不允许两组同时开放，以确保主回路不产生环流。

图 10.6 为脉冲电路，在 DLC 的控制下，脉冲电路给出可调脉冲。

图 10.7 为方波形控制方式的触发角电路。

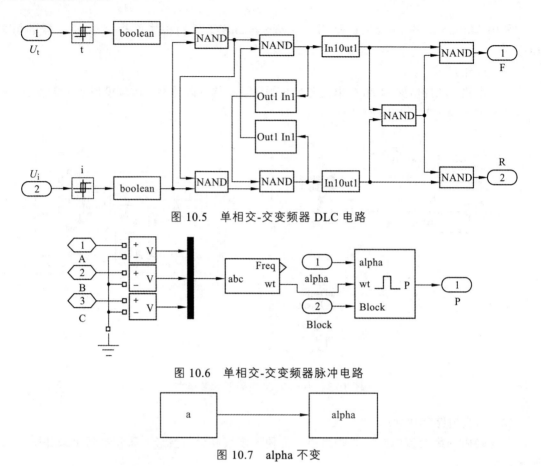

图 10.5 单相交-交变频器 DLC 电路

图 10.6 单相交-交变频器脉冲电路

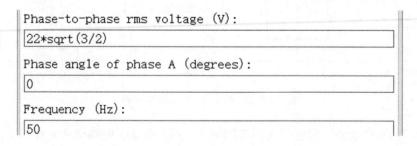

图 10.7 alpha 不变

（3）部分参数设置。

仿真参数为：线电压有效值为 $22 \times \sqrt{\dfrac{3}{2}}$，A 相电压的相位角为 0 度，频率为 50 Hz；步长为 0.5 s，负载 $R = 100\ \Omega$，其他参数根据仿真效果进行调整，参数设置界面如图 10.8 所示。

```
Phase-to-phase rms voltage (V):
22*sqrt(3/2)

Phase angle of phase A (degrees):
0

Frequency (Hz):
50
```

图 10.8 参数设置

（4）分析仿真结果。

方波型控制方式波形，如图 10.9 所示，平均电压是方波。改变切换频率，就可改变输出频率 ω；改变变流电路的控制角 α，就可以改变交流输出电压幅值。方波型控制方式频谱如图 10.10 所示。

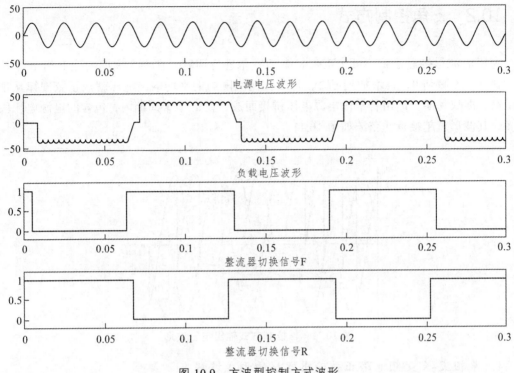

图 10.9　方波型控制方式波形

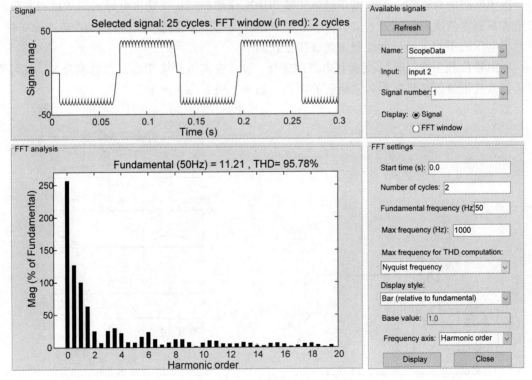

图 10.10　方波型控制方式频谱

10.2 α角控制方式

为使u_o波形接近正弦，可按正弦规律对α角进行调制，在半个周期内让P组α角按正弦规律从π/2减到0，再增加到π/2，每个控制间隔内的平均输出电压就按正弦规律从零增至最高，再减到零。u_o由若干段电源电压拼接而成，在u_o半个周期内，包含的电源电压段数越多，其波形就越接近正弦波如图10.11。

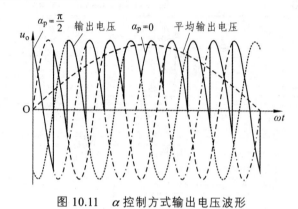

图 10.11　α控制方式输出电压波形

1. 单相交-交变频电路正弦输出电压的形成过程

由于电路的对称性，下面以正组整流器为例来详细介绍正弦输出电压的形成过程。依照相位控制原则依次对晶闸管1、2、3、4、5、6循环触发，控制触发电路使控制角连续变化，则输出电压的平均值就可能按照正弦规律变化。

以阻感负载为例：把交-交变频电路理想化，忽略变流电路换相时u_o的脉动分量，就可把电路等效成正弦波交流电源和二极管的串联，如图10.12（a）所示。

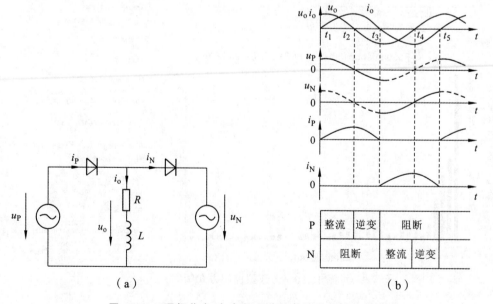

图 10.12　理想化交-交变频电路的整流和逆变工作状态

当负载阻抗角为 φ 时，输出电流滞后输出电压 φ 度，两组变流电路采取无环流工作方式，一组变流电路工作时，封锁另一组变流电路的触发脉冲。具体工作状态如图 10.12（b）所示。

由于变流电路的单向导电性，在 $t_1\sim t_3$ 的负载电流正半周，只能是正组变流电路工作，反组电路被封锁。其中 $t_1\sim t_2$，输出电压和电流均为正，故正组变流电路工作在整流状态，输出功率为正。在 $t_2\sim t_3$，输出电压已反向，但输出电流仍为正，正组变流电路工作在逆变状态，输出功率为负。

在 $t_3\sim t_5$，负载电流负半周，反组变流电路工作，正组电路被封锁。其中 $t_3\sim t_4$，输出电压和电流均为负，反组变流电路工作在整流状态，输出功率为正。在 $t_4\sim t_5$，输出电流和电压为负，反组变流电路工作在逆变状态，输出功率为负。

哪一组工作由 i_o 方向决定，与 u_o 极性无关，工作在整流还是逆变，则根据 u_o 方向与 i_o 方向是否相同确定。

单相交-交变频电路输出电压和电流波形分析：

考虑无环流工作方式下 i_o 过零的死区时间，一周期可分为 6 段，如图 10.13 所示：

第 1 段 $i_o<0$，$u_o>0$，反组逆变；

第 2 段电流过零，为无环流死区；

第 3 段 $i_o>0$，$u_o>0$，正组整流；

第 4 段 $i_o>0$，$u_o<0$，正组逆变；

第 5 段又是无环流死区；

第 6 段 $i_o<0$，$u_o<0$，为反组整流。

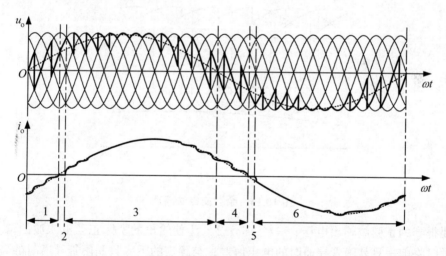

图 10.13　单相交-交变频电路输出电压和电流波形

u_o 和 i_o 的相位差小于 90° 时，电网向负载提供能量的平均值为正，电动机为电动状态；相位差大于 90° 时，电网向负载提供能量的平均值为负，电网吸收能量，电动机为发电状态。

2. 余弦交点法

通过不断改变触发延迟角 α，使交-交变频电路的输出电压波形基本为正弦波的调制方法有多种。这里主要介绍最基本的余弦交点法。

设 U_{ab} 为 $\alpha = 0$ 时整流电路的理想空载电压，则触发延迟角为 α 时变流电路的输出电压为

$$\overline{u_{o}} = U_{ab} \cos \alpha \tag{10-1}$$

对交-交变频电路来说，每次控制时的 α 都不同，式（10-1）中的 $\overline{u_{o}}$ 表示每次控制间隔内输出电压的平均值。

设要得到的正弦波输出电压为

$$u_{o} = U_{om} \sin \omega_{o} t \tag{10-2}$$

比较式（10-1）和式（10-2），应使

$$\cos \alpha = \frac{U_{om}}{U_{ab}} \sin \omega_{o} t = \gamma \sin \omega_{o} t \tag{10-3}$$

式中，γ 称为输出电压比，$\gamma = \dfrac{U_{om}}{U_{ab}} (0 \leqslant \gamma \leqslant 1)$。

因此

$$\alpha = \arccos(\gamma \sin \omega_{o} t) \tag{10-4}$$

上式就是用余弦交点法求交-交变频电路触发延迟角 α 的基本公式。

下面用图 10.14 对余弦交点法做进一步说明。在图 10.14 中，电网线电压 u_{ab}、u_{ac}、u_{bc}、u_{ba}、u_{ca}、u_{cb} 依次用 u_1、u_2、u_3、u_4、u_5、u_6 表示，它们在相位上相差 $60°$。相邻两个线电压的交点对应于触发延迟角 $\alpha = 0°$。

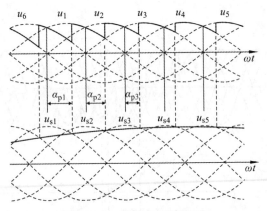

图 10.14　余弦交点法原理

设要得到的正弦波输出电压 $u_{o} = U_{om} \sin \omega_0 t$。为使输出的实际正弦电压波的偏差尽可能小，应随时将前一只晶闸管导通时的电压偏差 u_i 与预定的下一只晶闸管导通时的偏差 u_{i+1} 相比较，若 $u_{o} - u_i < u_{i+1} - u_{o}$，则前一只晶闸管继续导通；若 $u_{o} - u_i > u_{i+1} - u_{o}$，则应及时切换到下一只晶闸管导通。因此切换的条件为

$$u_{o} = (u_i + u_{i+1})/2 \tag{10-5}$$

u_i、u_{i+1} 均为正弦波，且 u_{i+1} 滞后 u_i $60°$，则 $(u_i + u_{i+1})/2$ 也为正弦波，且超前 u_{i+1} $30°$，用 $u_{s(i+1)}$ 表示，其峰值正好处于 u_{i+1} 波上，相当于触发延迟角 $\alpha = 0°$ 的位置，故 $u_{s(i+1)}$ 即为 u_{i+1} 波触发延迟角 α 的余弦函数，常称为 u_{i+1} 的同步余弦信号。$u_1 \sim u_6$ 所对应的同步余弦信号分别用 $u_{s1} \sim u_{s6}$ 表示。如希望输出的电压为 u_{o}，则各晶闸管的触发时刻由相应的同步电压 $u_{s(i+1)}$ 的下降段和 u_{o}

交点来决定。

不同 γ 时，在 u_o 一周期内，α 随 $\omega_o t$ 变化的情况如图 10.15 所示。γ 较小，即输出电压较低时，α 只在离 90° 很近的范围内变化，电路的输入功率因数比较小。

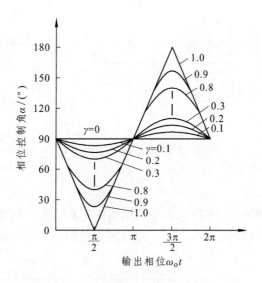

图 10.15　不同 γ 时 α 和 $\omega_o t$ 的关系

上述余弦交点法可以用模拟电路来实现，但线路复杂，且不易实现准确控制。采用计算机控制时可方便地实现准确运算，而且除计算 α 外，还可以实现各种复杂的控制计算，使整个系统获得很好的性能。

例 10-2　完成 α 角控制方式下的单相交-交变频电路的仿真。

根据以上理论，利用 Matalab 下的 Simulink 和 SimPowerSystems 工具箱构建单相交-交变频器的仿真模型。

（1）电路封装。

对主电路、脉冲电路和 DLC 电路等进行封装，封装可以使整个仿真模型结构更清晰，也更美观大方，封装效果如图 10.16 所示。

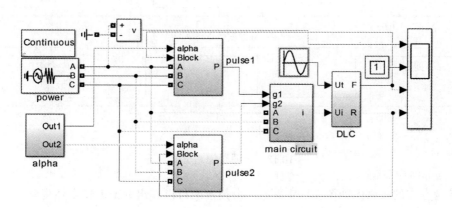

图 10.16　单相交-交变频器封装电路

（2）仿真电路模块介绍。

主电路、DLC 电路、脉冲电路，参数设置与例 10-1 类似。

图 10.17 为 α 调制控制方式的触发角电路，随正弦规律变化。

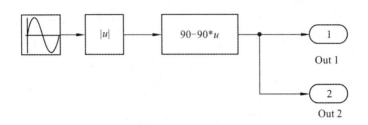

图 10.17　alpha 随正弦变化

（3）分析仿真结果。

α 控制方式波形，如图 10.18 所示，平均输出电压正弦波。改变切换频率，就可改变输出频率 ω；改变变流电路的控制角 α，就可以改变交流输出电压幅值。

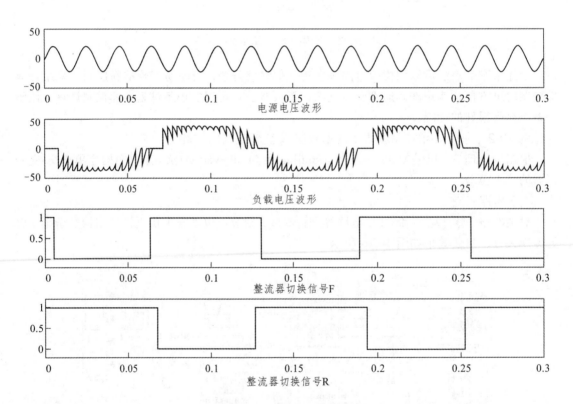

图 10.18　α 调制控制方式波形

α 控制方式的频谱图如图 10.19 所示，由频谱图可以看出，谐波周期性变化。

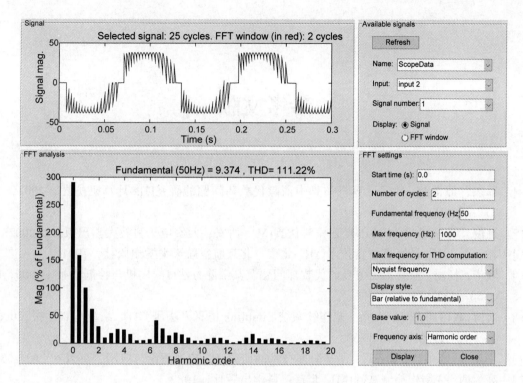

图 10.19　α 控制方式频谱

参考文献

[1] 邱杰，原渭兰. 数字计算机仿真中消除代数环问题的研究[J]. 计算机仿真，2003，20（7）：33-35.

[2] 姚俊，马松辉. SIMULINK 建模与仿真[M]. 西安：西安电子科技大学出版社，2002.

[3] 郭云芳，等. 计算机仿真技术[M]. 北京：北京航空航天大学出版社，1991.

[4] 耿华，杨耕. 控制系统仿真的代数环问题及其消除方法[J]. 电机与控制学报，2006，10（16）：632-635.

[5] 向博,高丙团,张晓华,等. 非连续系统 Simulink 仿真方法研究[J]. 系统仿真学报,2006, 18（7）:1750-1754、1762.

[6] 华克强，高淑玲，朱齐丹. 吊车防摆技术的研究[J]. 控制理论与应用，1992(6)：631-637.

[7] 高为炳. 变结构控制基础[M]. 北京：科学出版社，1989.

[8] 向博. 基于滑模变结构的吊车防摆技术研究[D]. 哈尔滨：哈尔滨工业大学，2005.

[9] 张晓华. 伺服系统调节器参数优化设计的一种直接方法[J]. 机械工业自动化，1989（4）.

[10] 刘慧颖. MATLAB R2007 基础教程[M]. 北京：清华大学出版社，2008.

[11] 黄永安，马路，刘慧敏. MATLAB7.0\Simulink6.0 建模仿真开发与高级工程应用[M]. 北京：清华大学出版社，2005.

[12] 求是科学. MATLAB7.0 从入门到精通[M]. 北京：人民邮电出版社，2006.

[13] 施阳，等. MATLAB 语言精要及动态仿真工具 SIMULINK[M]. 西安：西北工业大学出版社，1997.

[14] Xiao min Kou. Keith A. Crozine. Yakov L. Familiant. Full binary combination schema for floating voltage source multilevel inverters[J]. IEEE Trans. on Power Electron. 2002，17（6）：891-897.

[15] Lin Bor-Ren, Chen Der-Jan, Tsay Hui-Ru. Bi-directional AC/DC converter based on neutral point clamped[C]. IEEE ISIE 2001. 619-624.

[16] 吴洪洋，何湘宁. 级联型多电平变换器 PWM 控制方法的研究[J]. 中国电机工程学报，2001，21（8）：42-46.

[17] 王广柱. 二极管钳位式多电平逆变器直流侧电容电压不平衡机理的研究[J]. 中国电机工程学报，2002，22（12）：111-117.

[18] 张凯. 基于重复控制原理的 CVCF-PWM 逆变器波形控制技术研究[D]. 武汉：华中科技大学，1999.

[19] Akira Nabae, Isao Takahashi, Hirofumi akagi. A new neutral-point-clamped pwm inverter[J]. IEEE Trans. Ind. April, 1981, 17（3）：518-523.

[20] S Wei, B Wu, F Li, C Liu. A General Space Vector PWM Control Algorithm for Multilevel Inverters. IEEE Applied Power Electronics Conference (APEC), 2003: 562-568.

[21] M F Aiello, P W Hammond, M Rastogi. Modular Multi-level Adjustable Supply with Parallel Connected Active inputs. US Patent #6, 301, 130, 2001.

[22] W A Hill, C D Harbourt. Performance of Medium Voltage Multi-level Inverter. IEEE Industry Application Society Annual Meeting (IAS) [C], 1999: 1186-1192.

[23] L M Tolbert, F. Z. Peng, T. G. Habetler. Multilevel Converters for Large Electric Drives. IEEE Trans. On Industry Applications, 1999, 35 (1): 36-44.

[24] Wu Bin, Song Pinggang. Comprehensive Analysis of Multi-Megawatt Varible Frequency Drives[J]. 电工技术学报 (Transaction of China Electrotechnical Society), 2004, 19 (8): 40-52.

[25] 陈阿莲, 何湘宁, 赵荣祥. 一种改进的级联多电平变换器拓扑[J]. 中国电机工程学报, 2003, 23 (11): 9-12.

[26] Peng F Z, Lai Jih-Sheng. Multilevel cascade voltage source inverter with separate DC sources[P]. U. S. Patent 5 642 275, June. 1997.

[27] Keith Corzine, Yakov Familiant. A new cascaded multilevel h-bridge drive[J]. IEEE Trans on Power Electron. 2002, 17 (1): 125-131.

[28] 徐德鸿, 马浩. 电力电子技术[M]. 北京: 科学出版社, 2006.

[29] 徐德鸿. 电力电子系统建模及控制[M]. 北京: 机械工业出版社, 2006.

[30] 陈坚. 电力电子学[M]. 北京: 高等教育出版社, 2004.

[31] 陈坚. 电力电子技术及应用[M]. 北京: 中国电力出版社, 2006.

[32] 华伟, 周文定. 现代电力电子器件及其应用[M]. 北京: 北方交通大学出版社, 2002.

[33] 陈建业. 电力电子电路的计算机仿真实验[M]. 北京: 清华大学出版社, 2003.

[34] 陈建业, 蒋晓华. 电力电子技术在电力系统中的应用[M]. 北京: 中国电力出版社, 2008.

[35] 陈国呈. PWM 逆变技术及应用[M]. 北京: 中国电力出版社, 2007.

[36] 周渊深. 电力电子技术与 MATLAB 仿真[M]. 北京: 中国电力出版社, 2005.

[37] 洪乃刚. 电力电子和电力拖动系统控制系统的 MATLAB 仿真[M]. 北京: 机械工业出版社, 2006.

[38] 黄永安, 李文成, 高小科. MATLAB7. 0/Simulink6. 0 应用实例仿真与高效算法开发[M]. 北京: 清华大学出版社, 2008.

[39] 李传琦. 电力电子技术计算机仿真实验[M]. 北京: 电子工业出版社, 2006.

[40] 李华德. 交流调速控制系统[M]. 北京: 电子工业出版社, 2003.

[41] 王树. 变频调速系统设计与应用[M]. 北京: 机械工业出版社, 2005.

[42] 马小亮. 大功率交-交变频调速厦矢量控制技术[M]. 北京: 机械工业出版社, 2004.

[43] 王兆安, 刘进军. 电力电子技术[M]. 5 版. 北京: 机械工业出版社, 2009.

[44] 王正中. 系统仿真技术[M]. 北京: 科学出版社, 1986.

[45] Wen XY, Lin F. Dynamic Model and Predictive Current Control of Voltage Source Converter Based HVDC[C]. POWERCON, 2006.

[46] Bose B K. Modern Power Electronics and AC Drives[M]. 北京: 机械工业出版社 2003.

[47] Abdelali Ei Aroudi, Quasi-Periodic Route to Chaos in a PWM Voltage-Controlled DC-DC Boost Converter, IEEE Trans. Circuit System I, Vol48, No. 8, August 2001.

[48] Ned Mohan, Tore M. Undeland, William P. Robbins. Power Electronic:Converter, Applica-tions And Design[M]. 北京：高等教育出版社，2004.

[49] Mario Di Bernardo, Francesco Vasca, Discrete-Time Maps for the Analysis of Bifurcations and Chaos in DC/DC Converter, IEEE Trans. Circuit System I, 2000, 47（2）.